HOLTEK 单片机应用系列

HT48Rxx I/O 型 MCU 在家庭防盗系统中的应用

吴孔松　编著

北京航空航天大学出版社

内 容 简 介

本书以家庭防盗系统为主线,以 Holtek 公司的 HT48R 系列单片机为辅线,重点介绍 HT48R 系列的基本组成、工作原理及在家庭防盗系统中的应用技术;描述了家庭防盗报警系统在未来的数字化生活、安全生活中的作用;仔细分析了 HT48R 系列单片机在家庭防盗报警系统中的独特优势。全书共分 5 章,内容包括:家庭防盗单片机技术,HT48 系列单片机的结构与指令,开发工具,家庭防盗报警系统,家庭防盗报警系统开发体会等。在介绍功能模块基本原理的同时,列举出了相应的应用实例,并给出电路原理接线图及 C 语言清单。

本书内容丰富,实用性强,通俗易懂,可作为高等工科院校相关专业的专科、成人教育及自考教材,也可供从事单片机开发应用的工程技术人员参考,特别适合使用单片机完成电话远传报警及开发防盗报警设备的工程技术人员。

图书在版编目(CIP)数据

HT48Rxx I/O 型 MCU 在家庭防盗系统中的应用/吴孔松编著. —北京:北京航空航天大学出版社,2008.6
ISBN 978 - 7 - 81124 - 308 - 6

Ⅰ. H… Ⅱ. 吴… Ⅲ. 单片微型计算机—应用—防盗—报警系统 Ⅳ. TN876.3 TP277

中国版本图书馆 CIP 数据核字(2008)第 073777 号

HT48Rxx I/O 型 MCU 在家庭防盗系统中的应用
吴孔松 编著
责任编辑 孔祥燮 杨 昕
*
北京航空航天大学出版社出版发行
北京市海淀区学院路 37 号(100083) 发行部电话:010-82317024 传真:010-82328026
http://www.buaapress.com.cn E-mail:bhpress@263.net
北京市媛明印刷厂印装 各地书店经销
*
开本:787×960 1/16 印张:20.75 字数:465 千字
2008 年 6 月第 1 版 2008 年 6 月第 1 次印刷 印数:4 000 册
ISBN 978 - 7 - 81124 - 308 - 6 定价:32.00 元

前 言

随着人们生活水平和住房条件的提高,对居住环境和安全性要求也随之提高,人们越来越重视自己的个人安全和财产安全。铁窗式的防盗形式已经不能满足当今人们生活的需求,当遇到突发事件时,这一防盗形式给救援及逃生都带来了很大的影响,因而安全可靠、实用方便、功能齐全、价格合理的家庭防盗产品已被提到每个家庭的议事日程。虽然目前大部分住宅区都安装有摄像监控系统,但这只起到了一个整体小区的安全作用,而对个人家庭的安全却得不到满足。

有些住户家庭失窃的原因是由于熟人作案,作案后门锁和窗户都没有明显的撬拗痕迹,报案后长时间未能破案。因此,住户对家庭的安全十分担心,加上工作繁忙,决定安装家庭防盗设备,要求是能记录全天家庭内外的活动情况,为防范入侵提供技术手段,加强自己的财产和生命安全,同时也为破案提供线索。

为了满足家庭防盗的需要,适合未来联网的趋势与市场要求,以及家庭防盗产品的低价需求因素,8 位单片机已经走上了舞台。Holtek 公司的 HT48 系列 8 位单片机以其稳定的性能、独特的价格优势及公司给予的强大技术支持正逐渐占领这一市场。本书详细介绍了 Holtek 公司的 HT48 系列 8 位单片机的功能、开发步骤、软件编程方法以及在家庭防盗报警系统中的应用。该单片机特别适合开发家庭防盗系统的模块、主机。

随着人们生活水平的日益提高和电动自行车业的迅猛发展,电动自行车作为一种新型的交通工具,以其经济、环保、节能、轻便等优点,被越来越多的人所喜爱和广泛使用;但是,随着其数量的与日俱增,随之而来的偷盗问题,让广大的电动自行车主和公安民警颇费脑筋。本书提出的防盗解决方案是一个十分先进、易操作、性价比高的可行性方案,具有很重要的参考价值。

全书共分 5 章,内容包括:家庭防盗单片机技术,HT48 系统单片机的结构与指令,开发工具,家庭防盗报警系统,家庭防盗报警系统开发体会。

第 1 章简单介绍了家庭防盗单片机技术,智能家居与家庭防盗,Holtek 单片机的作用及良好的性价比,开发的强大支持。

第 2 章详细介绍了 HT48R 系列 I/O 型单片机的硬件、软件开发。

第 3 章介绍了 Holtek 单片机的开发工具。

第 4 章是本书的重点,也是本书的核心部分,而且是全书中节数、页数最多的。本章详细论述了家庭防盗系统的功能、组成模块,并结合 HT48R 系列各类单片机的特点,分别用几种单片机设计了各种模块的原理图、程序、程序大概流程图,同时详细分析了设计思路。其中:

前言

4.2 节中的报警主机使用 HT48R70A－1 单片机；

4.3 节中的红外探测报警模块使用的是 HT48R50A－1 单片机；

4.4 节中的有害气体报警模块使用的是 HT48R10A－1 单片机；

4.5 节中的无线门窗磁报警模块使用的是 HT48R10A－1 单片机；

4.6 节中的无线声光报警模块使用的是 HT48R50A－1 单片机；

4.7 节中的无线紧急按钮报警模块使用的是 HT48R10A－1 单片机；

4.8 节中的无线遥控设防与撤防模块使用的是 HT48R10A－1 单片机；

4.9 节中的智能防盗报警锁模块使用的是 HT48R50A－1 单片机；

4.10 节中的红外对射报警模块使用的是 HT48R10A－1 单片机；

4.11 节中的火灾报警模块使用的是 HT48R50A－1 单片机；

4.12 节中的智能无线拍照模块使用的是 HT48R50A－1 单片机；

4.13 节中的电动车防盗器使用的是 HT48R10A－1 单片机。

第 5 章总结了开发家庭防盗报警系统的开发体会及软硬件优化方法。

本书针对不同的读者，对内容进行了分章。如果读者缺乏单片机和防盗知识，则可以从第 1 章开始阅读；如果没有 Holtek 单片机知识，则可以仔细阅读第 2 章、第 3 章；如果对 Holtek 单片机比较熟悉，专注于开发防盗器，可以从第 4 章入手，而对第 1 章浏览一下即可。

家庭防盗是安防中的一个重要部分，安防产业现在是全球飞速增长的一种高科技产业，也是我国的新兴产业，近几年来，以每年 20% 以上的速度高速发展。希望本书对那些即将或已经进入安防行业的工程师以启迪和帮助。

本书非常适合使用 HT48 系列单片机开发家庭防盗报警系统的工程技术人员，也适合高等学校师生学习参考，是一本涵盖 HT48 系列 8 位单片机功能介绍与应用的单片机教材。

本书中有关 Holtek 单片机的资料大部分来自 Holtek 公司的产品数据手册和系列产品使用说明手册。本书中基本都给出了引用之处，但可能还有遗漏之处。

本书标注的其他引用资料，以及遗漏声明的资料大部分来自互联网，由于与原作者联系不上，未能征求原作者的同意在此书中引用，敬请见谅！这些资料的观点和所有权还是属于原作者的，感谢原作者的辛勤劳动！

全书由吴孔松主编、校核，开封大学许乐讲师、唐相龙助理工程师、张祖涛工程师、华中科技大学研究生吴孔波参与了部分章节的编写。本书得以顺利出版还要感谢盛扬深圳分公司马林小姐及盛扬半导体公司总部的大力支持。由于作者水平有限，时间仓促，若书中有缺点和不足之处，敬请广大读者批评指正。

作 者
2008 年 4 月

目 录

第1章 家庭防盗单片机技术

1.1 何谓家庭防盗单片机技术 …………………………………………………… 1
1.2 家庭防盗报警系统的组成及原理 …………………………………………… 3
    1.2.1 报警主机 ………………………………………………………………… 7
    1.2.2 智能模块 ………………………………………………………………… 8
1.3 家庭防盗报警系统的联网方式 ……………………………………………… 9
    1.3.1 家庭防盗报警系统与报警中心的连接方式 ………………………… 10
    1.3.2 内部连接方式 ………………………………………………………… 11
1.4 家庭防盗报警系统与智能家居 …………………………………………… 12
1.5 单片机技术 ………………………………………………………………… 15
1.6 Holtek 单片机 ……………………………………………………………… 17
    1.6.1 Holtek 单片机的独特优势 …………………………………………… 18
    1.6.2 Holtek 公司的强大支持 ……………………………………………… 21
习题一 …………………………………………………………………………… 22

第2章 HT48系列单片机的结构与指令

2.1 硬件结构 …………………………………………………………………… 23
    2.1.1 单片机的内部结构概述 ……………………………………………… 23
    2.1.2 结构分析 ……………………………………………………………… 25
2.2 程序语言 …………………………………………………………………… 47
    2.2.1 C语言简介 …………………………………………………………… 48
    2.2.2 数据类型、运算符、表达式 ………………………………………… 51
    2.2.3 C语言设计起步 ……………………………………………………… 54
    2.2.4 C语言设计进阶——语句 …………………………………………… 56
    2.2.5 C语言设计进阶——函数 …………………………………………… 61
    2.2.6 HT48R70A-1 内部资源的C语言编程 ……………………………… 72
    2.2.7 HT48R70A-1 外部资源的C语言编程 ……………………………… 77
习题二 …………………………………………………………………………… 83

目 录

第 3 章 开发工具

3.1 HT-IDE3000 软件 ………………………………………………………… 85
3.2 HT-IDE3000 仿真器 ……………………………………………………… 87
3.3 HT-IDE3000 接口卡 ……………………………………………………… 88
3.4 OTP/Flash 烧录器 ………………………………………………………… 89
3.5 HT-IDE3000 OTP 转接座 ………………………………………………… 90
3.6 HT-ICE 专用的 USB 连接线 ……………………………………………… 91
习 题 三 …………………………………………………………………………… 91

第 4 章 家庭防盗报警系统

4.1 功能及原理 …………………………………………………………………… 93
   4.1.1 功 能 …………………………………………………………………… 93
   4.1.2 组 成 …………………………………………………………………… 95
   4.1.3 工作原理 ……………………………………………………………… 96
   4.1.4 内部联网方式的选择 ………………………………………………… 97
4.2 报警主机 …………………………………………………………………… 102
   4.2.1 功 能 …………………………………………………………………… 102
   4.2.2 外观设计 ……………………………………………………………… 104
   4.2.3 原理及硬件设计 ……………………………………………………… 106
   4.2.4 市场已有成熟模块推荐 ……………………………………………… 139
   4.2.5 系统内部通信协议 …………………………………………………… 140
   4.2.6 程序流程设计 ………………………………………………………… 144
   4.2.7 程序设计 ……………………………………………………………… 152
4.3 红外探测报警模块 ………………………………………………………… 189
   4.3.1 功能与原理 …………………………………………………………… 189
   4.3.2 外观设计 ……………………………………………………………… 189
   4.3.3 主要电路设计 ………………………………………………………… 190
   4.3.4 软件设计 ……………………………………………………………… 195
4.4 有害气体报警模块 ………………………………………………………… 202
   4.4.1 功 能 …………………………………………………………………… 202
   4.4.2 外观设计 ……………………………………………………………… 203
   4.4.3 主要电路设计 ………………………………………………………… 204
   4.4.4 软件设计 ……………………………………………………………… 206

目 录

- 4.5 门窗磁报警模块 ··· 208
  - 4.5.1 功能 ··· 208
  - 4.5.2 外观设计 ··· 209
  - 4.5.3 主要电路设计 ··· 210
  - 4.5.4 软件设计 ··· 212
- 4.6 无线声光报警模块 ··· 213
  - 4.6.1 功能与原理 ··· 213
  - 4.6.2 外观设计 ··· 214
  - 4.6.3 主要电路设计 ··· 216
  - 4.6.4 软件设计 ··· 218
- 4.7 无线紧急按钮报警模块 ··· 222
  - 4.7.1 功能 ··· 222
  - 4.7.2 外观设计 ··· 223
  - 4.7.3 主要电路设计 ··· 224
  - 4.7.4 软件设计 ··· 225
- 4.8 无线遥控设防与撤防模块 ··· 227
  - 4.8.1 功能 ··· 227
  - 4.8.2 外观设计 ··· 228
  - 4.8.3 主要电路设计 ··· 228
  - 4.8.4 软件设计 ··· 230
- 4.9 智能防盗报警锁模块 ··· 232
  - 4.9.1 功能 ··· 232
  - 4.9.2 外观设计 ··· 234
  - 4.9.3 主要电路设计 ··· 235
  - 4.9.4 软件设计 ··· 240
- 4.10 红外对射报警模块 ·· 255
  - 4.10.1 功能和原理 ·· 255
  - 4.10.2 外观设计 ·· 258
  - 4.10.3 主要电路设计 ·· 259
  - 4.10.4 软件设计 ·· 261
- 4.11 火灾报警模块 ·· 262
  - 4.11.1 功能 ·· 262
  - 4.11.2 外观设计 ·· 263
  - 4.11.3 主要电路设计 ·· 264

目 录

  4.11.4 软件设计 ········ 267
4.12 智能无线拍照模块 ········ 267
  4.12.1 功能与原理 ········ 267
  4.12.2 外观设计 ········ 269
  4.12.3 主要电路设计 ········ 269
  4.12.4 软件设计 ········ 275
4.13 其他智能模块 ········ 286
  4.13.1 电动车防盗器的功能 ········ 286
  4.13.2 电动车防盗器原理与设计 ········ 291
  4.13.3 电动车防盗器程序设计 ········ 298
习题四 ········ 309

第5章 家庭防盗报警系统开发体会

5.1 硬件开发体会 ········ 310
  5.1.1 家庭防盗报警系统中可改进之处 ········ 310
  5.1.2 单片机中一些不易懂的概念 ········ 312
  5.1.3 Holtek 单片机的一些特殊操作 ········ 315
5.2 软件开发体会 ········ 316
  5.2.1 防盗报警系统程序编译时易出现的错误 ········ 316
  5.2.2 HT48 系列单片机 C 语言代码优化 ········ 318
习题五 ········ 321

第 1 章 家庭防盗单片机技术

> 本章学习目标：
> 1. 了解什么是家庭防盗单片机技术。
> 2. 了解智能家居与家庭防盗的关系。
> 3. 了解 Holtek 公司单片机的优良特性。
> 4. 通过以上的了解对家庭防盗系统建立一个初步认识，为什么在家庭防盗系统中优先选择 Holtek 公司的单片机。

1.1 何谓家庭防盗单片机技术

据统计,中国 90% 以上的城市家庭都安装了防盗门,而 1998 年家庭失窃案件已占城市刑事案件总数的 60%～70%；另据 2000 年初召开的"21 世纪城市与安全工程学术讨论会"的结论,火灾已成为中国城市安全的头号威胁；而如今普通家庭的户内防火、防燃气泄漏的设施还基本是一片空白；此外,随着中国城市人口的日益老龄化,将使得家庭内因突发事件而导致的紧急求援求助的需求日益上升。

都说家是避风的港湾,从这句话可以看出家对于人们的重要性,它是"衣、食、住、行"中"住"的场所,安全是至关重要的。随着改革开放的深入和市场经济的迅速发展、深入,人们的生活水平正在逐步提高。但是市场经济同时也带来了弊端,由于贫富差距的扩大,城市外来流动人口大量增加,带来许多不安定因素,刑事案件特别是入室盗窃、抢劫居高不下,过去的那种"夜不闭户,路不拾遗"的情况已不多见。因此,居家的安全——家庭防盗便被提到了议事日

第1章 家庭防盗单片机技术

程。只有住得安全,人们才能去干工作,考虑更多的事务。

家庭防盗是一个笼统的概念,从狭义的角度讲,包括家庭物质财产、人身财产的安全;从广义的角度讲,包括防贼、防抢、防中毒、防火等。

怎样将各种防盗信息收集到一起,同时在必要的时候发出报警,例如拨打报警电话,发出110 dB的强音威慑小偷,自动联网小区保安系统通知保安,自动完成一些例如煤气泄漏时自动切断气体通道功能,这些都是家庭报警系统应考虑的问题。同时,由于是家庭使用,系统的价格必须合适,性能必须稳定,安装必须方便,而且还不能影响家庭装修。这就是家庭防盗的课题。家庭防盗报警系统的定义就是利用各类功能的探测器对住户房屋的周边、空间、环境及人进行整体防护的系统。

社区安全防范系统的建立是当今小区建设的重点,也是衡量住宅环境的重要依据。家庭防盗报警系统是家庭安防的最后一道防线,也是最重要、最有效的一道防线。如今,防盗门已经不再是铜墙铁壁,保安人员漫无目标地巡逻也收效甚微;而传统围墙、栅栏等防范手段因效果差、有隐患、影响环境等已被逐步取消,家庭内的安防显得越发重要。因此,旧的防范观念必须彻底更新,只有把高科技家庭安防手段同现代化物业管理相结合,才能建立起真正面向21世纪的新型智能化小区。

近几年出现的单片机已逐渐渗透到人们的生活中,大到彩色电视机、洗衣机,小到电磁炉、儿童玩具、MP3等。正是由于单片机性价比高、稳定,因此将这一技术应用到家庭防盗系统是一种十分合适的方案。

单片机是一种流行的叫法,英文缩写是MCU,按照英文的翻译应该是微型控制器。从Intel公司最早的MCS-48系列开始,现在已经发展到几十个系列,上百个品种。本文中使用的单片机主要是Holtek公司的HT48系列8位MCU。Holtek公司根据实际应用的需要,将HT4×系列发展到了HT45、HT46、HT47、HT48、HT49等多个系列。其内核采用的是高性能、高效益的RISC结构,外部具有暂停、唤醒、集成定时器、振荡器选择和可编程分频器等功能。

正因为单片机有这么强大的功能,且价格便宜,所以将之应用于家庭防盗报警系统是一个明智的选择。本书主要叙述、讨论的是单片机技术在家庭防盗系统中的应用,包括单个家庭防盗产品的元器件选型、硬件设计、软件开发、系统内多个产品的联网以及报警主机与报警控制中心的联网等技术。由于每一种产品、每一个环节设计几乎都与核心器件单片机有关,因此本书命名为《Holtek单片机应用系列——HT48Rxx I/O型单片机在家庭防盗系统中的应用》。

需要说明的是:Holtek在中国大陆的中文商标是"盛扬半导体"。以后文中提到的盛群、盛群半导体、Holtek等都是指台湾盛群半导体公司,盛扬半导体是其在上海注册的公司。

1.2 家庭防盗报警系统的组成及原理

一个完整的家庭防盗报警系统是十分庞大的,包括家庭防盗子系统,小区接警中心和公安局、派出所接警指挥中心,并将各家各户的报警信息连到一起集中管理。本书主要论述的是家庭防盗报警系统的家庭防盗子系统。下面从完整的家庭防盗报警系统说起。

1. 完整的家庭防盗报警系统

(1) 组　成

一个完整的家庭防盗报警系统应包括家庭防盗子系统,小区接警中心和公安局、派出所接警指挥中心。图1.1是其示意图。

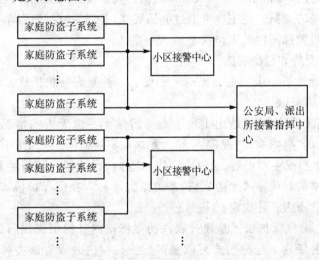

图1.1　家庭防盗报警系统示意图

(2) 各部分功能

1) 家庭防盗子系统

家庭防盗子系统是本书的重点,也是防盗系统的核心,主要用于采集家庭内的各种报警信号,然后进行远传。

2) 小区接警中心

小区接警中心完成的功能是:通过设置在小区的中央监控中心电脑,实现对整个住宅小区内所有安装家庭防盗系统的家庭用户进行集中的保安报警管理。每个家庭用户的家庭防盗系统通过电话线路将报警信号传送到小区监控中心计算机 CRT 图形显示终端上,保安管理人员可通过计算机上的 CRT 图形确认报警点的位置和状态,同时,CRT 显示住户地址和住宅周围的道路地形图,以及家庭成员基本状况和联络电话,便于保安维护治安。

3) 公安局、派出所接警指挥中心

公安局、派出所接警指挥中心一般设置在附近的公安局、派出所内,有专门的公安民警值班,根据家庭防盗系统的接警情况对110巡警、120急救、119消防等警力进行科学的调度。

(3) 整体联动功能

1) 保安与报警联动功能

当一个确定的报警发生时,家庭防盗系统可以实现联动响应,系统会自动拨接到屋主预先设定好的电话或手机上。一旦接收到报警信号,系统将提供一个语音报警信息,以中文语音方式将报警的地点、状态通知给屋主。当多个报警探测器同时被触发时,系统将动态地报告发生报警的地点和状态,可使屋主不在现场的情况下了解到窃贼的动向。同时系统还可以联动报警灯、扬声器和照明灯以吓退盗贼。

当屋主接到报警后,可根据语音确认报警的真伪和报警点的状态,通过这些不同的信息判断事态的发展和盗贼的动向。屋主也可通过电话线路,并利用家庭防盗系统的双向语音功能,远程遥控检查室内报警探测器的工作状态。

2) 家庭保安的设防和撤防功能

家庭防盗系统允许屋主采用电话操控单元设置3种家庭保护模式:离家保护模式、在家保护模式和分区保护模式。

离家保护模式:该保护模式适用于屋主离开房屋而室内无人的情况。当屋主离开室内时,按动报警主机上的"离家模式"键,系统留出足够的宽容时间供屋主出门。

在家保护模式:当屋主到家后,通过大门进入室内,系统留有预报警的宽容时间,让屋主进入室内后留有足够的时间输入撤防密码,系统撤防后转入在家保护模式。在家保护模式的报警探测器的设防状态由软件设定。

分区保护模式:分区保护模式是通过软件功能将室内外的报警探测器分若干个区,同时赋予每个区一个报警级别。这种模式可以使得屋主在室内外设置某些特定的报警区域。例如:屋主就寝后,可使室内外区域和门窗第二层区域处于布防状态。

3) 误报警删除

家庭防盗系统可以通过软件设定和逻辑判断功能来删除误报警,以提高系统确认报警的准确率。家庭防盗系统可通过以下两种方式来删除误报警。

第一种方式是通过软件方法来调整红外线报警探头的灵敏度,设置传感器合理的最小触发脉宽,并定义确认报警时应最少记录传感器被触发的次数。通过系统软件对报警探头灵敏度的设置,可以有效地删除如雷电和小于 0.1 ms 触发引起的系统误报警。

第二种方式是家庭防盗系统将报警区域分为外层报警区、第二层报警区和核心报警区 3 个报警区域,同时分别给每一个报警探头设定一个报警级别。通过系统软件可以建立起这些报警区域与各个报警探测器报警级别之间在时间和空间上的逻辑关系,所建立的逻辑关系完全符合盗贼作案的行动逻辑,因而可删除不符合上述逻辑的误报警。这种方式可解决因误报产生"狼来了"的现象。

4）疾病意外紧急求助报警

对于在家独处的病人或老年人，可以随身携带无线遥控报警的紧急按钮，这个无线报警器可以挂在病人或老年人的脖子上或手腕上，当发现身体不适时，可以按动报警键。该紧急呼救报警可以触发家庭防盗系统联动拨通4个电话号码，并以语音方式通知家人、小区监控中心、医院或指定的受话人。

5）儿童关注模式

对于多数双职工父母，会特别关注孩子从学校回家单独在家几个小时的安全。当孩子回家后并输入自己的密码解除离家保护模式时，家庭防盗系统会自动向预先设定的电话号码通报孩子安全在家的信息，父母也可以通过远程遥控方式给孩子留言。

6）胁迫报警操作

当屋主在被胁迫的情况下解除保安装置时，屋主可以通过紧急按钮报警。家庭防盗系统在解除报警后，同时已向公安局和小区监控中心报警。屋主可以在盗贼未发觉的情况下，等待警察和保安人员的救援。

7）报警和事件记录

家庭防盗系统提供一个循环寄存器，可以按先后次序存储100个报警和事件信息。利用这个报警和事件存储器，使用者或保安可通过打印方式追踪报警或事件发生的顺序和时间，也可以由电视或在液晶屏上重现报警或事件的图像和文字信息。

8）系统工作状态自诊断

家庭防盗系统提供工作状态自诊断和系统自保护功能。

电话线被剪断：当家庭防盗系统自检时发现电话线被剪断时（系统可以诊断是剪断，还是线路故障或其他非人为故障），家庭防盗系统将立即执行报警程序。

系统电源失电：当家庭防盗系统自检时发现交流电源失电后，系统会自动切换到直流电池上供电；当交流电源恢复供电后，直流电池将自动转至充电模式。此外，系统还具有电池低电压预告警和避雷保护功能。

2. 本文讲述的家庭防盗报警系统

本文讲述的家庭防盗报警系统其实是完整的家庭防盗报警系统中的一个家庭子系统，暂称为家庭防盗报警系统，也可称为家庭防盗器。

(1) 构　成

家庭防盗报警系统由报警主机和各智能模块组成，其组成结构图如图1.2所示。

(2) 系统功能与系统配置关系

① 防盗：配置红外等传感器，若有非法入室盗窃者，立刻现场警笛报警，并向外发出报警信号。

② 防窃：配置紧急按钮，若遭遇坏人入室抢劫，可即时发送报警信号。

第1章 家庭防盗单片机技术

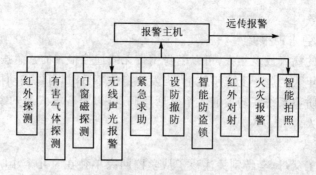

图1.2 家庭防盗报警系统组成结构图

③ 防火：配置烟雾报警器，通过烟感探测器及时探测室内烟雾浓度，并发出失火警报。

④ 紧急求助：配置紧急按钮，当家中老人、小孩有意外事故或急病呼救时，可即时向外发送求救信号。

⑤ 防燃气泄漏：配置有害气体探测器和燃气泄漏探测器，能够探测到煤气、液化石油气、天然气等气体的泄漏，并及时报警。

⑥ 全自动报警：配置报警主机，在布防状态，一旦有警情发生，主机会自动循环拨打设置电话并发出语音报警信号，如联网，还可向报警中心报警。

⑦ 远程监听：配置报警主机联网，接通报警电话后可即时监听和判断室内现场动静，以便采取准确行动。

⑧ 异地遥控：配置报警主机联网，主人在异地可通过手机或电话对家中主机进行远距离布防或撤防等操作；还可以分区布防，比如人在家里客厅撤防，阳台窗户布防等。

⑨ 异地对讲：配置报警主机联网，可通过异地电话实现与报警现场进行对讲喊话，最大限度地阻止盗窃者入室。

⑩ 监控拍照：配置拍照报警器，如有人入室作案，在主机报警的同时，也可无线触发拍照报警器，通过摄像机自动拍照，其记录的图像照片资料可为公安部门侦破案件提供准确、可靠的证据。

（3）系统配置目的

随着我国国民经济和人民生活水平的不断提高，在全国建成了许许多多的现代化住宅小区，由于城市人口膨胀，外来人口的增加，以及煤气和大量家用电器设备使用中的不安全因素等，对小区居民的生命和财产造成了很大威胁。总体来说，给居民生命和财产带来最大的威胁包括两大方面：一方面是由人为引起的破坏（如盗窃、抢劫、凶杀）；另一方面是自然灾害引起的破坏（如火灾、煤气泄漏、突发性疾病）。因此，人们越来越迫切地要求采用有效的措施，以满足日益增长的安全防范要求。

为了更有效地保证居民的生命和财产的安全，在住宅和住宅小区内引入了智能化的手段进行安全防范管理。智能住宅的安全防范系统由防盗报警系统、防火（火灾报警）系统、防煤气泄漏系统和遇急求救系统等组成。该安全防范系统是家庭、住宅小区防范外来侵害和自然灾害的一种最重要的、最有效的手段。它大大提高了居民自身的安全感,并已成为维护社会治安的一个重要组成部分。

(4) 完成主要功能详述

① 防盗:一般窃贼进入家庭盗窃,要经过门、窗、阳台、地面等部位,而家庭防盗报警系统在各方位安装了各式各样的红外线探测器,当窃贼从不同方位非法入侵时,各红外线探测器将探测人体闯入,并及时将探测信号无线发送到报警主机,报警主机则发信息通知拍照报警器拍摄窃贼的照片存储起来,且掉电不丢失,供以后使用,并立即拨预留的电话号码通知报警中心、主人等,同时启动现场报警,通知警笛发出高分贝的强音。

② 防火:在室内屋顶安装感烟火灾探测器,能对即将发生的着火及烟雾进行探测,发出失火警报,并将信号发射到主机,报警主机则立即拨预留的电话号码通知报警中心、主人等,并启动现场报警,通知警笛发出高分贝的强音。

③ 防可燃气体中毒:在储存有可燃气体的室内安装燃气泄漏探测器,当燃气,如煤气/液化石油气/天然气有泄漏发生时,燃气泄漏探测器立即将信号发射到主机,报警主机除了通知燃气泄漏探测器关闭煤气阀门外,还立即拨预留的电话号码通知报警中心、主人等,并启动现场报警,通知警笛发出高分贝的强音。

④ 紧急报警:在家中适当处安装一个紧急按钮,当家中有老人或小孩发生突发性病情或家人被外来人威胁时,一按按钮,报警主机则立即拨预留的电话号码通知报警中心、主人等,并启动现场报警,通知警笛发出高分贝的强音。

⑤ 远程操控:当出门忘记对系统布防工作时,可在异地通过电话操作家中防范系统进行布防等操作。

除了这些主要功能外,该报警系统还可以有抗暴、防劫、急病救援等功能。

1.2.1 报警主机

报警主机的主要功能是接收来自各智能模块发来的报警信号并分析信号,由此确定报警输出方式:立即报警、延时报警或不作报警处理等。

作为报警系统的中枢,报警主机接收信号的灵敏性以及处理信号的准确性都必须达到很高的标准,否则很容易造成漏报、误报,给用户的生活带来困扰或是不必要的损失。

1. 报警信息接收功能

报警主机通过有线、无线等方式接收各智能模块送来的信息。这种信息可以符合国际上通用的协议,也可以采用系统专用的协议。

接收的信息一般有红外线报警信息、燃气泄漏报警信息、紧急按钮信息、红外对射被切断信息、门窗磁报警信息等。程序可以按照防区设置,也可以按照级别设置分类存储。按照防区设置、级别设置存储的好处是：根据用于对报警主机的设置，可以立即产生相应的报警信息或者不产生报警信息。

2. 报警信息处理功能

报警信息的处理就是根据用户的设置决定是否产生报警信息和产生报警信息的方式，如鸣叫、拨号报警、GSM 短消息报警的方式。

3. 报警输出功能

家庭防盗报警系统的报警功能是通过现场声光、自动拨号、GSM 短信几种方式来实现报警的。拨号报警将在第 4 章讲述。

现场声光比较简单，就是通过单片机将某一端的位置 1 连到一个驱动放大电路上，控制 110 dB 的高音喇叭报警，同时将指示灯点亮，以提醒用户和就近的保安，或者吓退小偷和窃贼。这里不多加描述。

GSM 报警是防盗报警系统报警主机与报警控制中心、附近的公安局、派出所的连接方式。除了利用有线电话线路外，还可通过 GSM、CDMA、GPRS 模块利用中国移动、中国联通已经建好的网络方式进行连接。

1.2.2 智能模块

家庭报警系统的智能模块一般有：红外线探测报警模块、有害气体探测器报警模块、门窗磁报警模块、无线声光报警模块、紧急求助报警模块、无线遥控设防和撤防模块、智能防盗报警锁模块、红外对射报警模块、火灾报警模块和智能拍照模块。

下面就这几个模块的功能作一简单介绍。

1. 红外线探测报警模块

利用红外探测技术，对非法侵入进行有效的探测、传送。其探测范围广，距离宽。

2. 有害气体探测器报警模块

该模块采用高稳定度探测器件及先进的信号技术，电路设计紧凑，功耗较低，可对煤气泄漏进行探测、传送。可感应气体：煤气、天然气和液化气。当燃气探测器感应到厨房中的燃气泄漏后，随即向报警主机发出报警信号，报警主机立即发出报警。

3. 无线门窗磁报警模块

该模块利用磁、干簧管传感器来监视门或窗的开关状态，并将"门打开"信息进行传送，由报警主机决定是否报警。

4. 无线声光报警模块

该模块接收报警主机的信号，并利用高分贝声音及强频率灯光闪烁进行有效的报警。

5. 紧急求助报警模块

顾名思义，该模块用于在紧急情况下求助。当接收到求助信号后，该模块给报警主机发出信息,并且不受限制,立即拨打报警电话。

6. 无线遥控设防和撤防模块

无线遥控设防和撤防模块就是家庭防盗报警的遥控器,其操作与家用的电视、空调遥控器一样,大小形状与汽车门锁遥控器类似,用户需随身携带,其作用是对主机进行布防、撤防和紧急求救。

7. 智能防盗报警锁模块

该模块利用先进的 RFID 等电子技术,实现"一把钥匙只能打开一把锁"的功能。如果钥匙不符合或人为破坏锁,则会激发报警信号。

8. 红外对射报警模块

红外对射报警模块是利用光束遮断报警方式的探测器,当有人横跨过红外对射探测器监控防护区时,遮断不可见的红外线光束而引发警报。该模块常用于室外围墙报警,它总是成对使用:一个发射,一个接收。其原理是:发射机发出一束或多束人眼无法看到的红外光,形成警戒线,当有物体通过时,光线被遮挡,接收机信号发生变化,放大处理后报警。

9. 火灾报警模块

火灾报警模块主要用来对火灾发生的先知或火灾发生第一时间的获知,并把监测信息在最早的时间传输给报警主机,然后报警主机通过产生的声光报警信号产生报警或通过电话直接通知消防中心、屋主、保安,使人们在火势还未扩大之前将其扑灭并尽早地撤离,从而减少火灾给生命和财产造成的损失。

10. 智能拍照模块

智能拍照模块是一款专门用于报警取证的拍照存储装置。它可与报警主机无线联机使用,并保持报警器原有的功能。当报警器发生报警时,拍照报警器会立即对报警现场连拍十幅照片并储存起来;当拍照报警器的摄像头前有影像变化时,它也会抓拍一幅照片并储存起来。需要查询时,可将其接在计算机上进行照片浏览,并查询拍照的日期及时间,以获得报警现场的第一手资料。

1.3 家庭防盗报警系统的联网方式

家庭报警联网系统的组网包括以下两部分:
- ◆ 报警主机与小区接警中心的连接,与公安局、派出所接警指挥中心的连接;
- ◆ 在家庭内部,报警主机与各个功能模块通过一定的方式连接。

下面分两小节分别介绍这两类联网的实现方式。

虽然本书设计的是家庭防盗报警子系统,不是完整的家庭防盗报警系统,但是由于报警主机需要与小区接警中心,公安局、派出所报警中心进行通信,因此下面对其硬件连接进行简单

第1章 家庭防盗单片机技术

介绍。

1.3.1 家庭防盗报警系统与报警中心的连接方式

1. 系统报警联网的必要性

虽然各级公安机关在经费紧张、人员有限、装备落后的情况下做了大量的工作,给改革开放提供了一个安定团结的政治环境和社会环境,但报警还处于人工阶段,大大降低了接警反应速度,而接警速度直接影响着破案率。为此,当前技防部门的主要任务是如何用现代化的手段武装干警,提高公安机关接警、处警速度,从而增强对突发性案件的快速反应能力,提高破案率,使有限的警力发挥出最大的作用。

2. 报警如何联网

(1) 采用双绞线通过 RS-485 总线连接

报警主机与小区保安系统的连接可采用双绞线(或者小区保安系统使用的线路)通过 RS-485 总线方式轻松连接,如果协议编制得充分,则可以实时地传输家庭的各报警模块的工作情况。例如:假设按照协议,1 s 传 1 帧数据,但是正常传输时信息突然中断,这时保安系统将自动报警,并找出是否传输线路被人破坏,或者报警系统被人破坏,或者停电等原因。这比有警情才报警更有突出的功能。

(2) 采用有线电话线路连接

采用有线电话线路连接将在第 4 章讲述。

(3) 采用无线方式连接

家庭防盗报警系统报警主机与报警控制中心、附近的公安局、派出所的连接方式除了利用有线电话线路外,还可通过 GSM、CDMA、GPRS 模块利用中国移动、中国联通已经建好的网络方式进行连接。

使用 GSM、CDMA、GPRS 模块不仅可以传输语音信号,而且还可以利用其短信功能传送数字信息,特别是对于电话接入不方便的地方,使传输更可靠。

由于手机模块的降价,再加上电信部门之间的竞争,电信资费的下调,因此在经济上也允许这一方式的实现。报警主机通过 RS-232 接口可以方便地集成 GSM 短信设备,通过标准的 AT 命令进行 GSM 无线通信。如果有报警信息,则报警主机将信息组合,结合 AT 指令通过 RS-232 口传给手机模块,手机模块就可以通过无线方式发送到指定的号码上。接收端可以是手机、装有同样手机模块的计算机或者是电信公司提供的接收端。

目前,国内已经开始使用的 GSM 模块有 Falcom 的 A2D 系列、Wavecome 的 WMO2 系列、西门子的 TC35 系列、爱立信的 DM10/DM20 系列、中兴的 ZXGM18 系列等,而且这些模块的功能、用法差别不大。其中西门子的 TC35 系列模块性价比很高,并且已经有国内的无线电设备入网证。TC35i 是西门子推出的最新的无线模块,功能上与 TC35 兼容,设计紧凑,大大幅缩小了产品的体积。TC35i 与 GSM 2/2+兼容,采用双频(GSM900/GSM1800)与 RS-232 数据口,符合 ETSI 标准 GSM0707 和 GSM0705,且易于升级为 GPRS 模块。该模块集射频电路和基带于一体,向用户提供标准的 AT 命令接口,为数据、语音、短消息和传真提供快速、可靠、安全的传输,方便用户的应用开发及设计。在 GSM 网络日臻完善的今天,TC35/TC35i 短信模块秉承了西门子一贯的优秀品质。它易于集成,使用它可以在较短的时间内用较少的成本开发出新颖的产品。在远程监控和无线电话以及无线 POS 终端等领域中,都能看到 TC35/TC35i 短信模块在发挥作用,并且在产品质量和性能方面都能够得到保证。

3. 联网报警的工作过程

当用户根据需要安装的报警探测器感知到相应的警情时,例如:当装在仓库的微波红外双鉴探测器发现盗贼入室、烟感装置发现火警时,会自动将信号传入报警主机;当室内主人遭人抢劫,银行、储蓄所发现可疑人,当娱乐场所发生斗殴,当家中仅有老人或病人在而发生急病求救时,都可人为按动连在主机上的紧急按钮。报警主机会将以上的盗警、火警、劫警、求救信号,通过电话线路自动拨号或者无线方式传送到报警中心的计算机。24 小时待警工作的中心计算机立即使警声大作,并进行分析处理,检索出报警单位的名称、地址、警情具体位置、警情类别、报警时间、负责人及联系人的姓名、电话号码等信息,并自动打印出派警单。

与此同时,中心计算机也可自动分门别类地将报警资料传输到相应的处警单位或分中心,例如警情地点所辖派出所、公安局指挥中心、银行分中心等。

1.3.2 内部连接方式

1. 无线联网

网络化和无线化是安防产品的发展趋势,也是现代家庭中一项十分有用的技术。各报警模块与报警主机的无线连接方式有很多种,例如 RF(射频)、红外线、蓝牙等。

由于红外线方向性强,距离短,穿透力差,不能有遮挡物,易受强光干扰等,因此不适合在家庭防盗报警系统中使用。同样,由于蓝牙技术不能完全统一,成本难以降低等原因,因此也不适合在家庭防盗报警系统中使用。

近年来,RF 在短距离无线传输方面由原来的一枝独秀现已成为主力军。全世界各国对 315/433/868/915 MHz、2.4 GHz 等频段的开放,为 RF 的发展提供了一个很大的空间。RF 产品工作频率一般为国际通用的 ISM 频段,采用 FSK/GMSK 调制、低发射功率、高接收灵敏度的设计,所以使用时对周围干扰很小,无须申请许可证。其传输速率为 20~76.8 kbit/s,传输距离受环境影响,一般在几十米到数百米,有的已经达到几千米。与蓝牙产品相比,该产品具有成本更低、功耗更低、协议简单、软件开发更简易等特点。

2. 有线联网

有线联网的方式也有很多种,本节将概述电力载波方式和 RS-485 总线方式的特点、历史使用和发展前景。

(1) 电力载波

对于电力载波在家庭防盗系统中的应用,最著名的要提到美国的 X10 系统。X10 是一种国际通用的智能家居电力载波协议(即一种通信"语言"),采用这种"语言"的兼容产品可以通过电力线相互"说话"。传输这种"语言"的媒介就是 AC 220 V 电力线,所以无须重新布线,被控制的电器可多达 256 路。其低廉的价格、上千种的产品及简单的设置方式,可以使用户迅速进入智能家居时代。

X10 的特点如下:

◆ 技术成熟,在美国已有 25 年的应用历史;

◆ 安装 X10 系统无须考虑布线,因此省去了大量的布线费用,并且缩短了工期;

◆ 非常高的性价比,中产阶级以上的家庭都能够接受;

◆ X10 系统中的产品种类众多,触及到生活的方方面面,从家用照明、电器到安全防范,从无线遥控到电话远程控制以及电脑控制,无所不包;

◆ 使用简单而且控制方式灵活多变,得心应手,老少皆宜;

◆ 系统没有主机,没有中心总控制台;组建系统就像搭积木,可以按照用户的需要选配产品;

◆ 可以不断地扩展升级,让用户分阶段地将系统的功能完善,不断提升生活的档次,而不用担心一次性的投入过大;

◆ 兼容性也是不得不考虑的问题,虽然每个建筑都有现有的系统,但 X10 与其他任何系统都没有冲突,互不影响,并可与其他系统并存。

(2) RS-485 总线

当要求通信距离为几十米到上千米时,广泛采用 RS-485 串行总线标准。RS-485 采用平衡发送和差分接收,因此具有抑制共模干扰的能力。加上总线收发器具有高灵敏度,能检测低至 200 mV 的电压,故传输信号能在千米以外得到恢复。RS-485 采用半双工工作方式,任何时候只能有一点处于发送状态,因此,发送电路须由使能信号加以控制。RS-485 用于多点互连时非常方便,可以省掉许多信号线。应用 RS-485 可以联网构成分布式系统,允许最多并联 32 台驱动器和 32 台接收器。

1.4 家庭防盗报警系统与智能家居

最近又流行了一种"智能家居"的说法,那么什么是智能家居呢?它由哪几部分组成?智能家居与家庭防盗报警系统是何关系?为什么要提到智能家居?这些是本节讨论的重点。

近年来,随着我国国民经济的发展和国家住房制度的改革,由于人民生活水平和自身素质的提高,以及信息化社会的日益逼近,导致了人们在家庭住房需求概念上的彻底变革。从以往追求居住的物理空间和豪华的装修,向着享受现代化精神内涵与浪漫生活情趣的方向发展,从而追求更高的层次和境界。十分精辟地描述了我国近30年来在家庭住宅方面的产业发展过程:"70年代是解决有无的问题;80年代是解决大小的问题;90年代是追求环境优美;21世纪是智能化的时代。"*

回想一下,国际影星成龙拍过的一部武侠题材的电影,里面有一段镜头比较吸引人。场景是:晨光刚刚出现,一阵鸟鸣,主人公醒来;接着主人公用手一拉绳索,一盆水顺着绳索来到主人公身边;洗完脸后,该练功了,再拉另一绳索,一把剑出现在面前;再一拉绳索,床被掀起,练剑的地方出现了……

上面的镜头反映的是主人公的聪明设计,但也突出了一个主题,现在住的地方应具有更多的智能化。这样就提出了一个新概念——智能家居,智能家居已被更多的购房者关注。随着社会信息化的加快,人们的工作、生活与通信、信息的关系日益紧密。信息化社会在改变人们生活方式与工作习惯的同时,也对传统的住宅提出了挑战,社会、技术及经济的进步更使人们的观念随之巨变。人们对家居的要求早已不只是物理空间,而更为关注的是一个安全、方便、舒适的居家环境。

各家厂商给了智能家居很多的定义。作者认为智能家居就是利用科技的手段,给居民提供一个安全、方便、舒适的居家环境的一套系统。

智能家居有很多功能,可以划分为如下子系统。

- ◆ 照明控制子系统:提供灯光的调光、场景网络化控制;
- ◆ 电器控制子系统:包括红外家电控制、连接网络家电等功能;
- ◆ 室内无线子遥控:通过无线射频、红外遥控等手段,对全家设备进行遥控;
- ◆ 环境控制子系统:对窗帘、通风设备、采暖设备、空调器等进行统一管理;
- ◆ 日程管理子系统:可在不同的时刻,让各子系统发出动作或者执行场景;
- ◆ 电话远程控制子系统:通过电话、手机甚至短信,随时随地控制家中设备;
- ◆ 互联网远程监控子系统:经由网页浏览器,就可以远程控制家庭设备;
- ◆ 网络视频监控子系统:通过浏览器,在办公室就可以看到家中的情景;
- ◆ 家居安防子系统:通过各种传感器与安防模式,实现防盗、防灾与求助。

这些子系统是从功能的角度进行划分的,实际上它们是一个整体,某些模块可能同时在几个子系统中发挥作用,而且各个子系统之间也可以建立非常紧密的相互关联。本文着重介绍家居安防子系统,而对于其他子系统,则不再用过多的篇幅论述。

传统的住宅围墙和防盗栅栏等简单防护设施,既破坏社区的整体形象,也不能完全有效地阻止犯罪分子的破门而入,同时紧锁的铁门和护栏在发生火灾、地震等紧急情况时,使人难以

---

* 资料引自《九九建筑家园论坛》内论文《住宅小区智能化内涵与功能目标》。

逃生。因此社区防范的现代化、智能化，居民财产的防盗、防劫已成为每个家庭必须解决的问题。而智能安防产品恰恰解决了这个问题。居民购房时，除了关心小区的生活设施、房屋质量外，对小区的安全环境也极为关注。

智能小区的安防系统一般由下面5道防线组成。

第一道安全防线：由周界防范报警系统构成，以防范翻围墙和社区周边的非法入侵者。该防线采用感应线缆或主动红外线对射器。

第二道安全防线：由社区监控系统构成，对出入社区和主要通道上的车辆、人员及重点设施进行监控管理。配合小区报警系统和周界防范报警系统对现场情况进行监控记录，提高报警响应效率。

第三道安全防线：由保安巡逻管理系统构成，通过住宅区保安人员对住宅区内可疑人员及事件进行监管。配合电子巡更系统，确保保安人员的巡逻到位，实现小区物业的严格管理。

第四道安全防线：由联网型楼宇可视对讲系统构成，可将闲杂人员拒之梯口外，防止外来人员四处流窜。

第五道安全防线：由家庭防盗报警系统构成，这也是整个安全防范系统网络最重要的一环，也是最后一个环节。当有窃贼非法入室或发生如煤气泄漏、火灾、老人急病等紧急事件时，通过安装在户内的各种电子探测器自动报警，接警中心将在数十秒内获得警情消息，并迅速派出保安或救护人员赶往住户现场进行处理。

作为小区安全防范系统的最后一道也是最重要的一道防线，家庭防盗报警系统是利用全自动防盗电子设备，在无人值守的地方，通过电子红外探测技术及各类磁控开关判断非法入侵行为或各种燃气泄漏，通过控制喇叭或警灯现场报警，同时将警情通过共用电话网传输到报警中心或业主本人。同时，在家中有人发生紧急情况时，也可通过各种有线、无线紧急按钮或键盘向小区联网中心发送紧急求救信息。

家庭防盗报警作为智能家居的一个重要功能，是不可缺少的。正因为智能家居的广泛提及，将来的普及会很广；但是如果家庭防盗报警系统已经安装过了，在智能家居中还要重复安装不是很浪费吗？这就是本文提及智能家居的原因，即一个具有前瞻性的家庭防盗报警系统应该预留智能家居的接口。

接口的目的是实现通信，例如：智能家居从家庭报警系统获得报警信息。本书中的家庭防盗报警主机可以与智能家居通信，通信接口是另增加一个RS-232/485接口。

为了将来在家庭防盗报警系统的基础上直接升级为智能家居的一部分，当前设计家庭防盗报警系统时应考虑这个问题。

1.5 单片机技术

形象地讲：单片机是将一个计算机系统集成到一个芯片上，一块芯片就成了一台小计算机。它的体积小，质量轻，价格便宜，很适合学习、应用和开发，同时能够完成强大的数据采集、传输、控制等多种功能。

可以说，20 世纪跨越了 3 个"电"的时代，即电气时代、电子时代和现已进入的电脑时代。不过，这种电脑，通常是指个人计算机，简称 PC 机。它由主机、键盘、显示器等组成。还有一类计算机，大多数人却不怎么熟悉，这种计算机就是把智能赋予各种机械的单片机。顾名思义，这种计算机的最小系统只用了一片集成电路，即可进行简单运算和控制。因为它体积小，所以通常都藏在被控机械的"肚子"里。它在整个装置中起着犹如人类头脑的作用，它出了毛病，整个装置就瘫痪了。现在，这种单片机的使用领域已十分广泛，如智能仪表、实时工控、通信设备、导航系统、家用电器等。各种产品一旦用上了单片机，就能起到使产品升级换代的作用，而且常在产品名称前冠以形容词——"智能型"，如智能型电冰箱等。

单片机的出现是计算机技术发展史上的一个重要里程碑，单片机的诞生标志着计算机正式形成了通用计算机系统和嵌入式计算机系统两大分支。

单片机的微小体积和极低的成本，使其可广泛地嵌入到如仪器仪表、工业控制单元、汽车电子系统、办公自动化设备、家用电器、机器人、个人信息终端及通信产品中，成为现代电子系统中最重要的智能化工具。

目前，单片机已渗透到我们生活的各个领域，几乎很难找到哪个领域没有单片机的踪迹。单片机在民用和工业测控领域得到了最广泛的应用，例如：彩电、冰箱、空调、录像机、VCD、遥控器、游戏机、电饭煲、摄像机、全自动洗衣机、民用豪华轿车的安全保障系统，以及程控玩具、电子宠物等，到处可见单片机的踪影，单片机早已深深地溶入到每个人的生活之中；导弹的导航装置，飞机上各种仪表的控制，计算机的网络通信与数据传输，工业自动化过程的实时控制和数据处理，广泛使用的各种智能 IC 卡，这些同样都离不开单片机；自动控制领域的机器人、智能仪表、医疗器械就更离不开单片机了。因此，单片机的学习、开发与应用是一门先进的科学技术。

在计算机出现以前，有不少能工巧匠做出了不少精巧的机械。进入电器时代后，人们借助电气技术实现了自动控制机械、自动生产线甚至自动工厂，并且大大地发展了控制理论。然而，在一些大中型系统中自动化结果均不理想。只有在计算机出现后，人们才见到了希望的曙光，并借助计算机逐渐实现了人类的梦想。但是，计算机出现后的相当长的时间里，计算机作为科学武器，在科学的神圣殿堂里默默地工作，而在工业现场的测控领域并没有得到真正的应用。例如：美国在 20 世纪三四十年代，计算机还只在美国国防部内使用，它作为一种高精尖

第1章 家庭防盗单片机技术

技术被用于军事科学,而在工业和民用无从提及。只有在单片机出现后,计算机才真正地从科学的神圣殿堂走入寻常百姓家,成为广大工程技术人员现代化技术革新和技术革命的有利武器。单片机能大大地提高这些产品的智能性、易用性及节能性等,给人们的生活带来舒适和方便的同时,在工、农业生产上也极大地提高了生产效率和产品质量,例如:用单片机组成的温度采集网控制烟草烘干的解决方案。

单片机按用途大体上可分为两大类:通用型单片机和专用型单片机。

专用型单片机是指用途比较专一,出厂时程序已经一次性固化好,以后程序不能再被修改的单片机。例如:现在出现的一种100合1空调遥控器中的单片机就是其中的一种。其生产成本很低。

通用型单片机的用途很广泛,使用不同的接口电路及编制不同的应用程序就可完成不同的功能。小到家用电器仪器仪表,大到机器设备和整套生产线都可用单片机来实现自动化控制。

通用型单片机按位数分为4位机、8位机、16位机和32位机等,按厂家分种类就更多。我国目前最常用的单片机有如下几家:

◆ Intel——MCS-51、MCS-96 系列;
◆ Freescale——68HCXX、MC9S08 系列;
◆ Atmel——AT89C 系列(8051 内核);
◆ Philips——P87、P89 系列(8051 内核);
◆ Microchip——PIC 系列;
◆ Zilog——Z86 系列;
◆ TI——MSP430、MSP470 系列;
◆ Siemens——SAB80 系列(MCS-51 内核);
◆ NEC——78 系列;
◆ Winbond——W78E 系列;
◆ Holtek——HT46/HT47/HT48/HT49 等系列。

通用型 MCS-51 单片机的结构如图1.3所示,各部分功能如下。

① 中央处理单元(8位):数据处理、测试位,置位,复位、位操作。

② 只读存储器(4 KB 或 8 KB):永久性存储应用程序,包括掩模 ROM、EPROM、EEPROM。

③ 随机存取内存(128 B):在程序运行时存储工作变量和资料。

④ 特殊存储内存(128 B SFR):在程序运行时作为特殊功能寄存器使用。

⑤ 并行输入/输出口(I/O,32条):作系统总线、扩展外存、I/O 接口芯片。

⑥ 串行输入/输出口(2条):串行通信、扩展 I/O 接口芯片。

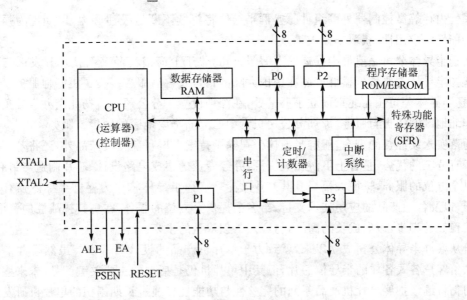

图 1.3　通用单片机的结构

⑦ 定时/计数器（16 位，加 1 计数）：计满溢出，中断标志置位，向 CPU 提出中断请求。它与 CPU 分别独立工作。

⑧ 时钟电路：内振、外振。

⑨ 中断系统：五源中断，两级管理。中断请求源有五个，两个优先级。

学习单片机是否很困难呢？应当说，对于已经具有电子电路，尤其是数字电路基本知识的读者来说，不会有太大困难；如果对 PC 机有一定基础，学习单片机就更容易。不过，单片机和 PC 机一样，是实践性很强的一门技术，有人说"计算机是玩出来的"，单片机亦一样，只有多"玩"，也就是多练习，多实际操作，才能真正掌握它。

1.6　Holtek 单片机[*]

盛群半导体公司位于中国台湾新竹科学工业园区，为专业的集成电路设计公司。目前员工人数约 300 人，资本额为新台币 19.41 亿元，营业范围主要包括集成电路的设计、研发与销售。其销售网已遍布全球各主要国家与地区，未来仍将持续扩展，以迎接市场无限的商机。

经不断地产品创新与开发，目前盛群半导体产品包括通用型和专用型微控制器（MCU），除一般应用领域外，更涵盖语音、通信、计算机外设、家电等领域；此外还提供各种电源管理及

---

[*] 本节资料引自 Holtek 官方网站 www.Holtek.com.cn。

非易失性内存等微控制器外围组件。盛群半导体将持续不断地投注心力,以期更为强化其产品的功能性与应用性,获取丰硕成果。

盛扬半导体公司是盛群半导体的上海子公司,位于上海漕河泾高新技术开发区齐来工业城。盛扬半导体主要负责盛群产品在中国大陆的销售及售后服务。为了更好地服务于盛群客户,盛扬半导体公司还在北京设立了办事处,在深圳设立了分公司。盛扬北京办事处负责中国大陆华北地区的销售与服务,深圳分公司负责中国大陆华南地区的销售与服务。

为落实永续经营的理念,盛群半导体公司除了持续发展目前各类产品外,还将基于半导体产业垂直分工的优势,整合上下游相关资源,并经专业的集成电路设计、芯片制造与封装,给客户提供全方位的服务,进而大幅提升其产业效能。盛扬半导体将作为盛群半导体强有力的经销骨干,以及各项产品的应用技术支持,给客户提供全方位的服务,在更具挑战性的资讯时代,以持续稳健的脚步,迈向成长的高峰,与客户共创双赢的未来。

自从盛群半导体公司成立以来,就致力于单片机产品的设计与开发。虽然盛群半导体公司提供给客户各式各样的半导体芯片,但其中单片机仍是盛群的主要关键产品,未来盛群半导体公司仍将继续扩展单片机产品系列的完整性与功能性。通过长期累积的单片机研发经验与技术,盛群半导体公司能为各式各样的应用范围开发出高性能且低价位的单片机芯片。其中部分单片机集成了全双工串行通信 UART 功能,方便与外部串行接口通信。盛群半导体公司的 I/O 型单片机为客户提供了绝佳的产品方案,极大地提升了其产品功能。当设计者使用盛群半导体公司开发的各式开发工具时,还能减少产品的开发周期并大大地增加其产品附加值。

1.6.1　Holtek 单片机的独特优势*

Holtek 公司的 8 位单片机有多种类型,设计者可以根据需要选择类型,每种类型里的配置不一样,这为开发带来了方便,同时节省了 PCB 的空间,降低了成本,就好像为开发专门定制单片机一样。Heltek 单片机的类型包括:经济型、I/O 型、I/O 型带 EEPROM、LCD 型、经济型 A/D 型、A/D+LCD 型、A/D+VFD 型和 R-F 型。

Holtek 公司的 8 位单片机已广泛应用到多个领域。

- ◆ 厨房:电磁炉、豆浆机、电饭煲、热水器、面包机、饮水机、抽油烟机、消毒柜、洗碗机、搅拌机、榨汁机、煮蛋器、充电式干湿两用吸尘器、咖啡壶、蛋糕机;
- ◆ 保健美容系列:低频治疗仪、瘦身腰带、足部按摩器、按摩椅、电子针灸仪、微电脑枕、数字温控烫发夹、智能剃须刀、离子嫩肤仪、焗油机、脂肪运动仪、血糖仪、电子睡眠仪、跑步机;

---

* 本节资料引自《I/O 型单片机技术手册》(2006.06)。

- ◆ 空气净化：柜用空气净化器、臭氧发生器、加湿器、负离子氧吧；
- ◆ 安防系列：密码锁、家用报警器；
- ◆ 卫生洗浴系列：太阳能热水器控制仪表、微电脑沐浴器、给皂液机、微电脑马桶、浴霸；
- ◆ 仪表：汽车仪表、电动车、船用仪表、计数器；
- ◆ 冷暖系列：电壁炉、电热油汀、遥控暖风挂机、冷暖空调扇；
- ◆ 其他：人造小太阳、霓虹灯广告牌控制器、电池充电器、微电脑窗帘、微电脑凉衣架。

1. 系统用到的单片机功能、结构及其他应用领域

I/O MCU

（1）HT48Rxx

HT48Rxx的选型如表1.1所列。

表1.1 HT48Rxx选型表

型 号	V_{DD}/V	系统时钟	程序存储器/位	数据存储器/位	输入/输出口	定时器 8位	定时器 16位	实时时钟芯片	中断 外部	中断 内部	可编程分频器	UART	堆栈	封装种类
HT48R10A-1 HT48C10-1	2.2~5.5	400 kHz~8 MHz	1K×14	64×8	21	1	—	v	1	1	v	—	4	24SKDIP、24SOP
HT48R30A-1 HT48C30-1	2.2~5.5	400 kHz~8 MHz	2K×14	96×8	25	1	—	v	1	1	v	—	4	24SKDIP、24SOP、28SKDIP、24SOP
HT48R50A-1 HT48C50-1	2.2~5.5	400 kHz~8 MHz	4K×15	160×8	35	1	1	v	1	2	v	—	6	28SKDIP、24SOP、48SSOP
HT48R502	2.2~5.5	400 kHz~8 MHz	4K×15	224×8	56	—	2	v	1	2	v	—	16	48SSOP、64QFP
HT48R70A-1 HT48C70-1	2.2~5.5	400 kHz~8 MHz	8K×16	224×8	56	1	2	v	1	2	v	—	16	48SSOP、64QFP
HT48RU80 HT48CU80	2.2~5.5	400 kHz~8 MHz	16K×16	576×8	56	1	2	v	2	4	v	v	16	48SSOP、64QFP

注：1. 型号部分包含"C"的为Mask版本，而"R"则是OTP版本。

2. 当内部RC时钟作为系统时钟时，RTC才有效。

（2）系统框图

HT48Rxx的系统结构如图1.4所示。

（3）产品特性

- ◆ SKDIP/SOP/SSOP/QFP封装；
- ◆ 工作电压为2.2~5.5 V；

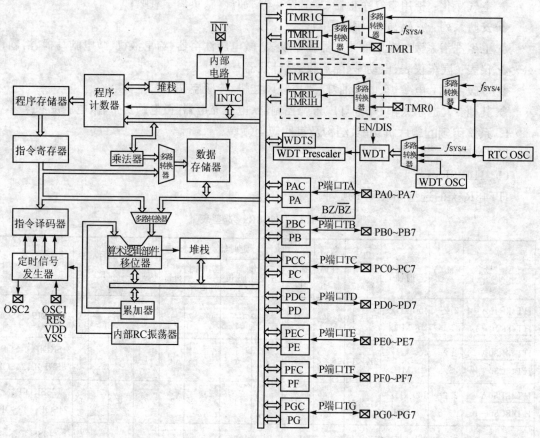

图 1.4 系统框图

- 内部 RC、外部 RC、外部晶振、外接 32 kHz；
- 16 位 TIMER 的读/写顺序：写的时候先低后高，读的时候先高后低；
- 脉冲测量时，上升沿开始计数，下降沿停止计数；
- RTC，外部晶振。可接 32 768 Hz，作为休眠模式计时或精确定时用；
- I/O 口最多可达 56 个；
- 2 个 16 位定时器；
- HT48XU80 系列具有 UART 接口；
- I/O 口为完全双向口；
- 具有 PFD 与 BZ；
- HT48R5X 在 3 V 下保持 RTC 仅需要 0.8 μA，为超低功耗版本。

4）典型应用

第1章 家庭防盗单片机技术

- ◆ 工业控制；
- ◆ 消费类产品；
- ◆ 饮水机、抽油烟机、热水器、加湿器；
- ◆ 从系统控制器。

2. 产品核心竞争力

盛群半导体公司基于自1983年投入半导体IC设计领域所成立的团队及多年累积的丰富智财权、专利，并拥有数家前段晶圆厂及后段封装测试厂的全力支持，同时在台湾、中国大陆、美国建立了当地销售及技术服务据点，因此，盛群半导体足以给客户提供：

- ◆ 最好的产品质量（高质量静电破坏保护及抗噪声能力）；
- ◆ 最短的产品交期；
- ◆ 最佳性价比产品；
- ◆ 一次写入式(OTP)、掩膜式(Mask)和多次写入式(Flash)微控制器产品；
- ◆ 最快速的本地化技术服务；
- ◆ 弹性的 ASSP & ASIC 微控制器开发服务；
- ◆ 专业开发工具与高效 C 语言编译器。

3. 产品策略

盛群半导体公司产品的发展定位在以8/16位单片机为主，以单片机外围IC为辅的架构上，给客户提供多元化的弹性选择。一次购足的便利性以及优异的性价比，使客户的产品具有强大的市场竞争力。

1.6.2 Holtek公司的强大支持*

Holtek公司不仅在各大城市提供强大的专业人员做技术支持，而且在网站上提供详细的中文案例资料、各种中文数据手册，以及各种盛扬半导体公司最新推出产品的培训课程。

Holtek在中国大陆的办事处有深圳办事处、上海办事处、成都办事处以及各地的代理商机构。

Holtek公司在中国大陆可以访问的网址及其内容如表1.2所列。

表1.2 Holtek公司在中国大陆可以访问的网址

序号	网址	内容
1	www.Holtek.com.tw	台湾总部，包含有英文资料
2	www.Holtek.com.cn	上海，中文资料齐全

---

* 资料引自 Holtek 公司官方网站 www.holtek.com.cn。

Holtek 公司在网上提供了详尽的技术支持,包括"技术支持"、"问答集"、"讨论区"、"支持工具"、"驱动程序"、"应用范例"、"支持更新"、"tools 维修申请",值得一提的是"问答集"、"应用范例"。

"问答集"主要收录了一些在使用 Holtek 产品时用户普遍会遇到的问题。当用户在使用 Holtek 产品遇到困难时,可先查阅"问答集"所收录的问题。为了方便使用,"问答集"中的数据是依产品系列来分类的。

"应用范例"提供了 HT4×系列单片机的各种功能的应用。对于用户在开发中遇到的各种难题,可以有实例参考。这不仅能加快开发速度,而且对于产品计划书的撰写也很有好处:有成熟的东西,别人已经开发过,写起来心里也有底,站在巨人的肩上看得会更远。

习 题 一

1. 什么是家庭防盗系统?完整的家庭防盗系统由哪几部分组成?
2. Holtek 公司的单片机有哪几种?各有什么特点?
3. Holtek 公司的产品有哪些核心竞争力?
4. Holtek 公司的支持方式有哪几种?

第 2 章

HT48 系列单片机的结构与指令

本章学习目标：

1. Holtek 公司 I/O 型和遥控型单片机的主要特点。
2. HT48 型单片机的内部功能组成。
3. 了解单片机的硬件组成。
4. 学习汇编语言结构，用汇编语言编写小程序。
5. 掌握用 C 语言编写 HT48 单片机程序的步骤。
6. 通过例程了解 HT48 单片机与流行的 LCM 接口，体会程序的编写思路。

2.1 硬件结构

2.1.1 单片机的内部结构概述[*]

Holtek 公司的一系列单片机属后起之秀，是高性价比的产品，占有一定的市场份额，并受到越来越多用户的喜爱。其产品以快速的发展势头冲击着几乎是国外半导体商一统天下的单片机市场，已广泛应用于家用电器等领域。

Holtek 公司的单片机以型号多，品种全，应用范围广等特点著称。本章仅叙述 HT48 系列单片机的结构特点，供读者在开发家庭防盗报警系统单片机选型时参考。HT48 系列单片

---

[*] 本小节资料引自《I/O 型单片机使用手册》(2006.5)和 Holtek 网站 www.Holtek.com.cn。

机在 Holtek 公司的产品系列中又被分为多类,本小节着重对 I/O 型和遥控型单片机作一概括介绍。2.1.2 小节主要叙述 I/O 型单片机的结构。

1. I/O 型单片机

HT48 系列 I/O 型单片机的 I/O 引脚较多,主要有 HT48R10A-1/HT48C10-1、HT48R30A-1/HT48C30-1、HT48R50A-1/HT48C50-1、HT48R70A-1/HT48C70-1 和 HT48RU80/HT48CU80 几种型号。它们都属于 8 位高性能、高效益的 RISC 结构单片机,适用于多输入/输出控制产品。其内部的特殊性能,如暂停、唤醒功能、振荡器选择、蜂鸣器驱动和 UART 等,提升了单片机的灵活度,而这些特性也同时保证了实际应用时只需要最少的外部组件,进而降低了整个产品的成本。有了低功耗、高性能、灵活控制的输入/输出和低成本等优势,使得这些芯片拥有许多功能,并适合广泛应用在如工业控制、消费性产品和子系统控制器等场合。该系列所有的单片机都拥有相同的特性,其主要的不同在于 I/O 引脚数目、RAM 和 ROM 的容量、定时器数目和大小等方面。另外,HT48RU80/HT48CU80 还集成了全双工串行通信 UART 功能。

HT48 系列 I/O 型单片机适合于多 I/O 口的家电控制器,如遥控设备、电话机、电扇及灯光控制器、电子秤量器具、洗衣机程控器及玩具控制器。为适应不同产品的设计要求,该系列拥有简易经济型及要求较高、内部资源相对丰富的高级型。其主要的区别在于内部的 I/O 端口数目不等,RAM 和 ROM 容量不同,定时/计数器的长度有别。此外,它们的堆栈层数也不尽一致。从表 2.1 中可看出其主要区别。

表 2.1 HT48 系列 I/O 型单片机比较

特 性	HT48R10A-1/HT48C10-1	HT48R30A-1/HT48C30-1	HT48R50A-1/HT48C50-1	HT48R70A-1/HT48C70-1	HT48RU80/HT48CU80
I/O 口	21	25	35	56	56
RAM/bit	64×8	96×8	160×8	224×8	576×8
ROM/bit	1K×14	2K×14	4K×15	8K×16	16K×16
内中断	1	1	2	2	4
外中断	1	1	1	1	2
8 位定时器	1	1	1	—	1
16 位定时器	—	—	1	2	2
堆栈	4	4	6	16	16
UART 口	—	—	—	—	1

2. 遥控型单片机

HT48 系列遥控型单片机中的 HT48RA0-2/HT48CA0-2 和 HT48RA0-1/HT48CA0-1 是专为遥控应用而设计的,并集成了载波发生器。HT48RA1/HT48CA1、HT48RA3/

HT48CA3 和 HT48RA5/HT48CA5 也同样是专为遥控应用而设计的，但是它们容量更大，特别适合用于多功能遥控器的应用。从表 2.2 中可看出其主要区别。

表 2.2　HT48 系列遥控型单片机比较

特　性	HT48RA0-2/ HT48CA0-2	HT48RA0-3/ HT48CA0-3	HT48RA0-1/ HT48CA0-1	HT48RA1/ HT48CA1	HT48RA3/ HT48CA3	HT48RA5/ HT48CA5
I/O 口	15	16	17	23	23	23
RAM/bit	32×8	32×8	32×8	224×8	224×8	224×8
ROM/bit	1K×14	1K×14	1K×14	8K×16	24K×16	40K×16
内中断	—	—	—	2	2	2
外中断	—	—	—	1	1	1
8 位定时器	—	—	—	1	1	1
16 位定时器	—	—	—	1	1	1
堆栈	1	1	1	8	8	8

以上两个系列中，C 型单片机是指掩膜型，而 R 型单片机则是指 OTP 型，这也是 C 型和 R 型单片机的区别。OTP 型是指一次可编程（One-Time Programmable）单片机，可配合使用盛群半导体的程序开发工具，简单而有效地烧写程序。这就给设计者提供了快速、有效的开发途径。而对于那些已经设计成熟的应用，掩膜型则可满足大量生产和低成本的需求。由于与 OTP 型的功能完全兼容，掩膜型对于已经设计完成而想要降低成本的产品，提供了一个理想的解决方案。

2.1.2 小节将介绍 HT48R70A-1 这款单片机的结构、使用。用整整一小节来介绍 HT48R70A-1 单片机是因为这款单片机是本书中主要使用的单片机，而且 HT48R50A-1、HT48R30A-1、HT48R10A-1 等型号单片机的功能与之很接近，有的只是减少了部分功能，配合数据手册和本书很容易理解。相信读者通过本节对 HT48R70A-1 的学习，再配合其余单片机的数据手册就可以完成其开发。

2.1.2　结构分析[*]

2.1.2.1　系统结构与封装引脚说明

不同型号的 HT48 系列单片机，其引脚及封装形式一般均不相同，内部结构也略有差异，但基本结构是相似的。为介绍清楚 Holtek 公司 HT48 系列单片机的结构原理，本节以

---

* 本小节资料引自《I/O 型单片机使用手册》（2006.5）和《HT48R70A-1/HT48C70-1 数据手册》。

HT48R70A-1这款I/O型单片机入手,深入浅出,让读者对HT48系列单片机的内部结构有初步的了解。其他型号的单片机除了部分功能不同外,其内部结构极为相似,读者完全可以引申至其他型号的机型。

本小节将详尽介绍基本I/O型HT48R70A-1的结构原理。HT48C70-1与HT48R70A-1的区别主要是程序存储方式不同,本章下面提及的HT48R70A-1功能,HT48C70-1也同样具有。

HT48R70A-1是8位高性能单片机,以价廉物美而著称,是专为多I/O口的产品而设计的OTP型单片机,可方便地应用于控制系统。

HT48R70A-1有SSOP/QFP两种封装,分别是48脚和64脚两种类型。64脚的封装比48脚多出16个引脚,分别是:PE4~PE7、PF4~PF7和PG0~PG7。其封装如图2.1所示。

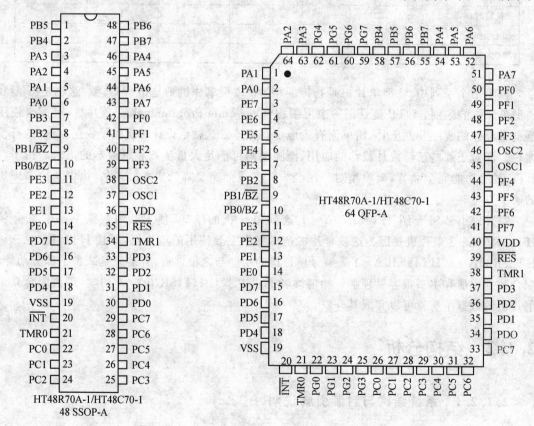

图2.1　HT48R70A-1的封装引脚图

引脚说明如下:

PA0~PA7:双向8位输入/输出端口。掩膜选项可选择上拉电阻,每一位均可被设置为唤醒输入,由软件指令确定CMOS输出;或带上拉电阻的施密特触发输入(由上拉电阻选项确定)。

PB0/BZ、PB1/$\overline{BZ}$、PB2~PB7：双向 8 位输入/输出端口。每一位均可由掩膜选项设置为唤醒输入,由软件指令确定 CMOS 输出,或带上拉电阻的施密特触发输入(由上拉电阻选项确定)。

PB0 和 PB1 是与 BZ 和 $\overline{BZ}$ 共用引脚。一旦 PB0 和 PB1 选为蜂鸣器输出,其输出信号则由内部的 PFD 发生器(由定时/计数器 0 编程决定)提供。

PC0~PC7：双向 8 位输入/输出口。由软件指令决定引脚是 CMOS 输出或施密特触发器输入。

PD0~PD7：双向 8 位输入/输出口。由软件指令决定引脚是 CMOS 输出或施密特触发器输入。

PE0~PE7：双向 8 位输入/输出口。由软件指令决定引脚是 CMOS 输出或施密特触发器输入。

PF0~PF7：双向 8 位输入/输出口。由软件指令决定引脚是 CMOS 输出或施密特触发器输入。

PG0~PG7：双向 8 位输入/输出口。由软件指令决定引脚是 CMOS 输出或施密特触发器输入。

$\overline{INT}$：不带上拉电阻的施密特外部中断信号输入,外部信号下降沿有效。

OSC1、OSC2：OSC1、OSC2 连接外部 RC 电路或晶体振荡器(由掩膜选项决定)作为内部系统时钟。对于外部 RC 系统时钟的操作,OSC2 的输出端信号是系统时钟的 4 分频。这两个引脚可以被选择成一个 RTC 振荡器(32 768 Hz)或 I/O 口。在这两种情况下,系统时钟来自内部 RC 振荡器,其正常频率在 5 V 时有 3.2 MHz、1.6 MHz、800 kHz 和 400 kHz 4 种选择。如果引脚作为普通 I/O 引脚使用,则上拉选项是可用的。

$\overline{RES}$：施密特触发复位端,低电平有效。

TMR0：定时/计数器 0 施密特触发输入。

TMR1：定时/计数器 1 施密特触发输入。

VSS：负电源,接地。

VDD：正电源。

2.1.2.2 程序存储器

程序存储器用来存放用户代码即存储程序。对于 I/O 型单片机,有两种程序存储器可供使用。第一种是一次可编程存储器(OTP),使用者可编写其应用码到芯片中。具有 OTP 存储器的单片机在芯片名称上用"R"做标识。使用适当的编程工具,OTP 单片机可给使用者提供灵活的方式来自由地进行开发,这对于除错或需要经常升级与改变程序的产品是很有帮助的。对于中小批量生产,OTP 亦为极佳的选择。另一种存储器为掩膜存储器,单片机在芯片名称上用"C"做标识,这些芯片对于大批量生产提供了最佳的成本效益。

第 2 章 HT48 系列单片机的结构与指令

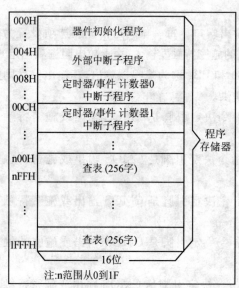

图 2.2 HT48R70A-1 单片机程序存储器结构图

1. 结 构

图 2.2 是 HT48R70A-1 型单片机程序存储器结构图。

程序存储器用来存储要执行的程序指令，也包含数据、表格、中断入口地址，由 8192×16 位组成，由 PC 和表格指针来确定其地址。ROM 中的某些地址是为一些特殊使用而保留的，即特殊向量，使用时应加以注意，避免误用；否则将导致程序运行不正常。

2. 特殊向量

程序存储器内部某些地址保留用做诸如复位和中断入口等特殊用途，这些地址称为特殊向量。

地址 000H：芯片复位后的程序起始地址。在芯片复位之后，程序将跳到这个地址并开始执行。此地址是 HT48R70A-1 内部复位地址。

地址 004H：用做外部中断入口。在单片机外部中断引脚电平接收到下降沿信号，而外部中断使能且堆栈没有满的情况下，程序将跳到这个地址开始执行。HT48RU80/HT48CU80 的外部中断是 INT0。此地址是 HT48R70A-1 外部中断地址。

地址 008H：此内部中断向量被定时/计数器 0 所使用。当定时器发生溢出，而内部中断使能且堆栈没有满时，程序将跳到这个地址并开始执行。这个定时/计数器称为定时/计数器 0。HT48R50A-1/HT48C50-1 和 HT48R70A-1/HT48C70-1 有 2 个定时/计数器，HT48RU80/HT48CU80 有 3 个定时/计数器。此地址是 HT48R70A-1 定时/计数器中断地址。

地址 00CH：此内部中断向量被定时/计数器 1 所使用。当定时器发生溢出，而内部中断使能且堆栈没有满时，程序将跳到这个地址并开始执行。此向量只可用于 HT48R50A-1/HT48C50-1、HT48R70A-1/HT48C70-1 和 HT48RU80/HT48CU80。这个定时/计数器称为定时/计数器 1。注意，HT48R10A-1/HT48C10-1 和 HT48R30A-1/HT48C30-1 只有 1 个定时/计数器，不用这个中断向量。此地址是 HT48R70A-1 定时/计数器中断地址。

地址 010H：对于 HT48RU80/HT48CU80，此中断向量用于外部中断 INT1。当外部中断引脚是低电平，外部中断允许，并且堆栈未满时，程序将跳到这个地址执行中断服务程序。为了便于程序扩展，在 HT48R70A-1 中最好保留。

地址 014H：对于 HT48RU80/HT48CU80，此中断用于 UART 总线中断。如果中断允许，且堆栈未满，当传输信号或完成接收，并产生 UART 总线中断时，则程序将跳到这个地址，开始执行中断服务程序。为了程序扩展,在 HT48R70A-1 中最好保留。

地址 018H:对于 HT48RU80/HT48CU80,此中断用于定时/计数器 2 溢出。如果中断允许,且堆栈未满,当定时/计数器 2 溢出,并产生定时器中断时,则程序将跳到这个地址,开始执行中断服务程序。为了程序扩展,在 HT48R70A-1 中最好保留。

表格地址:ROM 中的任何地址都可用来作为查表地址使用。查表指令为 TABRDC[m] 与 TABRDL[m]。TABRDC[m] 是查表当前页的数据[1 页=256 字(word)],TABRDL[m] 是查表最后一页的数据。其中,[m] 为数据存放的地址。在执行 TABRDC[m] 指令(或 TABRDL[m] 指令)后,将会传送当前页(或最后一页)的 1 字的低位字节到[m],而这个字的高位字节传送到 TBLH(08H)。只有表格中的低位字节被送到目的地址中,而表格中高位字节的其他位被传送到 TBLH 的低部位。TBLH 为只读寄存器,而表格指针 TBLP(07H)是可以读/写的寄存器,用来指明表格地址。在访问表格以前,通过对 TBLP 寄存器赋值来指明表格地址,TBLH 只能读出而不能存储。如果主程序和 ISR(中断服务程序)二者都使用查表指令,那么在主程序中的 TBLH 的内容可能被 ISR 中的查表指令改变而发生错误。应该避免在主程序和 ISR 中同时使用查表指令。但是,如果主程序和 ISR 二者都必须使用查表指令,那么中断应该在查表指令前被禁止,直到 TBLH 被备份好。查表指令要花 2 个指令周期来完成这一条指令的操作。按照用户的需要,这些区域可以作为正常的程序存储器来使用。表 2.3 是查表指令格式。

表 2.3 查表指令格式

指令	表格地址												
	*12	*11	*10	*9	*8	*7	*6	*5	*4	*3	*2	*1	*0
TABRDC[m]	P12	P11	P10	P9	P8	@7	@6	@5	@4	@3	@2	@1	@0
TABRDL[m]	1	1	1	1	1	@7	@6	@5	@4	@3	@2	@1	@0

注:*12~*0 为表格地址字节;@7~@0 为表格指针字节;P12~P8 为当前程序指针字节。

2.1.2.3 数据存储器

数据存储器是内容可更改的 8 位 RAM 内部存储器,用来储存临时数据,且分为两部份。第一部分是特殊功能寄存器,这些寄存器有固定的地址且与单片机的正确操作密切相关。大多特殊功能寄存器都可在程序控制下直接读取和写入,但有些被加以保护而不对用户开放。第二部分数据存储器是作一般用途使用,均可在程序控制下进行读取和写入。

1. 结 构

数据存储器的两个部分,即专用和通用数据存储器,位于连续的地址。全部 RAM 为 8 位宽度,但存储器的长度因所选择的单片机而有所不同。所有芯片的数据存储器的开始地址都是 00H。HT48R10A-1/HT48C10-1 和 HT48R30A-1/HT48C30-1 的结束地址是 7FH,

HT48R50A-1/HT48C50-1、HT48R70A-1/HT48C70-1 和 HT48RU80/HT48CU80 的结束地址是 FFH。常见的寄存器，如 ACC 和 PCL 等，全都具有相同的数据存储器地址。

专用数据存储器区域中的数据存储器是存放特殊寄存器的，这些寄存器与单片机的正确操作密切相关，大多数的寄存器是可进行读取和写入的，只有一些是被保护的只能读取。要注意的是，任何读取指令对存储器中未使用的地址进行读取时都将得到 00H 的值。为了确保单片机能成功地操作，数据存储器中设置了一些内部寄存器。这些寄存器可确保内部功能（如定时器、中断和看门狗等）和外部功能（如输入/输出数据控制）的正确操作。在数据存储器中，这些寄存器以 00H 作为开始地址。在特殊功能寄存器存储空间与通用数据存储器的起始地址之间，有一些未定义的数据存储器，被保留用来作为未来的扩充。如果从这些地址读取数据，则将返回 00H 值。

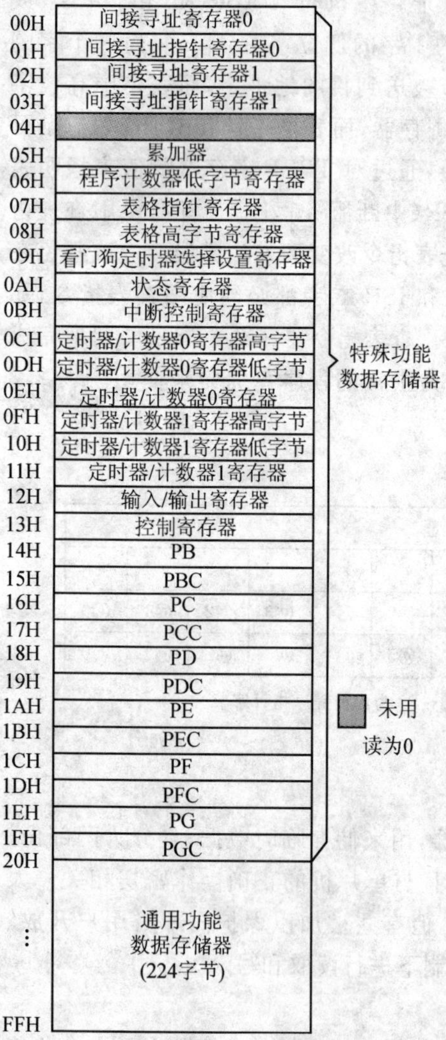

其中，特殊功能寄存器包括间接寻址寄存器 R0（00H）和 R1（02H）、定时/计数器 0 高字节寄存器 TMR0H（0CH）、定时/计数器 0 低字节寄存器 TMR0L（0DH）、定时/计数器 0 控制寄存器 TMR0C（0EH）、定时/计数器 1 高字节寄存器 TMR1H（0FH）、定时/计数器 1 低字节寄存器 TMR1L（10H）、定时/计数器 1 控制寄存器 TMR1C（11H）、程序计数器低字节寄存器 PCL（06H）、间接寻址指针寄存器 MP0（01H）和 MP1（03H）、累加器 ACC（05H）、表格指针寄存器 TBLP（07H）、表格高字节寄存器 TBLH（08H）、状态寄存器 STATUS（0AH）、中断控制寄存器 INTC（0BH）、看门狗定时器选择设置寄存器 WDTS（09H）、输入/输出寄存器 PA（12H）、PB（14H）、PC（16H）、PD（18H）、PE（1AH）、PF（1CH）、PG（1EH）和控制寄存器 PAC（13H）、PBC（15H）、PCC（17H）、PDC（19H）、PEC（1BH）、PFC（1DH）、PGC（1FH）。通用数据存储器的地址为 20H～FFH，用于存放执行过程中的数据和控制信息。读取这些被保留单元的值，都将返回 00H 的值。

图 2.3 是 HT48R70A-1 的数据存储结构图。

所有的 RAM 可直接执行算术、逻辑、递增、递减、移位等运算。除了少数一些指定的位之外，RAM

00H	间接寻址寄存器0
01H	间接寻址指针寄存器0
02H	间接寻址寄存器1
03H	间接寻址指针寄存器1
04H	
05H	累加器
06H	程序计数器低字节寄存器
07H	表格指针寄存器
08H	表格高字节寄存器
09H	看门狗定时器选择设置寄存器
0AH	状态寄存器
0BH	中断控制寄存器
0CH	定时器/计数器0寄存器高字节
0DH	定时器/计数器0寄存器低字节
0EH	定时器/计数器0寄存器
0FH	定时器/计数器1寄存器高字节
10H	定时器/计数器1寄存器低字节
11H	定时器/计数器1寄存器
12H	输入/输出寄存器
13H	控制寄存器
14H	PB
15H	PBC
16H	PC
17H	PCC
18H	PD
19H	PDC
1AH	PE
1BH	PEC
1CH	PF
1DH	PFC
1EH	PG
1FH	PGC
20H … FFH	通用功能数据存储器（224字节）

图 2.3　HT48R70A-1 的数据存储结构图

的每一个位都可由"SET [m].i"来置位及复位。这些 RAM 地址可通过间接寻址指针 MP0、MP1 来存取。

2. 专用寄存器

下面分别叙述各特殊寄存器的功能。

1) 间接寻址寄存器 IAR

间接寻址寄存器的地址是 00H 和 02H,该寄存器并无实际的物理区存在。任何对间接寻址寄存器的读/写操作就是对 MP0、MP1 所指的地址操作,亦即对间接寻址寄存器做读/写的目的地址为间接寻址指针所指的地址。间接的读 00H(02H)返回的值是 00H,而写入则等同于一个空操作。间接寻址指针寄存器(MP0,MP1)是 8 位寄存器。

2) 累加器 ACC

累加器(ACC)与算术逻辑单元(ALU)有关,同样也是对应于 RAM 的地址 05H。作为运算的立即数,存储器之间的数据传送必须经过 ACC。

3) 算术逻辑单元 ALU

算术逻辑单元(ALU)为执行 8 位算术及逻辑运算的电路,可提供下列功能:

◆ 算术运算(ADD、ADC、SUB、SBC、DAA);
◆ 逻辑运算(AND、OR、XOR、CPL);
◆ 移位(PL、RR、RLC、RRC);
◆ 递增及递减(INC、DEC);
◆ 进位及无进位减法;
◆ 分支判断(SZ、SNZ、SIZ、SDZ 等)。

ALU 不仅可以储存数据运算的结果,还可以改变状态寄存器。

4) 状态寄存器 STATUS

参见表 2.4,状态寄存器(0AH)的宽度为 8 位,由零标志位(Z)、进位标志位(C)、辅助进位标志位(AC)、溢出标志位(OV)、暂停标志位(PDF)、看门狗定时器溢出标志位(TO)组成。该寄存器不仅记录状态信息,而且还控制运算顺序。

表 2.4　状态寄存器 STATUS

符号	位	功能
C	0	如果在加法运算中结果产生了进位,或在减法运算中结果不发生借位,则 C 将被置位;反之,C 被清除。它也可被一个带进位循环移位指令影响
AC	1	如果在加法运算中低 4 位产生了向高 4 位进位,或减法运算中低 4 位不发生从高 4 位借位,则 AC 被置位;反之,AC 被清除
Z	2	如果算术运算或逻辑运算的结果为零,则 Z 被置位;反之,Z 被清除
OV	3	如果运算结果向最高位进位,但最高位并不产生进位输出,则 OV 被置位;反之,OV 被清除

续表 2.4

符号	位	功能
PDF	4	当系统上电或执行"CLR WDT"指令时,PDF被清除;执行HALT指令时,PDF被置位
TO	5	当系统上电或执行"CLR WDT"指令,或执行HALT指令时,TO被清除;当WDT定时溢出时,TO被置位
—	6	未定义,读出为零
—	7	未定义,读出为零

除了 TO 和 PDF 以外,状态寄存器的其他位都可用指令来改变,这种情况与其他寄存器一样。任何写到状态寄存器的数据不会改变 TO 或 PDF 标志位,但是与状态寄存器有关的操作会导致状态寄存器的改变。系统上电,看门狗定时器溢出,执行 HALT 指令,或清除看门狗定时器都能改变 TO 和 PDF。

Z、OV、AC 和 C 标志位都反映了最近运算的状态。

当进入中断程序或执行子程序调用时,状态寄存器内容不会自动压入堆栈。如果状态寄存器的内容是重要的,而且子程序会改变状态寄存器的内容,那么程序员必须事先将其保存好,以免被破坏。

5) 中断控制寄存器 INTC

所有的中断都具有唤醒功能。当一个中断被服务时,程序计数器(PC)的内容被压入堆栈,然后转移到中断服务程序的入口,只有程序计数器的内容能压入堆栈。如果寄存器和状态寄存器(STATUS)的内容被中断服务程序改变,从而破坏了主程序的预定控制,那么程序员必须事先将这些数据保存起来。

系统执行中断子程序期间,其他的中断响应会被屏蔽,直到执行 RETI 指令或是 EMI 位和相关的中断控制位都被置位(堆栈未满时)。若要从中断子程序返回,则只要执行 RET 或 RETI 指令即可。RETI 指令将会自动置位 EMI 来再次允许中断服务,而 RET 指令则不能自动置位 EMI。

中断优先级如表 2.5 所列。

表 2.5 中断优先级

NO	中断源	优先级	中断
A	外部中断	1	04H
B	定时/计数器 0 中断	2	08H
C	定时/计数器 1 中断	3	0CH

表 2.6 是中断控制寄存器(INTC)结构,由定时/计数器 0 中断请求标志位(T0F)、定时/

计数器1中断请求标志位(T1F)、外部中断请求标志位(EIF)、定时/计数器 0 中断控制位(ET0I)、定时/计数器 1 中断控制位(ET1I)、外部中断控制位(EEI)和总中断控制位(EMI)组成。EMI、EEI、ET0I 和 ET1I 都是用来控制中断的允许/禁止状态的。这些位禁止正在进行的中断服务中的中断请求。一旦中断请求标志位(T0F、T1F、EIF)被置位,它们将在 INTC 寄存器中被保留下来,直到相关的中断被服务或由软件指令来清除。

建议不要在中断服务程序中使用 CALL 指令来调用子程序。这是因为中断随时都可能发生,而且需要立刻给予响应。如果只剩下一层堆栈,而中断又不能被很好地控制,那么原先的控制序列很可能因为在中断子程序中执行 CALL 指令时造成堆栈溢出而发生混乱。

Holtek C 语言规定,中断中不允许调用 C 函数,只能调用汇编程序。

表 2.6　中断控制寄存器 INTC

	位	符号	功能
INTC (0BH)	0	EMI	总中断控制位(1=允许;0=禁止)
	1	EEI	外部中断控制位(1=允许;0=禁止)
	2	ET0I	定时/计数器 0 中断控制位(1=允许;0=禁止)
	3	ET1I	定时/计数器 1 中断控制位(1=允许;0=禁止)
	4	EIF	外部中断请求标志位(1=有;0=无)
	5	T0F	定时/计数器 0 中断请求标志位(1=有;0=无)
	6	T1F	定时/计数器 1 中断请求标志位(1=有;0=无)
	7	—	未使用位,读出为零

6) 定时/计数器 TMR 和控制寄存器 TMRC

HT48R70A-1/HT48C70-1 提供两个定时/计数器:定时/计数器 0 是一个 16 位的可编程定时/计数器,时钟来源可以是外部信号输入或系统时钟 4 分频以及 RTC 时钟;定时/计数器 1 也是一个 16 位的可编程定时/计数器,且其时钟来源同样可以是外部信号输入或系统时钟 4 分频或 RTC 时钟;TMR0C 和 TMR1C 寄存器的组成如表 2.7 和表 2.8 所列。

表 2.7　TMR0C 寄存器

符号	位	功能
—	0~2	未用,读出为 0
T0E	3	定义定时/计数器 TMR0 的触发方式(0=上升沿作用;1=下降沿作用)
T0ON	4	打开/关闭定时/计数器(1=打开;0=关闭)
—	5	未用,读出为 0
T0M0	6	定义工作模式(01=外部事件计数模式(外部时钟);10=定时模式(内部时钟);
T0M1	7	11=脉冲宽度测量模式;00=未用)

表 2.8　TMR1C 寄存器

符 号	位	功 能
—	0～2	未定义,读出为 0
T1E	3	定义定时/计数器 TMR1 触发方式(0＝上升沿作用;1＝下降沿作用)
T1ON	4	打开/关闭定时/计数器(1＝打开;0＝关闭)
—	5	未用,读出为 0
T1M0	6	定义工作模式(01＝外部事件计数模式(外部时钟);10＝定时模式(内部时钟);
T1M1	7	11＝脉冲宽度测量模式;00＝未用)

举例说明：假设系统所带的晶振频率为 8 MHz,需要产生一个 8 ms 的定时中断,在中断里点或灭同一个灯。这里使用 PA0 控制灯。关于定时器部分的设置程序如下：

```
;初始化程序
INITIALIZE:    MOV    TMR0C,#88H      ;定时模式,打开定时器,4 分频
               MOV    TMR0L,#080H     ;0.008/[4/(8 000 000)]＝16 000
               MOV    TMR0H,#03EH
               SET    PAC.0           ;对 PA0 进行设置,作为输出功能
               ⋮
;定时器中断程序
INIT0:         PUSH
               MOV    TMR0L,#080H     ;0.008/[4/(8 000 000)]＝16 000
               MOV    TMR0H,#03EH
               CPL    PA.0            ;对灯取反
               ⋮
               RETI
```

注意：本程序对定时/计数器的一种用途进行了举例说明,对于其余两种用途,请根据手册和上述说明自行设置。

7) 输入/输出寄存器 PA、PB、PC、PD、PE、PF、PG 及其控制寄存器 PAC、PBC、PCC、PDC、PEC、PFC、PGC

HT48R70A-1 单片机的 I/O 口几乎都是双向口。每个端口都有控制寄存器和输入/输出寄存器。使用前必须先设置控制寄存器为输入或输出,然后才能作为输入或输出口正常使用。

输入/输出寄存器和它们相对应的控制寄存器都很重要。所有的输入/输出端口都有相对应的寄存器,且被标示为 PA、PB、PC、PD、PE、PF、PG 等。这些输入/输出寄存器映射到数据存储器的特定地址,用以传送端口上的输入/输出数据。每个输入/输出端口都有一个相对应的控制寄存器,分别为 PAC、PBC、PCC、PDC、PEC、PFC、PGC 等,也同样映射到数据存储器的特定地址。这些控制寄存器设定引脚的状态,以决定哪些是输入口,哪些是输出口。若引脚

设定为输入,则控制寄存器对应的位必须设定成高电平;若引脚设定为输出,则控制寄存器对应的位必须设为低电平。程序初始化期间,在从输入/输出端口中读取或写入数据之前,必须先设定控制寄存器的位,以确定引脚为输入或输出。使用"SET [m].i"和"CLR [m].i"指令可以直接设定这些寄存器的某一位。

这种在程序中可以通过改变输入/输出端口控制寄存器中某一位而直接改变该端口输入/输出口状态的能力,是此系列单片机非常有用的特性。

有关专用寄存器的详细内容,可参看《HT48R70A-1数据手册》。

3. 通用寄存器

所有的单片机程序都需要一个读/写的存储区,让临时数据可以被储存和再使用。该RAM区域就是通用数据存储器。这个数据存储区可让使用者进行读取和写入的操作。使用"SET [m].i"和"CLR [m].i"指令可对个别的位做置位或复位的操作,方便用户在数据存储器内进行位操作。

HT48R70A-1的通用数据存储器地址是20H～7FH,共224个通用寄存器。

2.1.2.4 输入/输出端口

HT48型单片机的输入/输出端口控制具有很大的灵活性。这体现在每一个引脚在使用者的程序控制下可以被指定为输入或输出、所有引脚的上拉选项以及指定引脚的唤醒选择。这些特性也使得此类单片机在广泛应用上都能符合开发的要求。

HT48R70A-1单片机具有56个双向输入/输出口,标号为PA～PG,分别对应RAM的12H、14H、16H、18H、1AH、1CH和1EH。所有的输入/输出端口都能作为输入或输出使用。做输入时,这些端口不具有锁存功能,即输入数据必须在"MOV A,[m]"(m=12H、14H、16H、18H、1AH、1CH 或 1EH)指令的T2上升沿被准备好。做输出时,所有的数据被锁存并保持不变,直到执行下一个写指令。

对于输出功能,只能设置为CMOS输出。这些控制寄存器是对应于内存的13H、15H、17H、19H、1BH、1DH和1FH地址。

1. 上拉电阻

很多产品应用在端口处于输入状态时需要外加一个上拉电阻来实现上拉的功能。为了免去这个外加的电阻,当引脚定义为输入时,可由内部连接到一上拉电阻。这些上拉电阻可通过掩膜选项来加以选择,可用一个PMOS晶体管来实现。

注意:一旦某一输入/输出端口选择了上拉电阻,则这个输入/输出端口的所有引脚都将被连接到上拉电阻,个别引脚是不能单独设置成带上拉电阻的。

2. PA口的唤醒

本系列的单片机都具有暂停功能,这对于单片机能应用于电池及低功率是很重要的。唤醒单片机有很多种方法,其中之一就是使PA口中的一个引脚从高电平转为低电平。当使用暂停指令 HALT 迫使单片机进入暂停状态后,单片机将保持闲置即低功率状态,直到 PA 口上被选为唤醒输入的引脚电平发生下降沿跳变。这个功能特别适合于通过外部开关来唤醒的应用。

注意:PA 口的每个引脚都可单独地选择具有唤醒的功能。

3. 输入/输出端口控制寄存器

每个 I/O 口都有其自己的控制寄存器(PAC、PBC、PCC、PDC、PEC、PFC、PGC),用来控制输入/输出的设置。使用控制寄存器,可对 CMOS 输出或带/不带上拉电阻结构的施密特触发输入通过软件动态地进行改变。要设置为输入功能,相应的控制寄存器必须写 1。信号源的输入也取决于控制寄存器,如果控制寄存器的某位值为 1,那么输入信号是读取这个引脚(PAD)的状态;如果控制寄存器的某位值为 0,那么锁存器的内容将会被送到内部总线。后者,可以在读—修改—写的指令中发生。

4. 引脚共享功能

如果引脚能有超过一个以上的功能,则单片机灵活程度将大大提升。有限的引脚个数会严重地限制设计者,而引脚的多功能特性,就可以解决很多此类问题。多功能输入/输出引脚的功能选择,有一些是由掩膜选项设定,而另一些则是在应用程序控制时设定。

5. 蜂鸣器

蜂鸣器引脚 BZ 及 $\overline{BZ}$ 与输入/输出引脚 PB0 及 PB1 共用。假如定义为蜂鸣器引脚 BZ,则须选择正确的硬件及软件选项。

6. 外部中断输入

外部中断引脚 $\overline{INT}$ 在 HT48R70A-1 中作为单独一个引脚,但在本系列其他类型中有共用现象。

7. 外部定时器时钟输入

HT48R70A-1 芯片包含一个 8 位定时器。该定时器有一个外部输入引脚 TMR,是单独一个引脚,但在本系列其他类型有共用现象。

8. 振荡器

HT48R70A-1 的振荡器引脚 OSC1、OSC2 是单独两个引脚,但在本系列其他类型有共用现象。

9. 编程注意事项

在用户的程序中,最先要考虑的是端口的初始化。复位之后,所有的输入/输出数据及端口控制寄存器都将被设为逻辑高。也就是说,所有输入/输出引脚默认为输入状态,而其电平则取决于其他相连接电路以及是否选择了上拉选项。假如 PAC、PBC、PCC 等端口控制寄存器某些引脚接着被设定为输出状态,这些输出引脚就会有初始高输出值,除非数据寄存器口 PA、PB、PC 被预先设定。

要选择哪些引脚是输入及哪些引脚是输出,可通过设置正确的值到适当的端口控制寄存器,或者使用指令"SET [m].i"及"CLR [m].i"来设定端口控制寄存器中个别的位。

注意:当使用这些位控制指令时,一个读—修改—写的操作将会发生,单片机必须先读入整个端口上的数据,修改个别位的值,然后再重新把这些数据写入到输出端口。

PA 口具有唤醒的额外功能,当单片片在 HALT 状态时,有很多方法可以去唤醒它,其中之一就是 PA 口任一个引脚电平由高到低的转换。PA 口的一个或多个引脚都可被设定有这项功能。

2.1.2.5　HT48R70A-1 中断结构

HT48R70A-1 单片机提供一个外部中断和两个内部定时/计数器中断。中断的控制寄存器 INTC(0BH)包含了中断控制位,用来设置中断允许/禁止及中断请求标志。

一旦有中断子程序被服务,则所有其他中断就被禁止(通过清除 EMI 位)。这种机制能防止中断嵌套。这时如有其他中断请求发生,这个中断请求的标志就会被记录下来。如果一个中断服务中有另一个中断需要服务,则程序员可以设置 EMI 位及 INTC 所对应的位来允许中断嵌套服务。如果堆栈已满,该中断请求将不会被响应,即使相关的中断被允许,也要到堆栈指针发生递减时才会响应。如果需要立即得到中断服务,则必须避免让堆栈饱和。

外部中断是由 INTC 引脚上的电平由高到低的变化触发的,相关的中断请求标志位 EIF(INTC 的第 4 位)被置位,当中断允许,堆栈未满,一个外部中断触发时,将会产生地址 04H 的子程序调用。中断请求标志位 EIF 和总中断控制位 EMI 将会被清除,以禁止中断嵌套。

内部定时/计数器 0 中断是通过置位定时/计数器 0 中断请求标志位 T0F(INTC 的第 5 位)来初始化的,中断的请求是由定时器溢出产生的。当中断允许,堆栈又未满,并且 T0F 已被置位时,就会调用地址 08H 的子程序。该中断请求标志位(T0F)被复位,并且 EMI 位也将被清除,以便将其他中断禁止。

内部定时/计数器 1 中断是通过置位定时/计数器 1 中断请求标志位 T1F(INTC 的第 6 位)来初始化的,中断的请求是由定时器溢出产生的。当中断允许,堆栈又未满,并且 T1F 已被置位时,就会调用地址 0CH 的子程序。该中断请求标志位(T1F)被复位,并且 EMI 位也将被清除,以禁止其他中断。

若中断在两个连续的 T2 脉冲的上升沿间发生,同时中断响应被允许,那么在两个 T2 脉冲后,该中断会被服务。如果同时发生中断服务请求,中断优先等级来响应。这种优先等级也可通过 EMI 位的复位来屏蔽。

2.1.2.6　HT48R70A-1 的定时/计数器

定时/计数器 0 采用内部时钟源时有两个内部的参考时基。设置掩膜选项,可以选择 $f_{sys}/4$(通常选择这个)或 f_{RTC}(仅在内部 RC 系统振荡器+RTC 模式下)。使用外部时钟源通常用来对外部事件计数,测量时间宽度或脉宽,或者用来产生精确的时基。

定时/计数器 0 可以产生 PFD 信号，时钟源来自外部或者内部时钟，PFD 频率＝$f_{INT}/[2×(65\,536-N)]$。

T0M0/T1M0 和 T0M1/T1M1 位定义了工作模式。计数器模式用来对外部事件进行计数，意味着在这种模式下时钟源来自于外部引脚输入(TMR0/TMR1)。定时模式则意味着时钟源来自于指令时钟或 RTC 时钟(Timer0/Timer1)。脉宽测量模式可以用来测量外部信号(TMR0/TMR1)的高电平/低电平的宽度。计数基于指令时钟或 RTC 时钟(Timer0/Timer1)。

2.1.2.7　HT48R70A-1 复位和初始化

程序的复位有时是需要的，有时又是不需要的。当单片机开始上电，需要进行寄存器的自身初始化时，若程序出现混乱，或者当程序进入了某个死循环时，就希望程序重新开始，这就是需要的复位。不需要的复位是：程序运行得很好，突然外部产生了复位。这是应当避免的。

复位功能是任何单片机中基本的部分，使得单片机可以设定一些与外部参数无关的先置条件。最重要的是单片机上电后，经短暂延迟，将处于预期的稳定状态并且准备执行第一条程序语句。上电复位后，在程序未开始执行前，部分重要的内部寄存器将会被预先设定状态。程序计数器就是其中之一，它会被清除为零，使得单片机从最低的程序存储器地址开始执行程序。

除了上电复位外，即使单片机处于执行状态，有些情况的发生也迫使单片机必须复位。例如，当单片机上电执行程序后，$\overline{RES}$引脚被强制拉下至低电平。这个例子是正常操作复位，单片机中只有一些寄存器受影响，而大部份寄存器则不受影响，以便复位引脚回复至高电平后，单片机仍可以正常工作。复位的另一种形式是看门狗定时器溢出复位。复位操作不同导致不同的寄存器条件被加以设定。

另外一种复位是低电压复位，即 LVR，在电源供应电压低于某一临界值的情况下，一种与$\overline{RES}$引脚复位类似的完全复位将会被执行。

包括内部与外部事件触发复位，单片机共有以下 5 种复位方式。

1) 上电复位

这是最基本而不可避免的复位，发生在单片机上电后。除了保证程序存储器会从起始地址开始执行，上电复位也使得其他寄存器被设定在预设条件下，所有的输入/输出端口和输入/输出端口控制寄存器在上电复位时将保持逻辑高，以确保所有引脚被设为输入状态。

虽然单片机有一个内部 RC 复位功能，但由于接通电源不稳定，还是推荐使用和引脚连接的外部 RC 电路。RC 电路所造成的时间延迟使得$\overline{RES}$引脚在电源供应稳定前的一段延长周期内保持在低电平。在这段时间内，单片机是不能正常工作的。

2) $\overline{RES}$引脚复位

当单片机正常工作，而$\overline{RES}$引脚通过外部硬件(如外部开关)被强迫拉至低电平时，此种复位形式即会发生。这种复位模式和其他复位一样,程序计数器会被清除为零,且程序从头开始执行。

3）低电压复位——LVR

单片机有低电压复位电路的目的是为了监看单片机的电源供应电压。例如更换电池的情况下,单片机电源供应的电压可能会落在 $0.9 \mathrm{V} \sim V_{LVR}$ 的范围内,则 LVR 将会自动地从内部复位单片机。对 LVR 的要求是:有效的 LVR 信号,即 $0.9\mathrm{V} \sim V_{LVR}$ 的低电压;低电压存在时间必须超过 1 ms。如果低电压存在时间不超过 1 ms,则 LVR 将会忽略它且不会执行复位功能。

4）正常工作时看门狗溢出复位

除了看门狗溢出标志位 TO 将被设为 1 外,正常工作时看门狗溢出复位和 $\overline{\mathrm{RES}}$ 复位相同。

5）暂停时看门狗溢出复位

暂停时看门狗溢出复位有些不同于其他种类的复位,除了程序计数器与堆栈指针将被清除为 0 及 TO 标志位被设为 1 外,绝大部分的条件保持不变。

不同的复位方法以不同的方式影响复位标志位。这些标志位即 PDF 和 TO,被放在状态寄存器中,由暂停功能或看门狗计数器等几种控制器操作控制,如表 2.9 所列。

表 2.9 系统复位条件

TO	PDF	复位条件
0	0	上电时的 $\overline{\mathrm{RES}}$ 复位
U	U	正常运行时由 $\overline{\mathrm{RES}}$(低)发生复位
0	1	由 $\overline{\mathrm{RES}}$(低)唤醒暂停模式
1	U	正常运行时发生看门狗定时器超时
1	1	由看门狗定时器唤醒暂停模式

在单片机上电复位后,各功能单元初始化的情形如表 2.10 所列。

表 2.10 各功能单元初始化

项 目	复位后情况
程序计数器	清除为零
中断	所有中断被关闭
看门狗定时器	WDT 清零并重新计时
定时/计数器	所有定时/计数器停止
预分频器	定时/计数器的预分频器内部清零
输入/输出口	所有 I/O 设为输入模式
堆栈指针	堆栈指针指向堆栈顶端

不同的复位以不同的方式影响单片机中的内部寄存器。为保证复位发生后程序的正常执行,在特定的复位发生后,知道单片机内的条件是非常重要的。表 2.11 描述了每一个复位类型是如何影响单片机的内部寄存器的。

表 2.11　复位后的内部寄存器

寄存器	上电复位	正常运行期间		暂停模式	
		WDT 溢出	$\overline{RES}$端复位	$\overline{RES}$端复位	WDT 溢出 *
TMR0H	xxxx xxxx	xxxx xxxx	xxxx xxxx	xxxx xxxx	uuuu uuuu
TMR0L	xxxx xxxx	xxxx xxxx	xxxx xxxx	xxxx xxxx	uuuu uuuu
TMR0C	00-0 1---	00-0 1---	00-0 1---	00-0 1---	uu-u u---
TMR1H	xxxx xxxx	xxxx xxxx	xxxx xxxx	xxxx xxxx	uuuu uuuu
TMR1L	xxxx xxxx	xxxx xxxx	xxxx xxxx	xxxx xxxx	uuuu uuuu
TMR1C	00-0 1---	00-0 1---	00-0 1---	00-0 1---	uu-u u---
PC	000H	000H	000H	000H	000H
MP0	xxxx xxxx	uuuu uuuu	uuuu uuuu	uuuu uuuu	uuuu uuuu
MP1	xxxx xxxx	uuuu uuuu	uuuu uuuu	uuuu uuuu	uuuu uuuu
ACC	xxxx xxxx	uuuu uuuu	uuuu uuuu	uuuu uuuu	uuuu uuuu
TBLP	xxxx xxxx	uuuu uuuu	uuuu uuuu	uuuu uuuu	uuuu uuuu
TBLH	xxxx xxxx	uuuu uuuu	uuuu uuuu	uuuu uuuu	uuuu uuuu
STATUS	--00 xxxx	--1u uuuu	--uu uuuu	--01 uuuu	--11 uuuu
INTC	-000 0000	-000 0000	-000 0000	-000 0000	-uuu uuuu
WDTS	0000 0111	0000 0111	0000 0111	0000 0111	uuuu uuuu
PA	1111 1111	1111 1111	1111 1111	1111 1111	uuuu uuuu
PAC	1111 1111	1111 1111	1111 1111	1111 1111	uuuu uuuu
PB	1111 1111	1111 1111	1111 1111	1111 1111	uuuu uuuu
PBC	1111 1111	1111 1111	1111 1111	1111 1111	uuuu uuuu
PC	1111 1111	1111 1111	1111 1111	1111 1111	uuuu uuuu
PCC	1111 1111	1111 1111	1111 1111	1111 1111	uuuu uuuu
PD	1111 1111	1111 1111	1111 1111	1111 1111	uuuu uuuu
PDC	1111 1111	1111 1111	1111 1111	1111 1111	uuuu uuuu
PE	1111 1111	1111 1111	1111 1111	1111 1111	uuuu uuuu
PEC	1111 1111	1111 1111	1111 1111	1111 1111	uuuu uuuu
PF	1111 1111	1111 1111	1111 1111	1111 1111	uuuu uuuu
PFC	1111 1111	1111 1111	1111 1111	1111 1111	uuuu uuuu
PG	1111 1111	1111 1111	1111 1111	1111 1111	uuuu uuuu
PGC	1111 1111	1111 1111	1111 1111	1111 1111	uuuu uuuu

注:" * "表示"热复位";"U"表示不变化;"X"表示不确定。

HT48R70A-1 的参考复位电路如图 2.4 所示。

2.1.2.8 振荡器

HT48R70A-1/HT48C70-1 有 3 种振荡电器。这 3 种振荡器都是针对系统时钟而设计的,分别是外部 RC 振荡器、外部晶体振荡器以及内部 RC 振荡器。不管所选的是哪一种振荡器,其信号都可以支持系统的时钟,并可由掩膜选项设置。进入 HALT 模式会停止系统振荡器,并忽视任何外部信号,以降低功耗。

如果使用外部 RC 振荡器,则在 OSC1 与 V_{DD} 之间需要一个外部电阻,其阻值范围为 24 kΩ~1 MΩ。在 OSC2 端可获得系统频率 4 分频信号,用于同步外部逻辑电路。RC 振荡方式是一种低成本的方案,但振荡频率会随着 V_{DD}、温度和制造漂移而不同。因此,在用于需要非常精确振荡频率的计时操作场合,不建议使用 RC 振荡器。

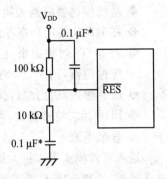

* 为了避免噪声干扰,连接 $\overline{RES}$ 引脚的线应尽量短。

图 2.4 复位电路

如果选用的是晶体振荡器,那么在 OSC1 与 OSC2 之间需要连接一个晶体,用来提供晶体振荡器所需要的反馈和相移。另外,在 OSC1 与 OSC2 之间还可以用谐振器代替晶体振荡器,用来产生系统时钟,但是在 OSC1 与 OSC2 需要多连接两个电容器至地,如图 2.5 所示。

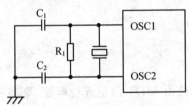

图 2.5 谐振器连接电路图

如果使用的是内部的 RC 振荡器,则 OSC1 和 OSC2 可以选择作为通用的输入/输出引脚或者是作为 32 768 Hz 晶体连接口(RTC OSC)。内部的 RC 振荡器的频率可以选择 3.2 MHz、1.6 MHz、800 kHz 和 400 kHz(在掩膜时选择)。

WDT 振荡器是 IC 内部 RC 型振荡器,不需要任何外部元件。即使系统进入暂停模式,系统时钟被停止,这个 RC 振荡器仍会运作(其振荡周期大约为 65 μs)。在掩膜时,如果为了节省电源,则可在掩膜选项中关闭 WDT 振荡器。

2.1.2.9 暂停模式下的暂停和唤醒

1. 暂 停

所有 Holtek 单片机都具有暂停模式,也称为 HALT 或者睡眠模式。当芯片进入此模式时,正常的工作电流降到很低,这是因为系统的晶振已停止振荡而降低了功耗。芯片维持现有状态,直到被唤醒后继续运行。这一特性对采用电池供电的系统特别重要。

2. 进入暂停

暂停模式是通过 HALT 指令实现且造成如下结果的:

- 系统振荡器将被关闭,应用程序停止在 HALT。
- 在 RAM 芯片和寄存器上的内容保持不变。
- 若 WDT 时钟源来自 WDT 振荡器,WDT 将被清零并重新计数;若 WDT 时钟来自系统振荡器,则 WDT 将停止计数。
- 所有输入/输出端口保持不变。
- PDF 标志位被置位,而 TO 标志位被清零。

3. 静态电流

进入暂停模式可以极大地降低功耗,只有几微安大小。若想将功耗降到最低,还需要考虑其他问题,特别是输入/输出端口。所有带上拉电阻的引脚必须接高电平或者接低电平,这是因为浮空的输入口会增加功耗。

注意:芯片也会消耗电流,以维持 WDT、RTC 和 LCD 工作。

4. 唤 醒

当系统进入暂停时,可通过以下情况唤醒:

- 外部复位;
- PA 口下降沿;
- 系统中断;
- WDT 溢出;
- RX 引脚的下降沿。

如果系统由外部复位唤醒,则芯片将完全复位。如果系统由 WDT 溢出复位唤醒,则将初始化 WDT 计数器。尽管都会产生复位,但可通过 TO 和 PDF 标志区分。系统上电或执行清除看门狗指令,PDF 被清除;执行 HALT 指令,PDF 被置位。T0 标志由 WDT 溢出置位,同时唤醒单片机,但只有程序计数器和堆栈指针 SP 被复位,其他都保持原有状态。

PA 口的唤醒和中断方式的唤醒都可看作为正常运行,PA 口的每一位都可通过掩膜选项来设定为唤醒功能。如果唤醒是来自于输入/输出口的信号变化,则程序会继续执行下一条命令。如果唤醒是来自中断话,则会产生两种情况:如果相关的中断被禁止或允许,但堆栈已满,那么程序将继续执行下条指令;如果中断允许并且堆栈未满,那么这个中断响应就发生了。当唤醒事件发生时,系统需要花费 1 024 T_{sys}(系统时钟周期)的时间,才能重新正常运行。这就是说,在唤醒后被插入了一个等待时间。如果唤醒来自于中断响应,那么实际的中断程序执行就被延迟了 1 个以上的周期。但是如果唤醒导致下一条指令执行,那么在 1 个等待周期结束后指令就立即被执行。如果在进入暂停模式前,中断请求标志位已被置位,则中断唤醒功能被禁止。

当发生唤醒,系统需要额外花费 1 024 T_{sys}(系统时钟周期)的时间,才能正常运行;也就是说,唤醒之后会插入一个等待周期。如果唤醒是由中断产生,则实际中断子程序的执行会延时 1 个以上的周期。如果唤醒导致下一条指令执行,那么在等待周期执行完成之后,会立即执行该指令。

为了减小功耗,在进入 HALT 模式之前必须要小心处理输入/输出口的状态。但在 HALT 模式时,如果选用 RTC 振荡器,则 RTC 振荡器仍然运作。

2.1.2.10 看门狗寄存器

WDT 的时钟源有 3 种:看门狗振荡器(WDT 振荡器)、RTC 振荡器和指令时钟(系统时钟 4 分频),由掩膜选项设置。看门狗主要用来避免程序运行故障和程序跳入一死循环而导致不可预测的结果,可用掩膜选项设置为打开或关闭。如果在关闭状态,所有的 WDT 指令都是没有作用的。RTC 时钟只有在内部 RC+RTC 模式时才能工作。

如果选择了片内的 WDT 振荡器(通常在 5 V 下 RC 振荡周期是 65 μs),首先时钟来源频率要进行 256(8 阶)预分频,得到 17 ms/5 V 的溢出周期。溢出周期受温度、VDD 以及芯片本身的参数影响。通过使用 WDT 预分频器,可以得到更长的溢出周期。设置 WS2,WS1,WS0 可以获得不同的溢出周期。如果 WS2,WS1,WS0 都是 1,则分频的比率是最大的 1:128,溢出周期是 2.1 s/5 V。如果时钟来源是指令时钟,在 HALT 模式下 WDT 失效。除此以外其余的方面和 WDT 振荡器是一样的。在这种状态下只有通过外部逻辑来复位。WDTS 的高半字节和第 3 位可以被用户自己定义用作标志。

如果单片机工作在干扰很大的环境中,那么建议使用片内的 RC 振荡器(WDT OSC)或是 32 kHz 的晶体振荡器(RTC OSC)。这是因为 HALT 模式会使系统时钟停止,看门狗也就失去了保护的功能。

在正常运行时,WDT 溢出会使系统复位并设置 TO 状态位。但在 HALT 模式下,溢出只产生一个热复位,并只能使程序计数器 PC 和堆栈指针 SP 复位。要清除 WDT 的值(包括 WDT 预分频器)可以有 3 种方法:外部复位(低电平输入到 $\overline{RES}$ 端),用清除看门狗指令和 HALT 指令。清除看门狗指令有 CLR WDT 和 CLR WDT1 及 CLR WDT2 两组指令。这两组指令中,只能选取其中一种,由掩膜选项决定。如果选择 CLR WDT(即 CLR WDT 次数为 1),那么只要执行 CLR WDT 指令就会清除 WDT。如果选择 CLR WDT1 和 CLR WDT2(即 CLR WDT 次数为 2),那么要两条指令交替使用才会清除 WDT;否则,WDT 会由于溢出而使系统复位。

2.1.2.11 掩膜选项

通过 HT-IDE 的软件介面,使用者可以选择掩膜选项,并储存在选项存储器中。所有的位必须按照正确的系统功能去设定,具体内容可由表 2.12 得到。

注意: 当使用者把掩膜选项烧录进单片机后,就无法在之后的应用程序中修改。对于 Mask 版单片机,单片机掩膜选项一经定义则会在工厂生产时制作完成,使用者不能再重新配置。

掩膜选项如表 2.12 所列。

表 2.12　掩膜选项

编号	选　　项
1	WDT 时钟源：WDT 振荡、$f_{sys}/4$、RTC 振荡或关闭
2	清除看门狗指令条数：1 或 2 条指令
3	定时/计数器 0 时钟源：$f_{sys}/4$ 或 RTC 振荡器
4	定时/计数器 1 时钟源：$f_{sys}/4$ 或 RTC 振荡器
5	PA 口唤醒(位)：有/无
6	PA 端口：CMOS/施密特输入
7	上拉电阻(PA～PG)：有/无
8	系统振荡器：外部 RC 振荡/外部晶体振荡/内部 RC＋RTC
9	内部 RC 振荡频率选择：3.2 MHz、1.6 MHz、800 kHz 或 400 kHz
10	LVR：打开/关闭
11	BZ/$\overline{BZ}$选项：打开/关闭

2.1.2.12　最小系统应用电路

表 2.13 所列为根据不同的晶振值 JZ1 选择 $R1$、$C1$、$C2$。HT48R70A－1 的基本应用电路图如图 2.6 所示。

表 2.13　电阻、电容、晶振关系表

晶振或谐振器	$C1$ 和 $C2$/pF	$R1$/kΩ
4 MHz 晶振	0	10
4 MHz 谐振器	10	12
3.58 MHz 晶振	0	10
3.58 MHz 谐振器	25	10
2 MHz 晶振和谐振器	25	10
1 MHz 晶振	35	27
480 kHz 谐振器	300	9.1
455 kHz 谐振器	300	10
429 kHz 谐振器	300	10

注：电阻 $R1$ 保证了在低电压状态下，晶振被关闭。这里的低电压，是指低于单片机正常工作电压范围。请注意，当启动了 LVR 功能后，$R1$ 可以不接。

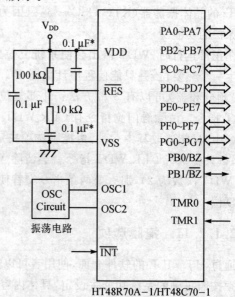

注：电阻和电容值选取的原则是使 V_{DD} 保持稳定并在 $\overline{RES}$ 置为高电平前把工作电压保持在允许范围内。

＊为了避免噪声干扰，连接 $\overline{RES}$ 引脚的线应尽可能短。

图 2.6　HT48R70A－1 的基本应用电路图

HT48R70A-1的应用十分方便。本电路采用晶振或谐振器的方式,较其他内部阻容、外部阻容方式更精确、更稳定。其他应用方式可直接参见单片机的数据手册。

2.1.2.13 单片机技术参数

对一个单片机的应用详细了解后,应该知道其极限参数,便于设计时根据环境选择适当的产品,并针对此进行设计防护,而不至于将芯片烧毁;应该知道其正常使用时的功耗,便于设计供电电源,特别是对于采用电池供电的产品,要求使用低功耗元器件;还应该知道其高、低电平的电压参数等。

1. 极限参数

- ◆ 供应电压:$(V_{SS}-0.3\ V)\sim(V_{SS}+6.0\ V)$;
- ◆ 输入电压:$(V_{SS}-0.3\ V)\sim(V_{DD}+0.3\ V)$;
- ◆ 储存温度:$-50\sim125\ ℃$;
- ◆ 工作温度:$-40\sim85\ ℃$。

这里只强调额定功率,超过极限参数功率的范围将对芯片造成损害,芯片在所标示范围外的表现并不能预期,而长期工作在标示范围外的条件下也可能影响芯片的可靠性。

2. 直流电气特性

表2.14所列直流特性参数是在 $T_a=25\ ℃$下测试得到的。

表 2.14 直流特性表

符号	参数	测试条件		最小	典型	最大	单位
		V_{DD}/V	条件				
V_{DD}	工作电压	—	$f_{sys}=4\ MHz$	2.2	—	5.5	V
V_{DD}	工作电压	—	$f_{sys}=8\ MHz$	3.3	—	5.5	V
I_{DD1}	工作电流(晶体振荡)	3	无负载	—	0.6	1.5	mA
		5	$f_{sys}=4\ MHz$		2	4	
I_{DD2}	工作电流(RC振荡)	3	无负载		0.8	1.5	mA
		5	$f_{sys}=4\ MHz$		2.5	4	
I_{DD3}	工作电流(晶体振荡,RC振荡)	5	无负载 $f_{sys}=8\ MHz$		4	8	mA
I_{STB1}	静态电流(看门狗打开,RTC关闭)	3	无负载 暂停模式			5	μA
		5				10	
I_{STB2}	静态电流(看门狗关闭,RTC关闭)	3	无负载 暂停模式			1	μA
		5				2	

续表 2.14

符 号	参 数	测试条件 V_{DD}/V	测试条件 条件	最小	典型	最大	单位
I_{STB3}	静态电流（看门狗关闭，RTC 打开）	3	无负载 暂停模式	—	—	5	μA
		5		—	—	10	
V_{IL1}	输入/输出口的低电平输入电压	—	—	0	—	$0.3V_{DD}$	V
V_{IH1}	输入/输出口的高电压输入电压	—	—	$0.7V_{DD}$	—	V_{DD}	V
V_{IL2}	低电平输入电压（$\overline{RES}$）	—	—	0	—	$0.4V_{DD}$	V
V_{IH2}	高电平输入电压（$\overline{RES}$）	—	—	$0.9V_{DD}$	—	V_{DD}	V
V_{LVR}	低电压复位	—	LVR 打开	2.7	3.0	3.3	V
I_{OL}	输入/输出口灌电流	3	$V_{OL}=0.1V_{DD}$	4	8	—	mA
		5	$V_{OL}=0.1V_{DD}$	10	20	—	
I_{OH}	输入/输出口源电流	3	$V_{OH}=0.9V_{DD}$	−2	−4	—	mA
		5	$V_{OH}=0.9V_{DD}$	−5	−10	—	
R_{PH}	上拉电阻	3	—	20	60	100	kΩ
		5	—	10	30	50	

3. 交流电气特性

表 2.15 所列交流特性参数是在 $T_a = 25\ ℃$ 下测试得到的。

表 2.15 交流特性表

符 号	参 数	测试条件 V_{DD}/V	测试条件 条件	最小	典型	最大	单位
f_{sys1}	系统时钟（晶体振荡）	—	2.2～5.5 V	400	—	4 000	kHz
		—	3.3～5.5 V	400	—	8 000	
f_{sys2}	系统时钟（RC 振荡）	—	2.2～5.5 V	400	—	4 000	kHz
		—	3.3～5.5 V	400	—	8 000	
f_{sys3}	系统时钟（内置 RC 振荡）	5	3.2 MHz	1 800	—	5 400	kHz
			1.6 MHz	900	—	2 700	
			800 kHz	450	—	1 350	
			400 kHz	225	—	675	
f_{TIMER}	定时/计数器输入频率（TMR0/TMR1）	—	2.2～5.5 V	0	—	4 000	kHz
		—	3.3～5.5 V	0	—	8 000	

续表 2.15

符号	参数	测试条件		最小	典型	最大	单位
		V_{DD}/V	条件				
t_{WDTOSC}	看门狗振荡器周期	3	—	45	90	180	μs
		5	—	32	65	130	
t_{WDT1}	看门狗溢出周期（WDT振荡）	3	WDT 无预分频	11	23	46	ms
		5		8	17	33	
t_{WDT2}	看门狗定时溢出周期（系统时钟）	—	WDT 无预分频		1 024		t_{SYS}
t_{WDT3}	看门狗定时溢出周期（RTC振荡）		WDT 无预分频		7.812		ms
t_{RES}	外部复位低电平脉冲宽度			1			μs
t_{SST}	系统启动延时周期		从 HALT 唤醒		1 024		t_{SYS}
t_{INT}	中断脉冲宽度			1			μs

注：内部 RC 系统时钟在 5 V 时有一典型的基本频率 3.2 MHz。其他在 5 V 时的 1.6 MHz、800 kHz 和 400 kHz 内部 RC 系统时钟是这个基本频率的分频。

2.2 程序语言

任何单片机成功运作的核心在于它的指令集。指令集为一组程序指令码，用来指导单片机如何去执行指定的工作。在 Holtek 单片机中，提供了丰富且易变通的指令，共 60 余条，通过这些指令程序设计师可以事半功倍地实现他们的应用。有了这些代码，可以随心所欲地控制单片机实现需要完成的工作。怎样实现呢？这就需要编程。编程时，可以使用汇编语言，也可以使用 C 语言。汇编语言，51 单片机几乎通用，但是也有特殊的规定；C 语言是基于 ANSI 标准 C 语言，但做了部分特殊的规定。

有人说，在 C 语言日益盛行的今天，还用学习汇编语言吗？C 语言和汇编语言都是单片机的编程语言，二者各有特色，前者直观易用，后者应用范围大。

C 语言与 VC++ 比起来，还算是低级语言，汇编语言基本就是机器语言！汇编语言比较难，因为太不直观了，程序结构不清晰，程序内部很乱。汇编语言相对于 C 语言具有代码小的优点，对于相同功能的代码，C 语言比汇编语言几乎多 20%，但 C 语言本身比较好用，而且学会以后再学别的语言很轻松。

汇编语言没有高级语言那样要占用较大的存储空间和较长的运行时间等缺点，其运行速度快也是高级语言所不能比拟的。可以说高级语言与汇编语言各有千秋。有时采用高级语言编程速度达不到要求,而全部采用汇编语言编程工作量又大,此时可以采用"混合"编程,彼此相互调用,进行参数传递,共享数据结构及数据信息,是一种有效的编程方法。这种方法可以发挥各种语言的优势和特点,充分利用现有的多种实用程序、库程序等从而使软件的开发周期大大缩短。

建议初学者最好先学汇编语言,然后再学 C 语言,循序渐进。当然,如果需要速成,那就有必要先学 C 语言,然后转过头来再学习汇编语言,也能达到事半功倍的效果。

2.2.1 C 语言简介

1. C 语言的发展过程

C 语言是在 20 世纪 70 年代初问世的。1978 年,美国电话电报公司(AT & T)贝尔实验室正式发表了 C 语言,同时由 B. W. Kernighan 和 D. M. Ritchit 合著了著名的 *THE C PROGRAMMING LANGUAGE* 一书,通常简称为 K & R,有人也称之为 K & R 标准。但是,在 K & R 中并没有定义一个完整的标准 C 语言,后来由美国国家标准学会在此基础上制定了一个 C 语言标准,于 1983 年发表,通常称之为 ANSI C。

C 语言是国际上广泛流行且很有发展前途的计算机高级语言,不仅可以用来编写应用软件,也可用来编写系统软件。在 C 语言诞生以前,操作系统及其他系统软件主要是用汇编语言实现的。由于汇编语言程序设计依赖于计算机硬件,其可读性和可移植性都很差,而一般的高级语言又难以实现对计算机硬件的直接操作,因此人们需要一种兼有汇编语言和高级语言特性的语言。C 语言就是在这种环境下诞生的。

2. C 语言的特点

C 语言是一种结构化语言。它层次清晰,便于按模块化方式组织程序,易于调试和维护。C 语言的表现能力和处理能力极强。它不仅具有丰富的运算符和数据类型,便于实现各类复杂的数据结构,还可以直接访问内存的物理地址,进行位(bit)一级的操作。由于 C 语言实现了对硬件的编程操作,因此 C 语言集高级语言和低级语言的功能于一体。

3. C 语言的结构特点

C 语言的结构特点如下:

◆ 一个 C 语言源程序可以由一个或多个源文件组成。

◆ 每个源文件可由一个或多个函数组成。

◆ 一个源程序不论由多少个文件组成,都有一个且只能有一个 main 函数,即主函数。

◆ 源程序中可以有预处理命令(include 命令仅为其中的一种),预处理命令通常放在源文件或源程序的最前面。

◆ 每一个说明、每一个语句都必须以分号结尾。但预处理命令、函数头与花括号"}"之后不能加分号。

◆ 标识符、关键字之间必须至少加一个空格,以示间隔。若已有明显的间隔符,也可不再加空格来间隔。

4. 书写程序时应遵循的规则

从书写清晰,便于阅读,理解,维护的角度出发,在书写程序时应遵循以下规则:

◆ 一个说明或一个语句占一行。

◆ 用"{}"括起来的部分,通常表示了程序的某一层次结构。"{}"一般与该结构语句的第一个字母对齐,并单独占一行。

◆ 低一层次语句的说明可比高一层次语句的说明缩进若干格后书写,以便看起来更加清晰,并增加程序的可读性。在编程时,应力求遵循这些规则,以养成良好的编程风格。

5. C 语言的字符集

字符是组成语言的最基本的元素。C 语言字符集由字母、数字、空格、标点和特殊字符组成。在字符常量、字符串常量和注释中还可以使用汉字或其他可表示的图形符号。

◆ 字母:小写字母 a~z 共 26 个,大写字母 A~Z 共 26 个。

◆ 数字:0~9 共 10 个。

◆ 空白符:空格符、制表符、换行符等统称为空白符。空白符只在字符常量和字符串常量中起作用;在其他地方出现时,只起间隔作用,编译程序对它们忽略。因此在程序中使用空白符与否,对程序的编译不发生影响,但在程序中适当的地方使用空白符将增加程序的清晰性和可读性。

◆ 标点和特殊字符。

6. C 语言词汇

在 C 语言中使用的词汇分为 6 类:标识符、关键字、运算符、分隔符、常量和注释符。

(1) 标识符

在程序中使用的变量名、函数名、标号等统称为标识符。除库函数的函数名由系统定义外,其余都由用户自定义。C 语言规定,标识符只能是由字母(A~Z 和 a~z)、数字(0~9)、下划线"_"组成的字符串,并且其第一个字符必须是字母或下划线。

以下标识符是合法的:

a、x、3x、BOOK 1 和 sum5。

以下标识符是非法的:

3s   以数字开头;

s*T   出现非法字符"*";

—3x   以减号开头;

bowy—   出现非法字符减号"—"。

在使用标识符时还必须注意以下几点:

① 标准 C 语言不限制标识符的长度,但受各种版本的 C 语言编译系统限制。

② 在标识符中,大小写是有区别的。例如:ARRY 和 arry 是两个不同的标识符。

③ 标识符虽然可由程序员随意定义,但标识符是用于标识某个量的符号,因此,命名应尽量有相应的意义,以便阅读理解,做到顾名思义。

(2) 关键字

关键字是由 C 语言规定的具有特定意义的字符串,通常也称为保留字。用户定义的标识符不应与关键字相同。C 语言的关键字分为以下几类:

① 类型说明符:用于定义、说明变量、函数或其他数据结构的类型。例如:int、double 等。

② 语句定义符:用于表示一个语句的功能。

③ 预处理命令字:用于表示一个预处理命令。

(3) 运算符

C 语言中含有相当丰富的运算符。运算符与变量、函数一起组成表达式,表示各种运算功能。运算符由一个或多个字符组成。

(4) 分隔符

在 C 语言中,采用的分隔符有逗号和空格两种。逗号主要用在类型说明和函数参数表中,用于分隔各个变量;空格多用于语句各单词之间,作为间隔符。在关键字与标识符之间必须要有一个以上的空格符作间隔;否则将会出现语法错误。例如:把"int a;"写成"inta;"。这时,C 编译器把 inta 当成一个标识符,其结果必然出错。

(5) 常量

C 语言中使用的常量可分为数字常量、字符常量、字符串常量、符号常量、转义字符等多种。

(6) 注释符

C 语言的注释符是以"/*"开头并以"*/"结尾的字符串。在"/*"与"*/"之间的即为注释。程序编译时,不对注释作任何处理。注释用来向用户提示或解释程序的意义,可出现在程序中的任何位置。在调试程序中,对暂不使用的语句也可用注释符括起来,使编译跳过该语句不作处理,待调试结束后再去掉注释符。

7. 程序的组成

程序包含数据说明和数据操作。数据说明主要定义数据结构和数据的初值。数据操作的任务是对已提供的数据进行加工。从结构化的角度看,程序应分为若干源程序,每个源程序完成特定的功能,源程序可重复使用的部分由子程序完成。C 程序的组成如图 2.7 所示。

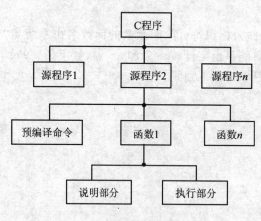

图 2.7 C 程序的组成

8. 说　明

HT48 系列单片机属于 51 型单片机，但是其使用的 C 语言与 ANSI 规定的标准差别很大，与标准的 C51 也有区别。以后用 C51 专指标准 51 单片机使用的 C 语言，HT48 系列单片机 C 语言专指 HT48 系列单片机使用的 C 语言。

2.2.2　数据类型、运算符、表达式

1. 数据类型

在 HT48 系列单片机 C 语言中，提供 4 种基本数据类型：bit、char、int 和 void。

bit	单一的位。
char	占用 1 字节的字符。
int	占用 1 字节的整数。
void	数值的空集合，用于函数没有返回值的类型。

数据类型的大小和范围如表 2.16 所列。

表 2.16　数据类型的大小和范围

数据类型	位 数	范　围
bit	1	0、1
char	8	−128～127
unsigned char	8	0～255
int	8	−128～127
unsigned	8	0～255
short int	8	−128～127
unsigned short int	8	0～255
long	16	−32 768～32 767
unsigned long	16	0～65 535

注意：HT48 系列单片机 C 语言中 int 的范围是 −128～127，long 的范围是 −32 768～32 767，与 C51 使用的 int 的范围是 −32 768～32 767，long 的范围是 −2 147 483 648～2 147 483 647 有区别，编程时需要特别注意。

2. 常量与变量

(1) 常　量

常量可以是任何数字、单一字符或字符串。

整型常量为 int 型数据，长常量通常以 l 或 L 结尾，无符号常量则以 u 或 U 结尾，而字尾为 ul 或 UL 则表示为无符号长常量。整型常量的数值可以用下列的形式指定：

◆ 二进制常量：以 0b 或 0B 为首的数字；
◆ 八进制常量：以 0 为首的数字；
◆ 十六进制常量：以 0x 或 0X 为首的数字；
◆ 十进制常量：非以上为首的数字。

(2) 变　量

变量就是一种在程序执行过程中其值能不断变化的量。要在程序中使用变量，必须先用标识符作为变量名，并指出所用的数据类型和存储模式，这样编译系统才能为变量分配相应的存储空间。定义一个变量的格式如下：

第 2 章　HT48 系列单片机的结构与指令

[存储种类]　数据类型　[存储器类型]　变量名表

在定义格式中，除了数据类型和变量名表是必要的，其他都是可选项。存储种类有 4 种：自动、外部、静态（static）和缺省设为自动。

说明了一个变量的数据类型后，还可选择说明该变量的存储器类型。存储器类型的说明就是指定该变量在 HT48 系列单片机 C 语言硬件系统中所使用的存储区域，并在编译时准确地定位。

3. HT48 系列单片机 C 语言支持的构造数据类型、数组和指针数据类型

（1）结构体和共用体

结构体是一个或多个相同或不相同数据类型变量的集合，并整合在单一名称下，以方便处理。结构体可以被复制、赋值或传递给函数，也可由函数返回。C 编译器支持位的数据类型及嵌套式结构体。结构体使用关键字 struct。

共用体是将不同类型的变量聚集为一群并使用相同的存储器空间。共用体类型类似于结构体类型，但对于存储器的使用却极为不同。在结构体中，所有的成员顺序地安排存储器空间；而在共用体类型中，所有的成员都从同一地址安置而且共用体类型的大小等于成员中占用最大空间的类型的大小。存取共用体类型成员的方式与存取结构体成员方式相同。共用体使用关键字 union。

（2）数　组

数组是具有相同数据类型而且可用同样名称使用的变量列表。在数组内的各变量被称为数组元素，数组的第一个元素是定义在下标为 0 的元素，而最后一个元素是定义在下标为元素总数减 1 的元素。C 编译器会将一维数组安置在地址连续的存储器中，第一个元素放在最小的地址。C 编译器不对数组做边界检查。

不支持将一个数组赋值给另一个数组的运算，必须从第一个数组以一次一个元素的方式复制到第二个数组对应的元素。只要是变量或常量可以使用的地方，就可以使用数组元素。

一维数组初始化赋值的一般形式如下：

类型说明符 数组名[常量表达式]＝{值,值,……,值};

其中 Static 表示是"静态存储"，C 语言规定只有静态存储数组和外部存储数组才可进行初始化赋值。在"{ }"中的各数据值即为各元素的初值，各值之间用逗号间隔。

例如："int a[10]={ 0,1,2,3,4,5,6,7,8,9 };"相当于"a[0]=0;a[1]=1;...;a[9]=9;"。

C 语言对数组的初始赋值还有以下几点规定：

① 可以只给部分元素赋初值。当"{ }"中值的个数少于元素个数时，只给前面部分元素赋值。

例如："static int a[10]={0,1,2,3,4};"表示只给 a[0]~a[4]这 5 个元素赋值，而后 5 个元素自动赋 0 值。

② 只能给元素逐个赋值,不能给数组整体赋值。

例如：给 10 个元素全部赋 1 值,只能写成"static int a[10]={1,1,1,1,1,1,1,1,1,1};",而不能写成"static int a[10]=1;"。

③ 如果不给可初始化的数组赋初值,则全部元素均为 0 值。

④ 如给全部元素赋值,则在数组说明中,可以不给出数组元素的个数。

例如："int a[5]={1,2,3,4,5};"可写成:"int a[]={1,2,3,4,5};"。

动态赋值可以在程序执行过程中对数组作动态赋值。这时可用循环语句配合 scanf 函数逐个对数组元素赋值。

由于 HT-3000 编译器不支持 2 维以上数组,所以本书不介绍二维数组的初始赋值。

(4) 指针类型

指针是存有另一变量地址的变量。例如,如果一个指针变量 varpoint 存有变量 var 的地址,则 varpoint 指向 var。指针变量的语法如下:

data-type * var_name;

指针的 data-type 需是合法的 C 数据类型,它标明了 var_name 所指向的变量的数据类型。在 var_name 之前的星号" * "是告知 C 编译器 var_name 为一指针变量。有两个特殊运算符" * "和"&"与指针的使用有关,例如在变量之前加上"&"运算符可以存取此变量的地址,而在变量之前加上" * "运算符则可取得此变量所指地址的内容。

除了" * "和"&"之外,还有 4 种运算符可以使用于指针变量,分别是"+"、"++"、"-"和"."。只有整数值才能加到指针变量或从指针变量中减去。另外,当执行指针的加减运算时,指针的值会依据它所指向的数据类型的长度而调整。

指针是一个包含存储区地址的变量。因为指针中包含了变量的地址,所以它可以对它所指向的变量进行寻址。

指针要定义类型,说明指向何种类型的变量。假设用关键字 long 定义一个指针,C 程序就把指针所指的地址看成一个长整型变量的基址。这并不说明这个指针被强迫指向长整型的变量,而是说明 C 程序把该指针所指的变量看成长整型的。

4. 运算符与表达式

(1) 运算符的种类

C 语言的运算符可分为以下 9 类:

① 算术运算符:用于各类数值运算,包括加(+)、减(-)、乘(*)、除(/)、求余(或称模运算,%)、自增(++)、自减(--)共 7 种。

② 关系运算符:用于比较运算,包括大于(>)、小于(<)、大于或等于(>=)、小于或等于(<=)、等于(==)、不等于(!=)共 6 种。

③ 逻辑运算符:包括逻辑"与"(&&)、逻辑"或"(||)、逻辑"非"(!)共 3 种。

④ 位运算符：参与运算的量，按二进制位进行运算，包括位"与"(&)、位"或"(|)、位非(~)、位"异或"(^)、左移(<<)、右移(>>)共6种。

⑤ 赋值运算符：用于赋值运算，分为简单赋值(=)、复合算术赋值(+=、−=、*=、/=、%=)和符合位运算符(&=、|=、^=、<<=、>>=)3类共11种。

⑥ 条件运算符：这是一个三目运算符，用于条件求值(?:)。

⑦ 逗号运算符：用于把若干表达式组合成一个表达式(,)。

⑧ 指针运算符：用于取内容(*)和取地址(&)两种运算符。

⑨ 特殊运算符：有括号"()"、下标"[ ]"、成员("→"、"."）等几种。

在 HT48 系列单片机 C 语言中，运算符的运算优先级共分为 15 级，1 级最高，15 级最低。在表达式中，优先级较高的先于优先级较低的进行运算。而在一个运算量两侧的运算符优先级相同时，则按运算符的结合性所规定的结合方向处理。C 语言中各运算符的结合性分为两种，即左结合性（自左至右）和右结合性（自右至左）。例如：算术运算符是左结合，赋值运算符是右结合。

优先级可参考 HT-3000 C 语言编译器说明。

(2) 表达式

表达式是由运算符连接常量、变量、函数所组成的式子。每个表达式都有一个值和类型。表达式求值按运算符的优先级和结合性所规定的顺序进行。有什么运算符的表达式，就可以称作什么表达式。

2.2.3　C 语言设计起步*

使用 C 语言肯定要使用到 C 编译器，以便把写好的 C 程序编译为机器码，这样单片机才能执行编写好的程序。HT-3000 集成了 C 语言编译器的功能，它几乎支持 Holtek 公司的所有单片机，集编辑、编译、仿真等于一体，同时还支持汇编和 C 语言的程序设计。它的界面与常用的微软 VC++ 的界面相似，界面友好，易学易用，在调试程序及软件仿真方面也有很强大的功能。

除了盛群半导体公司自行开发完整的 HT-IDE3000(V6.6 之上的版本)开发系统外，现在，亦有知名 C 语言编译器厂商 HI-TECH 正式推出支持盛群全系列单片机的 C 语言编译器，为客户提供了更多的产品开发工具选择。

HI-TECH 提供的 C 语言与 ISO/ANSI C 兼容，支持所有数据形态，包含 8、16、32 位整数与 24、32 位浮点数，产生高效能、最佳化程序代码，并可省去程序页与数据区块转换工作。对于原本使用盛群 C Compiler 编译的原始程序，仅需少许语法修改后，即可使用 HI-TECH

---

* 本小节内资料引自《HT-IDE3000 使用手册》。

C编译器重新编译。

以上简要介绍了HT-3000 C语言编译器和HI-TECH公司的C Compiler软件。HI-TECH公司的Compiler软件直接由HI-TECH公司提供销售与技术服务,开发者可通过HI-TECH网站查阅,网址是http://www.htsoft.com/products/Holtekcompiler.php。

有关Holtek C 的介绍,可参考网上书籍《HT-IDE3000使用手册》,网址是http://www.Holtek.com.cn/referanc/ht-ide3k.pdf;在HT-IDE3000 v6.2帮助菜单中的《盛群C语言用户手册》;Holtek C 的应用范例《HT MCU 的 C 编程说明》,网址是http://www.Holtek.com.cn/tech/appnote/uc/pdf/ha0046s.pdf,C编程的例子可在HT-IDE3000的安装目录下找到。

使用HT-IDE3000软件,首先是要安装它。HT-IDE3000是一个免费的软件,由Holtek公司提供,可以到其网站下载,网址是http://www.Holtek.com.cn。具体的位置是在"技术支持"→"支持工具"→"MCU开发工具"→"HT-IDE3000软件"页面中,下载文件地址是http://www.holtek.com.tw/english/tech/driver/HT-IDE3000V67Install.exe。这是一个稳定版本。目前Holtek公司已推出7.0的试用版本,有兴趣的读者也可以下载试用。HT-IDE3000软件的安装的方法与普通软件相当,这里就不做介绍了。

1. C语言入门建立第一个项目

HT-IDE3000安装好后,大家可能想迫不及待地建立自己的第一个C程序项目。下面就一步步地建立一个小程序项目。

首先打开HT-3000软件,然后按照下面的步骤操作:

① 建立一个新项目。执行"项目"菜单下的"新建"命令,输入项目名称并从组合框选择此项目使用的单片机型号,例如HT48R70A-1。接着选择C语言编译的提供者HOLTEK或HI-TECH,单击"确认"按钮,则系统将会要求设定单片机的掩膜选项,然后设定所有掩膜选项并单击OK按钮。

② 将源程序文件加到项目中。执行"文件"菜单下的"新建"命令建立源程序文件,撰写完程序后存盘,如TEST.C文件名,执行"项目"菜单下的"编辑"命令,进入"编辑项目"对话框,以便将源程序文件加入项目,或从项目中删除。选择一个源程序文件名称,如TEST.C,单击"增加"按钮,当所有源程序文件都被加入项目后,单击"确定"按钮。

③ 编译项目,执行"项目"菜单下的"编译"命令,系统将会对项目中的所有源程序文件执行编译动作。如果程序中有错误,只要在错误信息行上双击,则系统将会提示错误发生的位置,并且打开此错误所在的源程序文件。可直接修改程序及存储文件。如果所有程序文件都没有错误,系统会产生一个执行文件并且载入到HT-ICE中,准备仿真及除错。重复上述步骤直到没有错误。

④ 连接仿真器,并将仿真头插入目标板中进行仿真;也可进行以下两个步骤。

⑤ 烧写OTP单片机。如果上步不出错,就可以产生"*.OTP"文件。

执行"工具"菜单下的"Writer/HandyWriter 烧写程序"命令,就可以烧写 OTP 芯片了。

⑥ 如果选择掩膜选项,则可以传至 Holtek 公司。执行"项目"菜单下的"打印选项表"命令,打印掩膜选项确认单,传送.COD 文件和掩膜选项确认单到盛群半导体公司,进行生产。

以上就是用 C 语言编程的一个简单步骤。

2. C 程序的结构

C 语言程序有 3 种结构:顺序结构、选择结构和循环结构。这些结构与汇编语言的结构基本相同,不再叙述。基本流程图如图 2.8 所示。

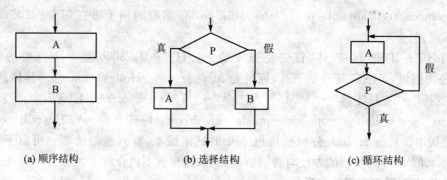

图 2.8　C 语言基本流程图

顺序结构先执行 A,再执行 B。

选择结构首先判断 P 是否成立,若成立,执行 A,若不成立,执行 B,然后汇合退出。

循环结构首先执行 A,接着判断 P,若成立,退出,若不成立,返回执行 A,再判断 P,接着循环,直到条件成立退出。

2.2.4　C 语言设计进阶——语句

程序中,执行部分最基本的单位是语句。C 语言的语句可分为以下 5 类:

① 表达式语句:任何表达式末尾加上分号即可构成表达式语句,常用的表达式语句为赋值语句。

② 函数调用语句:由函数调用,再加上分号,即组成函数调用语句。

③ 控制语句:用于控制程序流程,由专门的语句定义符及所需的表达式组成。主要有条件判断执行语句、循环执行语句、转向语句等。

④ 复合语句:由"{}"把多个语句括起来组成一个语句。复合语句被认为是单条语句,它可出现在所有允许出现语句的地方,如循环体等。

⑤ 空语句:仅由分号组成,无实际功能。

下面介绍常用的语句。

1. if 语句

用 if 语句可以构成分支结构。它根据给定的条件进行判断,以决定执行某个分支程序段。

(1) if 语句的基本形式

C 语言的 if 语句有以下 3 种基本形式:

① if 形式语句

if(表达式)

其语义是:如果表达式的值为真,则执行其后的语句;否则不执行该语句。

② if-else 形式语句

if(表达式)
    语句 1;
else
    语句 2;

其语义是:如果表达式的值为真,则执行语句 1;否则执行语句 2。

③ if-else if 形式语句

if(表达式 1)
    语句 1;
else if(表达式 2)
    语句 2;
else if(表达式 3)
    语句 3;
⋮
else if(表达式 m)
    语句 m;
else
    语句 n;

其语义是:依次判断表达式的值,当出现某个值为真时,则执行其对应的语句,然后跳到整个 if 语句之外继续执行程序。如果所有的表达式均为假,则执行语句 n,然后继续执行后续程序。

(2) 使用 if 语句时应注意的问题

① 在 3 种形式的 if 语句中,在 if 关键字之后均为表达式。该表达式通常是逻辑表达式或关系表达式,但也可以是其他表达式,如赋值表达式等,甚至也可以是一个变量。

例如:在"if(a=5)…;"中表达式的值永远为非 0,所以其后的语句总是要执行。当然这种情况在程序中不一定会出现,但在语法上是合法的。

② 在 if 语句中,条件判断表达式必须用括号括起来,在语句之后必须加分号。

③ 在 if 语句的 3 种形式中,所有的语句应为单个语句,如果要想在满足条件时执行一组(多个)语句,则必须把这组语句用"{}"括起来组成一个复合语句。但要注意的是在"}"处不应再加分号。

(3) if 语句的嵌套

当 if 语句中的执行语句又是 if 语句时,则构成了 if 语句嵌套的情形。如果在嵌套内的 if 语句可能又是 if-else 型的,则会出现多个 if 和多个 else 重叠的情况,这时需要特别注意 if 和 else 的配对问题。如果程序的界面写得比较合理,就容易区分。

2. switch 语句

C 语言还提供了另一种用于多分支选择的 switch 语句。switch 语句的一般形式如下:

switch(表达式){
  case 常量表达式 1:语句 1;
  case 常量表达式 2:语句 2;
  ⋮
  case 常量表达式 n:语句 n;
  default:语句 n+1;
}

在使用 switch 语句时应注意以下几点:

① 在 case 后的各常量表达式的值不能相同;否则会出现错误。

② 在 case 后,允许有多个语句,可以不用"{}"括起来。

③ 各 case 和 default 子句的先后顺序可以变动,而且不会影响程序执行结果。

④ default 子句可以省略不用。

⑤ 在 switch 语句中,"case 常量表达式"只相当于一个语句标号。如果表达式的值与某标号相等,则转向该标号执行,但不能在执行完该标号的语句后自动跳出整个 switch 语句。这是与前面介绍的 if 语句完全不同的,应特别注意。为了避免上述情况,C 语言还提供了一种 break 语句,专用于跳出 switch 语句。break 语句只有关键字 break,没有参数。

3. while 语句

while 语句的一般形式如下:

while(表达式)语句;

其中:表达式是循环条件;"语句"为循环体。

while 语句的语义是:计算表达式的值,当值为真(非 0)时,执行循环体语句。

使用 while 语句时应注意以下几点:

① while 语句中的表达式一般是关系表达或逻辑表达式,只要表达式的值为真(非 0)即

可继续循环。

② 循环体如果包括有一个以上的语句,则必须用"{}"括起来,组成复合语句。

③ 应注意循环条件的选择,以避免死循环。

4. do-while 语句

do-while 语句的一般形式如下:

do

　　语句;

while(表达式);

其中,"语句"是循环体;表达式是循环条件。

do-while 语句的语义是:先执行循环体语句一次,再判别表达式的值,若为真(非 0)则继续循环;否则终止循环。do-while 语句与 while 语句的区别在于,do-while 是先执行,后判断,因此 do-while 至少要执行一次循环体;而 while 是先判断,后执行,如果条件不满足,则一次循环体语句也不执行。while 语句和 do-while 语句一般都可以相互改写。

使用 do-while 语句应注意以下几点:

① 在 if 语句、while 语句中,表达式后面都不能加分号,而在 do-while 语句的表达式后面则必须加分号。

② do-while 语句也可以组成多重循环,而且也可以和 while 语句相互嵌套。

③ 当 do 与 while 之间的循环体由多个语句组成时,也必须用"{}"括起来组成一个复合语句。

④ do-while 与 while 语句相互替换时,要注意修改循环控制条件。

5. for 语句

for 语句是 C 语言所提供的功能更强,使用更广泛的一种循环语句。其一般形式如下:

for(表达式 1;表达式 2;表达 3) 语句;

其中:

表达式 1 通常用来给循环变量赋初值,一般是赋值表达式。也允许在 for 语句外给循环变量赋初值,此时可以省略该表达式。

表达式 2 通常是循环条件,一般为关系表达式或逻辑表达式。

表达式 3 通常可用来修改循环变量的值,一般是赋值语句。

这 3 个表达式都可以是逗号表达式,即每个表达式都可由多个表达式组成。这 3 个表达式都是任选项,都可以省略。

一般形式中的"语句"即为循环体语句。

for 语句的语义是:

① 首先计算表达式 1 的值。

② 再计算表达式 2 的值,若值为真(非 0),则执行循环体一次;否则跳出循环。

③ 然后再计算表达式3的值,转回第②步重复执行。在整个for循环过程中,表达式1只计算一次,表达式2和表达式3则可能计算多次。循环体可能多次执行,也可能一次都不执行。

在使用语句中应注意以下几点:

① for 语句中的各表达式都可省略,但分号间隔符不能少。例如:

for(;表达式;表达式)省去了表达式1。

for(表达式;;表达式)省去了表达式2。

for(表达式;表达式;)省去了表达式3。

for(;;)省去了全部表达式。

② 在循环变量已赋初值时,可省去表达式1。如果省去表达式2或表达式3,则将造成无限循环,这时应在循环体内设法结束循环。

③ 循环体可以是空语句。

④ for 语句也可与 while、do-while 语句相互嵌套,构成多重循环。

6. 转移语句

程序中的语句通常总是按顺序方向,或按语句功能所定义的方向执行的。如果需要改变程序的正常流向,则可以使用转移语句。在C语言中:提供了4种转移语句:goto、break、continue 和 return。其中的 return 语句只能出现在被调函数中,用于返回主调函数(详见 2.2.5 小节)。

(1) goto 语句

goto 语句也称为无条件转移语句,其一般格式如下:

goto 语句标号;

其中语句标号是按标识符规定书写的符号,放在某一语句行的前面,标号后加冒号(:)。语句标号起标识语句的作用,与 goto 语句配合使用。

goto 语句的语义是:改变程序流向,转去执行语句标号所标识的语句。

goto 语句通常与条件语句配合使用。可用来实现条件转移,构成循环,跳出循环体等功能。但是,在结构化程序设计中一般不主张使用 goto 语句,以免造成程序流程的混乱,使理解和调试程序都产生困难。

(2) break 语句

break 语句只能用在 switch 语句或循环语句中,其作用是跳出 switch 语句或跳出本层循环,转去执行后面的程序。由于 break 语句的转移方向是明确的,所以不需要语句标号与之配合。break 语句的一般形式如下:

break;

使用 break 语句可以使循环语句有多个出口,在一些场合下使编程更加灵活、方便。

(3) continue 语句

continue 语句只能用在循环体中,其一般格式如下:

continue;

其语义是：结束本次循环，即不再执行循环体中 continue 语句之后的语句，转入下一次循环条件的判断与执行。应注意的是，本语句只结束本层、本次的循环，并不跳出循环。

2.2.5　C 语言设计进阶——函数

在前面已经介绍过，C 源程序是由函数组成的。虽然程序中都只有一个主函数 main()，但实用程序往往由多个函数组成。函数是 C 源程序的基本模块，通过对函数模块的调用实现特定的功能。C 语言中的函数相当于其他高级语言的子程序。C 语言不仅提供了极为丰富的库函数，还允许用户建立自己定义的函数。用户可把自己的算法编成一个个相对独立的函数模块，然后用调用的方法来使用函数。

可以说 C 程序的全部工作都是由各式各样的函数完成的，所以也把 C 语言称为函数式语言。由于采用了函数模块式的结构，C 语言易于实现结构化程序设计，从而使程序的层次、结构清晰，便于程序的编写、阅读、调试。

1. 函数的区分

下面是 C 语言程序的一般组成结构：

```
全程变量说明
main()                          /*主函数*/
{
    局部变量说明                  ┐
    执行语句                      ├ 主程序
}                               ┘
function_1(形式参数表)           /*函数1*/
{
    局部变量说明
    执行语句
}
⋮                                ├ 函数
Function_n(形式参数表)           /*函数n*/
{
    局部变量说明
    执行语句
}
```

在 C 语言中,所有的函数定义,包括主函数 main 在内,都是平行的。也就是说,在一个函数的函数体内,不能再定义另一个函数,即不能嵌套定义。但是函数之间允许相互调用,也允许嵌套调用。

从函数定义上划分,可分为主函数和普通函数两类。

对于普通函数,从用户使用的角度划分:一种是标准库函数;另一种是用户定义函数。

(1) 标准库函数

标准库函数由 C 系统提供,用户无须定义,也不必在程序中作类型说明,只需在程序前包含有该函数原型的头文件即可在程序中直接调用。

(2) 用户定义函数

顾名思义,用户函数是由用户按需要编写的函数。对于用户自定义函数,不仅要在程序中定义函数本身,而且在主调函数模块中还必须对该被调函数进行类型说明,然后才能使用。

从函数定义的形式上划分,可分为无参数函数、有参数函数和空函数。

(1) 无参数函数

无参数函数在被调用时既无参数输入,也不返回结果给调用函数,即主调函数和被调函数之间不进行参数传送。此类函数通常用来完成一组指定的功能。

(2) 有参函数

有参函数也称为带参函数。在函数定义及函数说明时都有参数,称为形式参数(简称为形参)。在函数调用时也必须给出参数,称为实际参数(简称为实参)。当进行函数调用时,主调函数将把实参的值传送给形参,供被调函数使用。

(3) 空函数

空函数体内无局部变量定义和语句,是空白的。调用此种函数时,什么也不做,不起任何作用。而定义这种函数的目的并不是为了执行某种操作,而是为了以后程序功能的扩充。在程序的设计过程中,往往只设计最基本的功能模块函数,而其他模块的功能函数则可以在以后补上。为此先将这些非基本模块的功能函数定义成空函数,先占好位置,以后再用一个编好的函数代替它。这样做,使得程序的结构清晰,可读性好,以后扩充新功能也方便。

2. 函数定义的一般形式

(1) 无参函数的一般形式

```
类型说明符   函数名()
{
    类型说明
    语句
}
```

其中:类型说明符和函数名称为函数头;类型说明符指明了本函数的类型,函数的类型实际上是函数返回值的类型；函数名是由用户定义的标识符；函数名后有一个空括号，其中无参数，但括号不可少，"{ }"中的内容称为函数体。在函数体中也有类型说明，这是对函数体内部所用到的变量的类型说明。在很多情况下，都不要求无参函数有返回值，此时函数类型符可以写为 void，void 可以省略不写。

例如，定义一个函数无参函数：

```
void wanan()
{
    printf ("Hello,wanan \n");
}
```

Wanan 函数是一个无参函数，当被其他函数调用时，输出"Hello wanan"字符串。

(2) 有参函数的一般形式

类型说明符函数名(型式参数类型说明 形式参数表)
{
　　类型说明
　　语句
}

有参函数比无参函数多了两个内容：一是形式参数类型说明；二是形式参数表。在形参中给出的参数称为形式参数，它们可以是各种类型的变量，各参数之间用逗号间隔。在进行函数调用时，主调函数将赋予这些形式参数实际的值。形参既然是变量，当然必须有类型说明。

例如，定义一个有参且有值返回的函数，用于求两个数中的乘积：

```
int max(int a, int b)
{
    int c;
    c = a * b;
    return c;
}
```

第一行说明 max 函数是一个整型函数，其返回的函数值是一个整数。形参为 a、b。第二行说明 a、b 均为整型量。a、b 的具体值是由主调函数在调用时传送过来的。由于在"{ }"中的函数体内，除形参外没有使用其他变量，因此只有语句而没有变量类型说明。

3. 函数的调用

在 C 语言中，所有的函数定义，包括主函数 main 在内，都是平行的；也就是说，在一个函数的函数体内，不能再定义另一个函数，即不能嵌套定义。但是函数之间允许相互调用，也允许嵌套调用。习惯上把调用者称为主调函数。函数还可以自己调用自己，称为递归调用。

main函数是主函数,它可以调用其他函数,但不允许被其他函数调用。因此,C程序的执行总是从main函数开始,完成对其他函数的调用后再返回到main函数,最后由main函数结束整个程序。一个C源程序必须有,也只能有一个主函数main。

在C语言中,可以用以下几种方式调用函数:

(1) 函数调用语句

函数调用语句即把被调用名作为主调函数的一个语句。例如:

Wanan();

此时不要求被调用函数返回结果数值,只要求函数完成某种操作。

(2) 函数结果作为表达式的一个运算对象

函数作为表达式中的一项出现在表达式中,以函数返回值参与表达式的运算。这种方式要求函数是有返回值的。例如:

z=max(x,y);

该语句所完成的功能是把max()的返回值赋予变量z。

(3) 函数实参

函数实参即被调用函数作为另一个函数的实际参数。例如:

u=max(a,good(x,y));

这里,good(x,y)是一次调用函数,它的值作为另一个函数调用的max()的实际参数之一。

在一个函数调用另一个函数必须具备以下条件:

1) 被调用函数必须是已经存放的函数(库函数或用户自定义函数)。

2) 如果程序中使用了库函数,或不在同一文件中的另外的自定义函数,则应该在程序的开头处使用♯include包含语句,将所用的函数信息包括到程序中来。例如:

♯include math.h
♯include HT48R70A-1.h

这两条语言是将数学函数和HT48R70A-1单片机的头文件包含到程序中来。这样,编译时程序会自动将这两个头文件代表的库函数调到程序中使用。

3) 如果程序中使用了自定义函数,且该函数与调用它的函数在同一文件中,则应根据主调用函数与被调用函数在文件中的位置,决定是否对被调用函数作如下说明:

① 如果被调用函数出现在主调函数之后,则一般应在主调函数中,在对被调用函数调用之前,对被调用函数的返回值类型做出说明。其一般形式如下:

返回值类型说明符 被调用函数的函数名();

例如：

```
main()
{
    int good();              /* 被调用函数说明 */
    int i = 1,j = - 50,k;
    k = good(i,j);
}
int good(int a,int b)
{
    int c;
    if(a<0 && b<0)
        c = a;
    else
        c = b;
    return c;
}
```

② 如果被调用函数的定义出现在主调函数之前,则可以不对被调用函数加以说明。这是因为 C 编译器在编译主调函数之前,已经预先知道已定义了被调用函数的类型,并自动加以处理。

③ 如果在所有函数定义之前,在文件的开头处,在函数的外部已经说明了函数的类型,则在主调函数中不必对所调用的函数再作返回值类型说明。

④ 还有一种方法可以解决被调用函数在主调函数之后的情况,那就是建立一个与 C 函数同名的头文件,将 C 函数的所有函数的返回说明放在头文件中,并加以注释;然后在 C 函数的开头部分用"♯include ＊.H"包含这个头文件。这样能够使程序结构明晰,并解决这一问题。

(4) 嵌套调用和递归调用

函数的调用函数还可分为嵌套调用和递归调用。

1) 嵌套调用

C 语言中不允许作嵌套的函数定义。因此各函数之间是平行的,不存在上一级函数和下一级函数的问题。但是 C 语言允许在一个函数的定义中出现对另一个函数的调用。这样就出现了函数的嵌套调用,即在被调函数中又调用其他函数。这是比较通用的一种方式,几乎大部分 C 语言都采用这种方式编程。

2) 递归调用

一个函数在其函数体内调用它自身称为递归调用。这种函数称为递归函数。C 语言允许函数的递归调用。在递归调用中,主调函数又是被调函数。执行递归函数将反复调用其自身,每调用一次就进入新的一层。

例如,函数 jie 如下:

```
int jie(int x)
{
    z = jie(x) * 5;
    return z;
}
```

假设第一次调用时 m=jie(5),那么结果是 m=125。

这个函数是一个递归函数。但是运行该函数将无休止地调用其自身,这当然是不正确的。为了防止递归调用无休止地进行,必须在函数内有终止递归调用的手段。常用的办法是加条件判断,当满足某种条件后就不再作递归调用,然后逐层返回。

4. 变量的作用域

函数的形参变量只在被调用期间才分配内存单元,调用结束立即释放。这一点表明形参变量只有在函数内才是有效的,离开该函数就不能再使用了。这种变量有效性的范围称变量的作用域。不仅对于形参变量,C 语言中所有的量都有自己的作用域。变量说明的方式不同,其作用域也不同。C 语言中的变量,按作用域范围可分为两种,即局部变量和全局变量。

(1) 局部变量

局部变量也称为内部变量。它是在函数内作定义说明的。其作用域仅限于函数内,离开该函数后再使用这种变量是非法的。关于局部变量的作用域还要说明以下几点:

① 主函数中定义的变量也只能在主函数中使用,不能在其他函数中使用。同时,主函数中也不能使用其他函数中定义的变量。这是因为主函数也是一个函数,它与其他函数是平行关系。这一点是与其他语言不同的,应予以注意。

② 形参变量是属于被调函数的局部变量,实参变量是属于主调函数的局部变量。

③ 允许在不同的函数中使用相同的变量名,它们代表不同的对象,分配不同的单元,互不干扰,也不会发生混淆。

(2) 全局变量

全局变量也称为外部变量,它是在函数外部定义的变量。它不属于哪一个函数,而属于一个源程序文件。其作用域是整个源程序。在函数中使用全局变量,一般应作全局变量说明。只有在函数内经过说明的全局变量才能使用。全局变量的说明符为 extern。但在一个函数之前定义的全局变量,在该函数内使用可不再加以说明。例如:

```
int a,b;                    /* 外部变量 */
void f1()                   /* 函数 f1 */
{
    ⋮
}
```

```
float x,y;                    /*外部变量*/
int f2()                      /*函数f2*/
{
    ⋮
}
main()                        /*主函数*/
{
    ⋮
}
```

从上例可以看出,a、b、x、y 都是在函数外部定义的外部变量,都是全局变量。但 x、y 定义在函数 f1 之后,而在 f1 内又没有对 x、y 的说明,所以它们在 f1 内无效。a、b 定义在源程序最前面,因此在 f1、f2 及 main 内不加说明也可使用。

对于全局变量还有以下几点说明:

① 对于局部变量的定义和说明,可以不加区分。而对于外部变量则不然,外部变量的定义与外部变量的说明并不是一回事。外部变量定义必须在所有的函数之外,且只能定义一次。其一般形式如下:

［extern］类型说明符 变量名,变量名,…;

其中方括号内的 extern 可以省去不写。例如:

int a,b;

等效于:

extern int a,b;

而外部变量说明出现在要使用该外部变量的各个函数内,并在整个程序内可能出现多次。外部变量说明的一般形式如下:

extern 类型说明符 变量名,变量名,…;

外部变量在定义时就已分配了存储单元,外部变量定义可作初始赋值,外部变量说明不能再赋初始值,只是表明在函数内要使用某外部变量。

② 外部变量可加强函数模块之间的数据联系,但是又使函数要依赖这些变量,因而使得函数的独立性降低。从模块化程序设计的观点来看,这是不利的,因此在不必要时尽量不要使用全局变量。

③ 在同一源文件中,允许全局变量和局部变量同名。在局部变量的作用域内,全局变量不起作用。

5. 变量的存储方式

变量的存储按照存储方式可分为静态存储和动态存储两种。

静态存储变量通常是在变量定义时就分配了存储单元并一直保持不变,直至整个程序结束。动态存储变量是在程序执行过程中使用它时才分配存储单元,使用完毕立即释放。典型的例子是函数的形式参数,在函数定义时并不给形参分配存储单元,只是在函数被调用时才予以分配,调用函数完毕立即释放。如果一个函数被多次调用,则反复地分配、释放形参变量的存储单元。从以上分析可知,静态存储变量是一直存在的,而动态存储变量则时而存在,时而消失。这种由于变量存储方式不同而产生的特性称变量的生存期。生存期表示了变量存在的时间。生存期和作用域是从时间和空间这两个不同的角度来描述变量的特性的,这两者既有联系,又有区别。一个变量究竟属于哪一种存储方式,并不能仅从其作用域来判断,还应有明确的存储类型说明。

在 C 语言中,对变量的存储类型说明有以下 4 种:

auto   自动变量;
extern   外部变量;
static   静态变量;
register   寄存器变量。

自动变量和寄存器变量属于动态存储方式,外部变量和静态变量属于静态存储方式。在介绍了变量的存储类型之后,可以知道对一个变量的说明不仅应说明其数据类型,还应说明其存储类型。因此变量说明的完整形式应为:

存储类型说明符 数据类型说明符 变量名,变量名,…;

例如:

```
static int a,b;              说明 a、b 为静态类型变量
auto char c1,c2;             说明 c1、c2 为自动字符变量
static int a[5]={1,2,3,4,5}; 说明 a 为静态整型数组
extern int x,y;              说明 x、y 为外部整型变量
```

下面分别介绍 4 种存储类型:

(1) 自动变量

自动变量的类型说明符为 auto。这种存储类型是 C 语言程序中使用最广泛的一种类型。C 语言规定:函数内凡未加存储类型说明的变量均视为自动变量;也就是说自动变量可省去说明符 auto。

自动变量具有以下特点:

◆ 自动变量的作用域仅限于定义该变量的个体内。在函数中定义的自动变量,只在该函数内有效。在复合语句中定义的自动变量只在该复合语句中有效。

◆ 自动变量属于动态存储方式,只有在使用它,即定义该变量的函数被调用时,才给它分配存储单元,开始它的生存期。当函数调用结束时,释放存储单元,结束生存期。因此

函数调用结束之后,自动变量的值不能保留。在复合语句中定义的自动变量,在退出复合语句后也不能再使用;否则将引起错误。
- 由于自动变量的作用域和生存期都局限于定义其个体内(函数或复合语句内),因此不同的个体中允许使用同名的变量而不会混淆。即使在函数内定义的自动变量,也可与该函数内部的复合语句中定义的自动变量同名。
- 对构造类型的自动变量如数组等,不可作初始化赋值。

(2) 外部变量

外部变量的类型说明符为 extern。在前面介绍全局变量时已介绍过外部变量,这里再补充说明外部变量的几个特点:
- 外部变量和全局变量是对同一类变量的两种不同角度的提法。全局变量是从其作用域提出的;而外部变量从其存储方式提出的,表示了它的生存期。
- 当一个源程序由若干个源文件组成时,在一个源文件中定义的外部变量在其他的源文件中也有效。

(3) 静态变量

静态变量的类型说明符为 static。静态变量当然是属于静态存储方式,但是属于静态存储方式的量不一定就是静态变量,例如,外部变量虽属于静态存储方式,但不一定是静态变量,必须由 static 加以定义后才能成为静态外部变量,或称静态全局变量。对于自动变量,前面已经介绍过它属于动态存储方式,但也可以用 static 定义它为静态自动变量,或称静态局部变量,从而成为静态存储方式。由此看来,一个变量可由 static 进行再说明,并改变其原有的存储方式。

1) 静态局部变量

在局部变量的说明前再加上 static 说明符就构成了静态局部变量。静态局部变量属于静态存储方式,它具有以下特点:
- 静态局部变量在函数内定义,但不像自动变量那样:当调用时就存在,退出函数时就消失。静态局部变量始终存在着,也就是说它的生存期为整个源程序。
- 静态局部变量的生存期虽然为整个源程序,但是其作用域仍与自动变量相同,即只能在定义该变量的函数内使用该变量。退出该函数后,尽管该变量还继续存在,但不能使用它。
- 允许对构造类静态局部变量赋初值。若未赋以初值,则由系统自动赋以 0 值。
- 对于基本类型的静态局部变量,若在说明时未赋以初值,则系统自动赋予 0 值。而对于自动变量则不赋初值,其值是不定的。根据静态局部变量的特点,可以看出它是一种生存期为整个源程序的量。虽然离开定义它的函数后不能使用,但当再次调用、定义它的函数时,它又可继续使用,而且保存了前次被调用后留下的值。因此,当多次调用一个函数且要求在调用之间保留某些变量的值时,可考虑采用静态局部变量。虽然用全局变量也可以达到上述目的,但全局变量有时会造成意外的副作用,因此仍以采用局部静态变量为宜。

2) 静态全局变量

全局变量(外部变量)的说明之前再冠以 static 就构成了静态全局变量。全局变量本身就是静态存储方式,静态全局变量当然也是静态存储方式。这两者在存储方式上并无不同。其区别在于非静态全局变量的作用域是整个源程序,当一个源程序由多个源文件组成时,非静态全局变量在各个源文件中都是有效的;而静态全局变量则限制了其作用域,即只在定义该变量的源文件内有效,在同一源程序的其他源文件中不能使用它。由于静态全局变量的作用域局限于一个源文件内,只能为该源文件内的函数公用,因此可以避免在其他源文件中引起错误。

从以上分析可以看出,把局部变量改变为静态变量后是改变了它的存储方式,即改变了它的生存期;把全局变量改变为静态变量后是改变了它的作用域,限制了它的使用范围。因此 static 这个说明符在不同的地方所起的作用是不同的。应予以注意。

(4) 寄存器变量的类型说明符 register

在 C 语言当中可以使用寄存器变量来优化程序的性能,最常见的是在一个函数体当中,将一个常用的变量声明为寄存器变量:register int ra;如果可能,编译器就会为它分配一个单独的寄存器,在整个函数执行期间对这个变量的操作全都是对这个寄存器进行操作,这时候就不用频繁地去访存,自然就提高了性能。但是寄存器变量不是强制性的,也就是,即使使用 register 关键字去声明一个变量为寄存器变量,编译器还是有可能把它作为一个普通的变量而不是寄存器变量来使用的。在写程序的过程当中,有时候会经常用到一个全局变量,如果能够把它作为寄存器变量来使用,显然可以提高程序的性能。

下面再介绍几种有用的修饰符:const 和 volatile、signed 和 unsigned。

1) const 和 volatile

编译器优化程序的能力依赖于多个因素,其中之一是程序中数据对象的相对持久性。默认时,程序使用的变量是根据开发者给出的指令改变数值的。

有时,程序员想创建不能改变数值的变量。例如,如果代码中用到了 π,即常数 PI,则应该在一个常数变量中指定一个近似值,即

const float PI = 3.1415926;

当程序被编译后,编译器为 PI 变量分配 ROM 空间并且不允许在代码中改变它的值。例如,例 2.6 中的赋值将在编译时产生一个错误。同样,如果使用图形点阵液晶,程序中会有很多图形、字符,这时可以用 const 修饰。这样,既不占用寄存器和 RAM 空间,又能达到像对 RAM 空间一样的调用。

volatile 变量是超出正执行软件范围其值就可能改变的变量。例如,一个存储在端口数据寄存器位置的变量将随着端口值的改变而改变。

使用 volatile 关键词通知编译器,它不能依赖于变量的值且不基于被赋予的值执行任何优化。

【例 2.6】在初始化程序中,需要对一个寄存器两次赋值。

其程序如下:

```
unsigned char bat;
main()
{
    ⋮
    bat = 0x50;
    ⋮
    bat = 0x01;
    ⋮
}
```

在以上程序执行编译后,会发现由于优化的原因,程序中只执行了第二个赋值"bat=0x01;";第一个赋值"bat=0x050;"被优化掉了,这是我们不希望的。为了解决这个问题,可以在定义 bat 时在前面加 volatile 就解决了,即定义为"unsigned char volatile bat;"。

2) singned 和 unsigned

默认情况下,整数数据类型能够容纳负数值。可以限制整数数据只取正数值。整数数据类型的符号值是用 signed(有符号)和 unsigned(无符号)关键词来指定的。

signed 关键词迫使编译器使用整数值的高位作为符号位。如果符号位设置为 1,则变量的其余部分被解释为一个负数值。char、short、int 和 long 数据类型默认是有符号的。用时的写法是:有符号可以直接用这些数据类型,无符号还需在前加 unsigned。为了简化写法,可以在程序头定义无符号数的简写法。例如:

```
#define uchar unsigned char
#define uint unsigned int
```

这样,无符号使用起来也十分方便,使得程序语句变得短小、清晰。

6. 内部函数和外部函数

函数一旦定义后就可被其他函数调用。但当一个源程序由多个源文件组成时,在一个源文件中定义的函数能否被其他源文件中的函数调用呢?为此,C 语言又把函数分为内部函数和外部函数两类。

(1) 内部函数

如果在一个源文件中定义的函数只能被本文件中的函数调用,而不能被同一源程序其他文件中的函数调用,这种函数称为内部函数。定义内部函数的一般形式如下:

  static   类型说明符   函数名(形参表)

这里，静态 static 的含义已不是指存储方式，而是指对函数的调用范围只局限于本文件。因此在不同的源文件中定义同名的静态函数不会引起混淆。

（2）外部函数

外部函数在整个源程序中都有效。定义外部函数的一般形式如下：

extern 类型说明符 函数名(形参表)

在一个源文件的函数中调用其他源文件中定义的外部函数时，应用 extern 说明被调函数为外部函数。

7. 函数参数的传递

函数参数传递的方法有以下两种。

（1）传 值

此方法是将参数值复制到函数中对应的形式参数。在函数中，对形式参数的任何改变，都不会影响到调用此函数的程序内对应变量的原始值。

（2）传地址

此方法是将参数的地址复制给函数的形式参数。在函数中，通过传入的参数地址，形式参数可以直接改变实际变量的内容，此实际变量是在调用此函数的程序内使用的。因此改变形式参数可以连带改变变量的内容。

8. 函数的返回值

函数可以利用 return 语句将数值返回至调用此函数的程序。返回值必须是函数所指定的数据类型。如果 return-type 是 void 类型，则表示没有返回值，应该没有数值在 return 语句之中。当执行到 return 语句之后，函数会回到调用此函数的地方继续执行，任何在 return 语句之后的语句都不会被执行。

2.2.6 HT48R70A-1 内部资源的 C 语言编程[*]

1. 中 断

所谓中断，是指单片机执行正常的程序时，系统中出现某些急需处理的异常情况和特殊情况。这时 CPU 暂时中止现行程序，转去对随机发生的更紧迫事件进行处理，处理完毕后，CPU 自动返回原来的程序继续执行。

中断允许软件设计不需要关心系统其他部分的定时要求，算术程序不需要考虑几个指令检查 I/O 设备是否需要服务。相反，算术程序编写时好像有无限的时间做算术运算而无其他工作在进行。若其他事件需要服务时，通过中断告诉系统。

---

[*] 本小节资料引自《HT48R70A-1/HT48C70-1 数据手册》。

HT48R70A-1有3个中断源:外部中断和定时/计数器0、1中断。中断分为三个优先级:外部中断是第一优先级,定时/计数器0中断是第二优先级,定时/计数器1中断是第三优先级。

(1) 中断源

中断源是指任何引起单片机中断的事件,一般一个单片机允许有许多个中断源。HT48R70A-1有3个中断源,HT48系列有的多达8个中断源。

HT48R70A-1的3个中断源是:

外部中断请求,由$\overline{\text{INT}}$输入;

片内定时器/计数器0溢出中断请求;

片内定时器/计数器1溢出中断请求。

所有的中断均由中断控制寄存器INTC(地址:0BH)控制,前面已经介绍过,这里不再重复。

(2) 中断响应

HT48R70A-1在每个机器周期采样各中断的中断请求标志位,如果没有下述阻止条件:

① CPU正在处理同级或更高级的中断;

② 现行机器周期不是所执行的最后一个机器周期;

③ 正在执行的是RETI或是访问IE或IP的指令。

则将在下一个机器周期响应被激活了的最高级中断请求。

CPU在中断响应后完成如下的操作:

① 硬件清除相应的中断请求标志;

② 执行一条硬件子程序,保护断点,并转向中断服务程序入口;

③ 结束中断时执行RETI指令,恢复断点,返回主程序。

CPU在响应中断请求时,由硬件自动形成转向与该中断源对应的服务程序入口地址,这种方法称为硬件向量中断法。

各中断源的中断服务程序入口地址如表2.17所列。

HT48系列单片机C语言编译器支持在C源程序中直接开发中断程序,因此减少了用汇编语言开发中断程序的繁琐过程。

使用该扩展属性的函数定义语法如下:

返回值 函数名 interrupt n

其中:n对应中断源的编号。

向量中断包括把先前的程序计数指针(PC)推入堆栈(像调用),中断服务程序很像其他子

表2.17 中断源中断服务程序入口地址

编 号	中断源	入口地址
0	外部中断	04H
1	定时器/计数器0	08H
2	定时器/计数器1	0CH

程序(有一个返回)。当向量中断发生时,硬件禁止所有中断。当向量发生时,表明外部中断或定时器溢出的标志位由硬件清除。

(3) 中断编程

下面列举一个中断编程实例。

【例 2.7】 一个指示灯接在 PA.2 引脚上,PG0/$\overline{INT}$引脚上接一个传感器,传感器正常送来高电平。要求:当传感器送过来一个低电平时,指示灯立即亮。其原理图如图 2.9 所示。

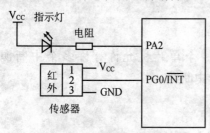

图 2.9 例 2.7 原理图

程序清单如下:

```
#include <HT48R70A-1.H>
…
main()
{
    INTC = 0x03;            /*允许总中断、外部中断*/
    PA.2 = 1;
    …
}
void syint() interrupt 0
{
    PA.2 = 0;
}
```

HT48 系列单片机 C 语言编译器及其对 C 语言的扩充,允许编程者对中断的所有控制的使用。这种支持能使编程者创建高效的中断服务程序,用户只要在高级方式下关心中断,HT48 系列单片机 C 语言编译器就将产生最合适的代码。

2. 定时/计数器

HT48R70A-1 中有 2 个 16 位定时/计数器,它们可以编程为定时器使用,也可以编程为计数器使用。若是计数内部晶振驱动时钟,则它是定时器;若是计数的输入引脚,则它是计数器。

在外部事件计数或定时器模式中,一旦定时/计数器开始计数,它将会从当前定时/计数器中的数值向上计数到 0FFH。一旦产生溢出,计数器会从定时/计数器预置寄存器重新装载初值,并且同时产生相应的中断请求状态位 TF(INTC 的第 5 位)。

定时/计数器是采用加 1 计数的。定时器实际上也是工作在计数方式下,只不过是对固定频率的脉冲进行计数。由于脉冲周期固定,所以可以从计数值计算出时间,从而具有定时功能。

与定时/计数器工作有关的寄存器在前面已经介绍过,这里不再重复。

(1) 定时/计数器的工作模式

1) 模式 1

模式 1 是外部事件计数模式,这种模式用于记录外部事件,其时钟来自外部 TMR 引脚输入。TMRC 寄存器的第 3 位 TE 决定计数的触发方式:0 代表上升沿起作用;1 代表下降沿起作用。TMRC 的第 4 位 TON 决定定时/计数器的开、关:1 代表打开;0 代表关闭。TMR 寄存器存储的是计数的基础,计数值等于 255 减去 TMR 的值。

【例 2.8】 借助例 2.7 中的图 2.9,传感器接 PC0/TMR 引脚。要求指示灯由灭→亮→灭循环,间隔是外部传感器电平由高到低变化 20 次。

程序如下:

```
#include <HT48R70A-1.H>
 ⋮
bit lm;
main()
{
    INTC = 0x05;        /* 允许总中断、定时/计数器中断 */
    TMR = 0xeb;         /* 255 - TMR = 20 */
    TMRC = 0x48;        /* 高到低计数,采用模式 1 */
    TON = 1;            /* 开定时器 */
    PA.2 = 1;           /* 灭灯 */
    lm = 1;             /* 灯的复示位 = 1 代表灭灯 */
     ⋮
}
void protmr() interrupt 1
{
    lm = ~lm;           /* 取反 */
    PA.2 = lm;          /* 送灯位 */
}
```

2) 模式 2

模式 2 是定时器模式。下面介绍都以外部晶振作为时钟源。此模式用于短时定时。假设选择 8 MHz 晶振,最短定时(即最小分辨率)为 250 ns,最长定时为 8.16 ms。

定时器定时长度的算法:

$$T = (255 - TMR) * (1/f_{INT}) = (255 - TMR) * (X/f_{sys})$$

式中:T——定时器的定时长度;TMR——定时器 TMR 的值;f_{INT}——预分频后频率;X——分频级数;f_{sys}——时钟频率。

使用 RTC 作为时钟源与此相同,这里不再重复。

【例 2.9】 原理图如图 2.9 所示,假设晶振频率为 8 MHz,要求指示灯由灭→亮→灭循环,间隔时间是 0.5 s。

程序如下:

```c
#include <HT48R70A-1.H>
…
unsigned char Tintcishu;
bit lm;
main()
{
    INTC = 0x05;              /*允许总中断、定时/计数器中断*/
    TMR = 0x00;               /*255-TMR=255,定时器定时 0.002 04 s*/
    TMRC = 0x85;              /*模式 2,64 分频*/
    TON = 1;                  /*开定时器*/
    PA.2 = 1;                 /*灭灯*/
    lm = 1;                   /*灯的复示位=1 代表灭灯*/
    Tintcishu = 0;            /*次数清零*/
    …
}
void protmr() interrupt 1
{
    if(Tintcishu++>245)       /*定时 0.002 04 s*245=0.499 8 s≈0.5 s*/
    {
        Tintcishu = 0;
        lm = ~lm;             /*复示位取反*/
        PA.2 = lm;            /*送灯位*/
    }
}
```

3) 模式 3

模式 3 用于测量脉冲宽度。在脉冲宽度测量中,将 TON 和 TE 置为 1,如果 TMR 接收到上升沿(如果 TE 位是零,接收到下降沿),就开始计数,直到 TMR 返回到原来的电平,同时复位 TON 位。测量的结果被保留在定时/计数器中,甚至电平跳变再一次发生也不会改变。换句话说,一次只能测量一个脉冲宽度。当 TON 重新被置位时,只要再接到跳变信号,那么测量过程会再次执行。注意,这个操作模式中,定时/计数器的启动计数不是根据逻辑电平,而是依据信号的边沿跳变触发。一旦发生计数器溢出,计数器会从定时/计数器的预置寄存器重新装入,并引发出中断请求。这种情况与模式 1、2 一样。要使得计数运行,只要将定时器启动位 TON(TMRC 的第 4 位)置 1。在脉宽测量模式中,TON 在测量周期结束后自动清零。但在模式 1、2 中,TON 只能由指令来复位。定时/计数器的溢出是唤醒的信号之一。不管任何模式,若写 0 到 ETI 位即可禁止相应的中断服务。

脉冲宽度测量对于精度很高的宽度测量也能完成。这是因为由内部硬件计数＋外部中断的方式不会造成错误的宽度。

【例 2.10】 原理图如图 2.9 所示,要求测量继电器发出低电平的脉冲宽度。
程序如下：

```
#include <HT48R70A-1.H>
  ⋮
unsigned char Tintcishu;
float shijian;
main()
{
    INTC = 0x05;              /*允许总中断、定时/计数器中断*/
    TMR = 0x00;               /*255－TMR＝255,定时器定时 0.002 04 s*/
    TMRC = 0x85;              /*模式 2,64 分频*/
    TON = 1;                  /*开定时器*/
    Tintcishu = 0;            /*次数清零*/
    if(TON = = 0);            /*TON 为 0 代表脉冲检测完毕*/
    {
        shijian = Tintcishu * 0.002 04 + TMR * 0.000 008;
    }
    ⋮
}
void protmr() interrupt 1
{
    Tintcishu ++;             /*得出中断次数*/
}
```

本程序中计算脉冲宽度的公式如下：
（产生的定时器中断数 × 定时器的定时长度）＋（定时器中的计数 × 每个数代表的时间）

注意:模式 0 被保留,在 HT48R70A-1 里没有使用。

当定时/计数器为关闭状态下时,写数据到定时/计数器的预置寄存器之中的同时,也会将数据装入定时/计数器中。但当定时/计数器已经开启时,写到定时/计数器的数据只会被保留在定时/计数器的预置寄存器中,直到定时/计数器发生计数溢出为止,再由预置寄存器加载新的值。当定时/计数器的数据被读取时,计数会停止,以防出错。停止计数会导致计数错误,所以程序员必须仔细加以考虑。

2.2.7 HT48R70A-1 外部资源的 C 语言编程*

在单片机系统中,常常使用 LCM 作为人机接口,既能提高产品的档次,又能降低功耗。

---

* 本小节资料引自《HT48R70A-1/HT48C70-1 数据手册》和《HT48 MCU 对 HT1621 LCD 控制器的使用》。

单片机软件不可避免地要编写它们的驱动程序。本小节以一个 HT48R70A-1 单片机驱动一个内置 HD44780 的液晶显示器 LCD1602 为例。在本应用中,着重考虑如何使单片机产生正确的信号,以符合 LCM 所需的时序。若想获得详细的时序及指令信息,请查阅 LCM 厂商的资料。

本设计以 8 位模式工作,传送一个字符或一条指令仅需 1 个传输周期。

本例参考了 Holtek 公司的资料《HT48 & HT46 LCM 接口设计》,所使用的软件采用汇编语言,读者也可以参考。

电路设计图如图 2.10 所示,PB0~PB7 设为 I/O 端口,用于数据传输;PC0~PC2 设为输出端口,用于 LCM 控制。端口可重新设置,以符合用户的需要。

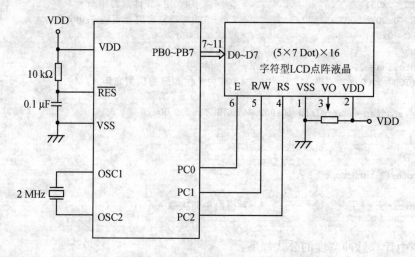

图 2.10 HT48R70A-1 与 LCM 的接口电路图

程序如下:

```
//文件名:lcm.c
//说明:该程序是用 HT48R70A-1 控制 LCM 的主程序,也可以说是驱动程序,使用 HT48 系列单片机
//C 语言语言编程
//=================================================================
//以下部分不可修改
//=================================================================
#include HT48R70A-1.h
//为 HD1602 的指令定义
#define    LCM_QP         0x01            //清屏
#define    LCM_GW         0x02            //归位
#define    LCM_ZJ         0x06            //数据读/写后,指针加 1
#define    LCM_K          0x0F            //显示开,光标开,闪烁开
```

```c
#define     LCM_G               0x0C                        //显示开,光标关,闪烁关
#define     LCM_ZY              0x10                        //光标左移
#define     LCM_YY              0x14                        //光标右移
#define     LCM_GF              0x30                        //工作方式
#define     LCM_CG              0x40                        //CGRAM 设置
#define     LCM_DD              0x80                        //DDRAM 设置
//- - - - - - - - - - - - - - - - - - - - - - - - - - - - - - - - - - - - -
#define     lcm_data            PB                          //PORT B 定义为 LCM 数据端口
#define     lcm_data_ctrl       PBC
#define     lcm_ctrl            PC                          //PORT C 定义为 LCM 控制端口
#define     ctrl_ctrl           PCC
//LCM 显示命令和控制信号定义
#define     E                   0                           //使能
#define     RW                  1                           //写
#define     RS                  2                           //读
//- - - - - - - - - - - - - - - - - - - - - - - - - - - - - - - - - - - - -
#define     uchar               unsigned char
#define     _nop_()             asm{nop;}
#define     checkbit(var,bit)   (var & (0x01 << (bit)))     //定义查询位函数
//- - - - - - - - - - - - - - - - - - - - - - - - - - - - - - - - - - - - -
const uchar TABR[ ] = {
0x48,0x54,0x34,0x38,0x52,0x33,                              // "HT48R70A - 1__"
0x30,0x41,0x2D,0x31,0x20,0x20
};
//- - - - - - - - - - - - - - - - - - - - - - - - - - - - - - - - - - - - -
//以下是子程序
/* * * * * * * * * * * * * * * * * * * * * * * * * * * * * * * * * * * * *
*                       BF 和 AC 的读值函数
* 条件:调用这个函数,PC 口必须定义为输出
* * * * * * * * * * * * * * * * * * * * * * * * * * * * * * * * * * * * */
uchar pr_du_bf();
{
    uchar com;
    lcm_ctrl.RS = 0;                    //设置读取 BF 和 AC 模式
    lcm_ctrl.RW = 1;
    lcm_ctrl.E = 1;
    lcm_data_ctrl = 0xff;               //设置连接 LCM 端口为输入功能
    lcm_ctrl.E = 0;
    com = lcm_data;                     //读取 LCM 数据
```

```c
        return(com);                    //将值返回
}
/***********************************************
*                         写指令代码函数
* 条件：调用这个函数,PC口必须定义为输出
***********************************************/
void pr_xie_com(uchar com)
{
    uchar busy;
    lcm_ctrl.RS = 0;                    //设置读取 BF 和 AC 模式
    lcm_ctrl.RW = 1;
pr11:lcm_ctrl.E = 1;
    lcm_data_ctrl = 0xff;               //设置连接 LCM 端口为输入功能
    lcm_ctrl.E = 0;
    busy = lcm_data;                    //数据的读出
    if(check(busy,7) == 1)              //如果为1,则表示忙,跳回重读、重判
    {
        goto pr11;
    }
    lcm_ctrl.RW = 0;                    //设置发送命令模式
    lcm_data_ctrl = 0x00;               //设置连接 LCM 端口为输出功能
    lcm_data = com;                     //命令的写入
    lcm_ctrl.E = 1;
    _nop_();
    lcm_ctrl.E = 0;
}
/***********************************************
*                         写显示数据函数
* 条件：调用这个函数,PC口必须定义为输出
***********************************************/
void pr_xie_dat(uchar dat)
{
    uchar busy;
    lcm_ctrl.RS = 0;                    //设置读取 BF 和 AC 模式
    lcm_ctrl.RW = 1;
pr21:lcm_ctrl.E = 1;
    lcm_data_ctrl = 0xff;               //设置连接 LCM 端口为输入功能
    lcm_ctrl.E = 0;
    busy = lcm_data;                    //数据的读出
```

```c
        if(check(busy,7) == 1)          //如果为1,则表示忙,跳回重读、重判
        {
            goto pr21;
        }
        lcm_ctrl.RS = 1;                 //设置写数据模式
        lcm_ctrl.RW = 0;
        lcm_data_ctrl = 0x00;            //设置连接LCM端口为输出功能
        lcm_data = dat;                  //命令的写入
        lcm_ctrl.E = 1;
        _nop_();
        lcm_ctrl.E = 0;
}
/*******************************************************
*                      读显示数据函数
* 条件:调用这个函数,PC口必须定义为输出
*******************************************************/
uchar pr_du_dat()
{
        uchar busy,dat;
        lcm_ctrl.RS = 0;                 //设置读取BF和AC模式
        lcm_ctrl.RW = 1;
pr31:lcm_ctrl.E = 1;
        lcm_data_ctrl = 0xff;            //设置连接LCM端口为输入功能
        lcm_ctrl.E = 0;
        busy = lcm_data;                 //数据的读出
        if(check(busy,7) == 1)           //如果为1,则表示忙,跳回重读、重判
        {
            goto pr31;
        }
        lcm_data_ctrl = 0xff;            //设置连接LCM端口为输入功能,准备读
        lcm_ctrl.RS = 1;                 //设置读数据模式
        lcm_ctrl.RW = 1;
        lcm_ctrl.E = 1;
        dat = lcm_data;
        lcm_ctrl.E = 0;
}
/*******************************************************
*                       延时子程序
* 条件:调用这个函数,PC口必须定义为输出
```

```c
 * * * * * * * * * * * * * * * * * * * * * * * * * * * * * * * * * */
void delay()
{
    uchar i,j;
    for(i = 0;i<0xff;i++)
    {
        fr(j = 0;<0xff;++)
            ;
    }
}
/* * * * * * * * * * * * * * * * * * * * * * * * * * * * * * * * * *
 *                         LCM 初始化函数
 * 条件：调用这个函数,PC 口必须定义为输出
 * * * * * * * * * * * * * * * * * * * * * * * * * * * * * * * * * */
void init()
{
    uchar i;
    lcm_ctrl.RS = 0;                        //工作方式设置指令代码
    lcm_ctrl.RW = 0;
    lcm_data_ctrl = 0x00;                   //设置连接 LCM 端口为输出功能
    lcm_data = #LCM_GF;
    for(i = 0;i<3;i++)
    {
        lcm_ctrl.E = 1;
        lcm_ctrl.E = 0;
        delay();
    }
    lcm_data = 0x38;                        //设置工作方式
    lcm_ctrl.E = 1;
    lcm_ctrl.E = 0;
    pr_xie_com(#LCM_CLS);                   //清屏
    pr_xie_com(#LCM_ZJ);                    //设置输入方式
    pr_xie_com(#LCM_K);                     //设置显示方式
}
/* * * * * * * * * * * * * * * * * * * * * * * * * * * * * * * * * *
 *                         主函数
 * 利用内部字库完成"HT48R70A-1_ _"画面右滚动输入方式演示
 * * * * * * * * * * * * * * * * * * * * * * * * * * * * * * * * * */
vid main()
```

```
{
    uchar x,shuju;
    lcm_data_ctrl = 0;              //将 LCM 数据端口设为输出状态
    ctrl_ctrl = 0;                  //将 LCM 控制端口设为输出状态
    lcm_data = 0;                   //LCM 数据端口清零
    lcm_ctrl = 0;                   //LCM 控制端口清零
    init();                         //调用初始化程序
    pr_xie_com(#05);                //设置输入方式
    pr_xie_com(#80);                //设置 DDRAM 的地址
    for(x = 0;x<12;x++)             //向右输入演示段
    {
        shuju = TABR[x];
        pr_xie_dat(shuju);
        delay();                    //延时,以便看清字符的输入
    }
    ⋮
}
```

当电源接通时,LCM 会自动进行内部复位。但大多数可编程 LCM 仍利用软件进行初始化。本例程中,从 main 开始,运行初始化程序。按照 HD44780 规格,每发出一个指令需要至少 4.5 ms 的延迟时间。这即是 delay()函数的作用。LCM 完成初始化之前,是无法检查 LCM 是否处在 BUSY 状态的。向 LCM 发出的指令需依照 HD44780 定义的指令码。在向 LCM 写指令之前,应先检查 LCM 是否处在 BUSY 状态。pr_du_bf()函数就是读出这个值。这里,演示主函数未用,这是因为读/写函数已包括。经确认 LCM 不在 BUSY 状态后,才能将数据传输至 LCM。

HD44780 的时序如表 2.18 所列。更详细的内容请参见 HD44780 的数据手册。

表 2.18 HD44780 的时序

RS	R/W	E	功　能
0	0	下降沿	写指令代码
0	1	高电平	读忙标志和 AC 值
1	0	下降沿	写数据
1	1	高电平	读数据

习题二

1. 叙述 HT48 I/O 型单片机的特点。它适合开发哪些产品?
2. 叙述 HT48 遥控型单片机的特点。它适合开发哪些产品?
3. 叙述 HT48 类单片机的封装形式有哪几种?
4. 叙述 HT48 类单片机的程序和存储空间的大小各是多少?

5. 汇编语言有几种程序结构？请用图解方式分别详述。
6. 叙述 C 语言的起源。
7. 叙述 C 语言的结构特点。书写 C 语言应遵循哪些规则？
8. 叙述 C 语言程序组成的结构图。
9. 叙述 C 语言程序的结构。它与汇编有什么不同？
10. C 语言有哪 5 种语法结构？各是什么？
11. 函数是什么？请举例说明。
12. 利用汇编语言编写一个 HT48R70A-1 芯片的定时器程序。
13. 利用 C 语言编写一个 HT48R70A-1 芯片的定时器程序。

第 3 章

开发工具*

本章学习目标：

1. 了解 HT-IDE 集成开发环境的优点。
2. 了解开发 Holtek 公司 HT48 系列单片机所需的开发工具。
3. 了解开发 Holtek 公司 HT48 系列单片机编程所需的工具。
4. 了解一种 MTP 结合软硬件的简单开发工具。

"MCU 开发工具"提供以盛群单片机为主的产品开发工具，包含 HT-IDE3000 软件、HT-ICE 仿真器、HT-ICE 接口卡、OTP 烧录器、OTP 转接座、MTP Starter Kit 开发工具，以及 HT-ICE 专用的 USB 连接线。

下面分别介绍盛群半导体公司的单片机开发工具。

3.1 HT-IDE3000 软件

在简化应用程序的开发过程方面，单片机支持工具的重要性和有效性是不可低估的。为了支持所有系列的单片机，盛群用心地提供了具有完整功能的工具，让用户在开发与使用上更加便利，例如众所周知的 HT-IDE 集成开发环境。软件方面有 HT-IDE3000 软件，它提供了友好的视窗界面，以便进行程序的编辑及除错。硬件方面为 HT-ICE 仿真器，它提供了多种实时仿真功能，包含多功能跟踪、单步执行和断点设定功能。HT-IDE 开发系统提供了完整的接口卡，并定期更新软件服务包，保证设计者可以有最佳的工具，并以最高效率进行单片机应用程序的设计与开发。

---

* 本章资料引自《HT-IDE3000 使用手册》(2006.05)和 Holtek 官方网站 www.Holtek.com.cn。

第3章 开发工具

盛群单片机发展系统自其推出至今,即以其优异、便利的多种断点设定功能,实时追踪记录功能,实时硬件执行与软件仿真功能,给程序设计人员在程序开发、除错、模拟时提供最佳工具。盛群微控制器发展系统在不断地加强其功能特性,截至2007年9月已正式推出微控制器发展系统 HT-IDE3000 6.6版 SP6。其详细功能介绍请参阅最新 HT-IDE3000 使用手册。为了提供最新的 Holtek MCU 信息,可以及时地访问 Holtek 公司的网站,查询"技术支持"下面的"支持更新"。

HT-IDE3000 一直保持更新,读者可以随时关注 Holtek 官方网站 www.Holtek.com.cn。

HT-IDE3000 软件的视窗如图3.1所示。

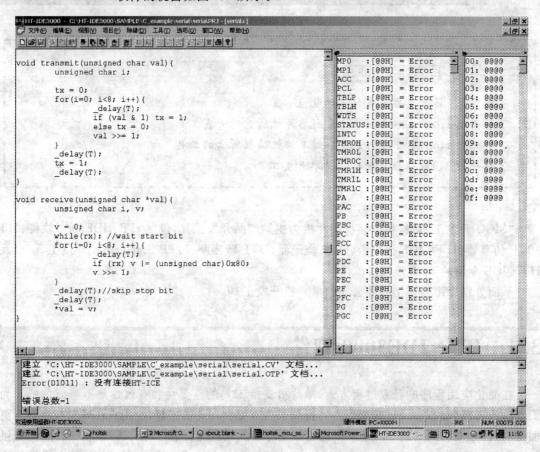

图3.1 HT-IDE3000 软件的视窗

3.2 HT-IDE3000 仿真器

对于盛群半导体公司的 8 位单片机而言,盛群 ICE 是全功能的仿真器,系统中的硬件及软件工具能帮助客户快速、方便地开发应用程序。系统中最主要的是硬件仿真器,除了能够有效地提供除错和跟踪功能之外,还能以实时的方式进行盛群 8 位单片机的仿真工作。在软件方面,HT-IDE3000 开发系统提供了友好的工作平台,将所有软件工具,例如编辑器、编译器、连接器、函数库管理器和符号除错器合并到视窗环境。此外,在软件仿真模式下,系统无须连接 HT-ICE 硬件,即可执行程序的仿真。

盛群 ICE 是一个全功能的在线仿真器,可协助开发盛群 8 位单片机系列。其功能强大的集成性硬软件工具系统,可给客户提供快速且简易的产品开发工具。系统核心则为在线仿真器,可实时地在线仿真所有盛群 8 位单片机,同时具有强大除错功能和追踪功能。

在没有连接到 HT-ICE 硬件的情况下,系统也可以用软件模拟。使用软件模拟,必须建立一个项目,然后在菜单"选项"→"除错"选项中将模式选择为"软件模拟",单击"确定"按钮即可。接着会自动提示软件模拟器已连接。仿真器本身自带烧写器,可一次性地解决客户在开发初期的需要,并降低了开发成本的投入。

盛群 ICE 的原包装包括:
◆ 最新版的 HT-ICE 仿真器(带烧录器功能整合)1 个;
◆ 最新版的 HT-IDE3000 集成开发环境光盘 1 张;
◆ 电源 1 个;
◆ 并口线 1 根;
◆ Power Card 1 个;
◆ 接口板 1 块。

盛群 ICE 可选择 46 系列、47 系列、48 系列或 49 系列。

盛群 ICE 的特性如下:
◆ 仿真器可以进行仿真、OTP 芯片的读/写,并已集成 handywriter。
◆ 不同的型号和封装可能使用的 ADPTOR 不同(可参考选型手册)。
◆ V_{CC} 可输出最大电流 600 mA,I/O 总和不超过 300 mA。
◆ 仿真器集成的 handywriter 可以烧录 Holtek 所有型号的 OTP 芯片。

图 3.2 是盛群单片机仿真器的实物图。

盛群公司还提供过老版本的仿真器,它不具备烧写功能。对于老版本,这里不作过多的介绍,建议购买新版本仿真器。老版本仿真器如图 3.3 所示。

图 3.2 新版本的盛群单片机仿真器实物图片　　图 3.3 老版本的盛群单片机仿真器实物图片

3.3　HT-IDE3000 接口卡

初步接触盛群仿真器的人要问,平时用的仿真器不都是一个仿真器和一个仿真头吗？但是从盛群的网站看其产品,发现其产品基本都是贴片,并且产品种类型号非常之多。这给仿真器设计带来了不方便。盛群公司特别将仿真器主要部分放在内部,接口电路放在了外部,这就是接口卡。

HT-ICE 仿真器是提供给设计者开发的主要硬件工具,用来仿真单片机的所有功能；虽然被统称为 HT-ICE,但是仿真器也分成各种类型,分别对应于不同的单片机,各有自己的独立型号。盛群公司提供了各种型号的接口卡,以提供使用者一个便捷、简单的途径将 HT-ICE 和外部应用电路或者目标电路板连接起来。这些接口卡直接与 HT-ICE 的前端插口连接,并且提供了各种封装插槽底座,方便用户连接外部应用硬件以及仿真所需的开关和指示器。

注意： 随着盛群公司不断开发新型单片机,会需要新型接口卡,建议时常关注 Holtek 网站,以获得最新的信息。

HT-ICE 所提供的接口卡能适用于绝大多数的客户应用。然而,使用者也可以不使用这些接口卡,而设计自己的接口卡。使用者自行设计的接口卡应包含必要的接口线路,即可直接将客户的接口电路板连接到 HT-ICE 的 CN1 和 CN2 连接头。

为了方便客户,每个 HT-ICE 所使用的接口卡均与其他配件收纳于同一个 HT-ICE 纸盒中,使用者无须另购其他接口卡。HT48R70A-1 接口卡外形图如图 3.4 所示。

第3章 开发工具

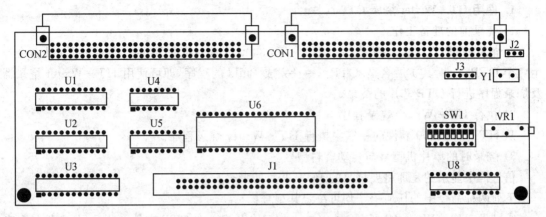

图 3.4　HT48R70A-1 接口卡外形

3.4　OTP/Flash 烧录器

　　盛群半导体公司已开始提供新版 HT-ICE 仿真器,新版 HT-ICE 仿真器已将烧录器集成在 HT-ICE 仿真器上,无须另外准备烧录器。但是老版仿真器没有烧录器。

　　盛群 OTP 烧录器共有 3 种,分别是 HT-Writer、HT-2CWriter(2-chip-one-package)和 HT-PLWriter(Partial Lock),可提供作为设计开发阶段和小至中等产量的 OTP 烧录工具。此外,还有 Flash 烧录器 EW-M1,用以烧录盛群 MTP 产品。同时盛群烧录器能够直接连接到 PC 机的 RS-232 口进行操作,或直接独立操作。

　　注意,如果欲烧录的产品引脚与烧录器上的 Textool 并不匹配时,则必须准备另一个转接卡来对应产品的封装。相关信息请参阅 3.1.5 小节。

　　Holtek HT-Writer 是一种专为烧录 OTP 型(One-Time Programmable)单片机的简易烧录器。盛群半导体公司开发完成的可烧录一次单片机芯片(OTP device)都可使用这个简易烧录器将程序资料烧录到芯片内。这个烧录器的特点为轻巧、短小(如手掌大小),安装及使用都很容易,功能简单明了。此烧录器除了能够与 PC 机连接,以联机模式烧录外,还可以在不需要与 PC 机连接情况下使用离线模式去烧录。将程序代码从 PC 机下载到 HT-Writer 后,使用者可以在不与 PC 连接的情况下,以离线模式操作 HT-Writer。

　　联机模式是使用 RS-232 总线将 PC 机与 HT-Writer 连接,而离线模式则不需要与 PC 机连接。由于盛群半导体公司提供许多不同包装的 OTP 芯片,因此也会提供相对应的烧录转接卡,以便烧录各种包装的 OTP 芯片。使用者必须选用正确的烧录 OTP 转接卡插入 HT-Writer 上。

1. 使用 HT-Writer 烧录 OTP 芯片

1) 烧录前的准备工作

在烧录 OTP 芯片前，必须先执行 HT-IDE3000 开发系统中 Project 菜单的 Build 命令产生一个 OTP 文件，其扩展名是 .OTP。一旦完成 Build 的程序，即可使用 HT-Writer 烧录器及烧录程序进行 OTP 芯片的烧录。

2) 执行 HT-Writer 烧录程序

从 HT-IDE3000 软件的视窗中执行 HT-Writer 烧录程序。

3) 烧录时的单片机型号与驱动资料型号

信息框中显示的是即将要烧录的 OTP 芯片的型号。

下列两种命令中的任何一个均可决定其型号：

① 选用 HT-Writer 烧录程序的 Open 按钮去开启一个 OTP 文件。此 OTP 文件包含有将要烧录的 OTP 芯片的单片机型号。

② 在 HT-Writer 烧录程序中使用 Setting 菜单的单片机命令设定。

2. 烧录器的特性及使用注意事项

◆ 支持 Holtek 所有 OTP 型单片机。
◆ 可连接 PC 机串口，支持常用的 USB 与 RS-232 转接线。
◆ 适配器需要经常清理，建议每烧写万片更换一次。
◆ 支持序列号的生成。应注意不能与程序冲突。
◆ 支持在线与离线两种方式。
◆ 支持查空、烧写、校验、LOCK。
◆ 支持后缀名为 OTP 的烧写文件。
◆ 不同系列的单片机引脚不兼容，需要使用不同的适配座。

HT-WRITER（烧录器）实物图如图 3.5 所示。

图 3.5 HT-WRITER（烧录器）实物图

3.5 HT-IDE3000 OTP 转接座

盛群 OTP 烧录器上有一个标准 Textool 芯片插座。OTP 转接座则是用来转接各种无法适用标准插孔上的 OTP 芯片。可以在 Holtek 网站的"技术支持"→"支持工具"→"MCU 开发工具"→"OTP 转接座"中查找各种单片机使用的转接座型号。

3.6　HT-ICE 专用的 USB 连接线

　　为方便仅有 USB 而没有配备有 LPT 端口的计算机使用者,亦可使用盛群 HT-ICE 仿真器进行产品开发,盛群半导体公司已开发出 HT-ICE 专用的 USB 连接线,使用者可以通过计算机的 USB 端口连接至 HT-ICE 的 LPT 连接口。此项 HT-ICE 专用的 USB 连接线编号为 CUSBICECABLE4A。

习 题 三

1. 开发 HT48 系列单片机需要哪些工具?
2. IDE-3000 集成开发环境有何特点?
3. HT48 单片机用什么烧写?
4. 用 HT48 单片机开发产品,有一套多合一而且便宜的开发工具适合初学者,是什么?这套工具可以完成什么功能?

第 4 章

家庭防盗报警系统

本章学习目标：

　　本章是全书的重点，分为 13 节，详细地介绍了家庭防盗报警系统的组成，并让读者在学习 HT48 系列单片机的同时，练习开发一种家庭防盗产品。

1. 了解家庭防盗报警系统的功能及原理。
2. 了解家庭防盗报警系统内部的联网方式，比较各种联网方式的优缺点。
3. 了解报警主机的功能，认真分析书中开发的报警主机的开发思路。
4. 熟悉 HT48R70A-1 的 C 语言编程。
5. 熟悉 Nrf401 的工作模式，通过试验来学会使用这个无线芯片。
6. 学会制定一种简单的通信协议。
7. 学会流程图设计。
8. 了解红外线探测模块的工作原理。
9. 了解有害气体探测模块的设计注意事项。
10. 对模块的设计思路进行了解。
11. 认真分析 HT48 系列单片机与摄像头模块的接口及软件编程设计。
12. 对电动车防盗方案进行仔细推敲，熟悉这一先进理念。

4.1 功能及原理

4.1.1 功　能

随着人们生活水平和住房条件的提高,人们对居住环境和安全性的要求也随之提高,越来越重视自己的个人安全和财产安全。铁窗式的防盗形式已经不能满足当今人们生活的需求,遇到突发事件及火灾,给救援及逃生都带来很大的影响。怎样选择一种安全可靠、实用方便、功能齐全、价格合理的防盗产品呢? 虽然目前大部分住宅区都安装了摄像监控系统,但这只针对一个整体小区的保安工作,而对个人家庭的安全却得不到满足。

有些客户家庭失窃的原因是由于熟人作案,作案后门锁和窗户没有明显的撬拗痕迹,报案后长时间未能破案。客户对家庭的安全十分担心,加上工作繁忙,决定安装家庭监控设备,要求是能记录全天家庭内外的人员活动情况,为防范入侵提供技术手段,加强自己的财产和生命安全,同时也为破案提供线索。这就是家庭防盗报警系统须研究的课题。

家庭防盗报警系统应完成如下的功能。

(1) 防　盗

一般窃贼进入家庭盗窃,要经过门、窗、阳台、地面等。针对这些,家庭防盗报警系统在各方位安装各种红外线探测器,当有盗窃从不同方位非法入侵时,各红外线将探测人体闯入,并及时将探测信号无线发送到报警主机,报警主机发信息通知拍照报警器拍取窃贼的照片并存储起来,且掉电不丢失,供以后使用;同时,报警主机还可以立即拨预留的电话号码通知报警中心、主人等,并启动现场报警,通知警笛发出高分贝的强音。

(2) 防　火

现代家庭各种家用电器越来越多,给人们的生活带来了极大的方便、快捷,但是同时也带来火灾隐患。一场火灾足以毁灭一个家庭,火灾也是必须要预防的。

针对这种火灾隐患,在室内屋顶安贴感烟火灾探测器,能对预将发生的火灾通知报警主机,报警主机可以立即拨打预留的电话号码通知报警中心、主人等。

(3) 防可燃气体中毒

家庭内的燃气泄漏是一大隐患,电视新闻中已有多起报道,有无意的,有人为的。燃气泄漏后最怕的就是爆炸,据统计,5 m^3 的天然气爆炸相当于一颗手榴弹的威力,这一点也是必须防范的。

针对这种隐患,可以加装燃气泄漏探测器,同时加装燃气自动切断装置。当煤气/液化石油气/天然气等有泄漏情况发生时,燃气泄漏探测器立即将信号发射到报警主机,报警主机除了通知燃气自动切断装置关闭煤气阀门外,还可立即拨预留的电话号码通知报警中心、主人

第 4 章 家庭防盗报警系统

等,并启动现场报警,给在场人员以提示。

(4) 紧急报警

紧急报警已作为家庭防盗报警的一个主要功能。例如:劫匪进入家里,利用刀或枪控制了人员,这时拨打电话、通过高声呼救报警都很不方便,容易引起劫匪的慌张、恐惧,使其做出进一步的不利举动。如果设置了紧急报警按钮,此时按一下暗藏的按钮,则报警信息就无声无息地传递出去。

这就需要在家中适当处安贴一个紧急按钮。紧急按钮的另一作用是当家中有老人或小孩发生突发性病情或家人被外来人员威胁时,一按按钮,报警主机立即拨预留的电话号码通知报警中心、主人等。

家庭防盗报警系统在具有这些功能的基础上,还应具有以下性能,才能得到广泛的应用。

- ◆ 广泛性:使小区内每个家庭都能得到保护,防止盗窃、火灾、气体泄漏等。
- ◆ 实用性:每个家庭的防范系统都能在实际可能发生受侵的情况下及时自动报警,并且操作简便,环节少,易学易用。
- ◆ 系统性:在案情发生时,除能现场报警外,还能自动拨打用户指定的手机、固定电话或将警情传到小区的保安报警中心。
- ◆ 可靠性:系统应结构设计合理,产品耐用,质量可靠,误报率低。
- ◆ 投资可行性:该系统应性价比高,与国内同类产品相比,应功能齐全,价格经济合理。

家庭防盗报警系统是如何实现这些防盗功能的呢?

系统由一台防盗主机、多个探测器和遥控器组成,所有设备之间的通信都是无线的。探测器有红外探头、门磁等,红外探头用于探测移动人体,门磁用于感应门窗的开合,遥控器用于控制机器的布防与撤防。在布防状态下,若有人进入防范区域,探测器就会感应到并发信号给防盗主机,防盗主机即刻启动警笛,吓阻作案,同时自动拨打多组报警电话,通知保安人员及户主及时采取行动。家庭无线防盗报警系统的功能还不仅限于防盗,还具有防火、防燃气泄漏、紧急求救等功能(可增配烟雾探测器、燃气探测器等)。它比防盗网更聪明,比看家狗更忠实,比防盗门还便宜。

家庭防盗报警系统是一个电子系统,比一个家用电器稍微复杂,日常操作时应该注意:

① 未经公安部门许可,用户不得随意将 110、119 或公安局、派出所电话设置为主机报警电话。

② 在日常操作中,特别是布防时,要确定防区内无人再布防,一般不要强制布防;否则很容易报警(报警主机不能分辨是工作人员还是盗贼,只要有活动物体就会报警)。

③ 预设的电话号码更改或停用请即时删除,以免主机拨打无效电话延误报警时间。

④ 探测器防区类型更改后应立即增加对码;否则主机将接收不到其无线信号,无法发挥警戒功能。

⑤ 若有无线配件丢失,应立即将其他探测器及遥控器重新对码,以防有人捡拾用于控

报警主机。

⑥ 在对码过程中，若需对码配件未发射信号，而主机却发出接收信号提示音，表明邻近有其他无线配件发射信号存入主机，请重新对码，以免干扰。

⑦ 报警主机、探测器、遥控器等使用的都是集成电路，安装使用时应注意防潮、防火等。

4.1.2 组　成

一般的家庭防盗报警系统由以下 5 部分组成。

(1) 报警主机

报警主机的主要功能是接收来自各探测器发来的无线电编码信号并进行分析，由此确定报警输出方式：立即报警、延时报警或不作报警处理等。

作为报警系统的中枢，报警主机接收信号的灵敏性以及处理信号的准确性都必须达到很高的标准；否则很容易造成漏报、误报，给用户的生活带来困扰或是不必要的损失。

(2) 探测器

无线探测器的品种众多，功能也各不相同，用户可根据所要防范的场所和区域，选择合适的报警探头。一般来说，门窗可以安装门磁探测器，卧室、客厅安装红外探测器，厨房安装烟雾、燃气探测器，卫生间安装燃气探测器等。

① 门磁探测器：主要功能是监控门的开关状态。该探测器利用一对磁控开关进行监控，一旦安装于门框上的磁控开关错位离开，则立即发出报警信号。门磁探测器主要用于门及保险柜等门框结构的物品被撬时，无线门磁立即发出警报信号。

② 红外探测器：主要功能是侦测人体移动情况。该探测器采用先进的脉冲计数技术，大大降低了误报率，并具有低压显示功能。它主要用于非法歹徒入侵时空探测报警。在指定探测区域内，一旦有人体移动的红外辐射被探测器感应后，立即对主机发射编码信号。

③ 烟雾探测器：主要功能是监测空气中烟雾浓度，及时发现火灾隐患。烟雾探测器的内部采用的是离子式烟雾传感器。

④ 燃气探测器：主要功能是监视燃气泄漏状态，以便及时发出警报。当探测到有害气体(如煤气、天然气、液化气)泄漏时，烟雾探测器立即对主机发射编码信号。它主要用于探测火情，并及时、可靠地报警。

⑤ 紧急按钮：主要用于警戒状态有启动、解除(布防、撤防)和紧急求救。它一般与主人钥匙连在一起，可以和遥控器合二为一。

探测器根据使用环境及功能要求的不同，可分别设置成不同的防区状态，例如周边防区、内部防区、实时警戒防区，各防区又分延时和非延时两类。

探测器的防区类型可随时更改，但更改后必须与主机重新对码方可正常操作。

（3）遥控器

遥控器的基本功能是通过遥控器面板上的按键设置主机工作状态：布防、撤防、在家布防、紧急报警。遥控器发射距离在空旷地可达 80 m。

（4）警　号

警号的基本功能是接收到主机信号后立即鸣响，并发出 120 dB 的音量，起到震慑及报警作用。

4.1.3　工作原理

完整的家庭防盗报警系统原理示意图如图 4.1 所示。

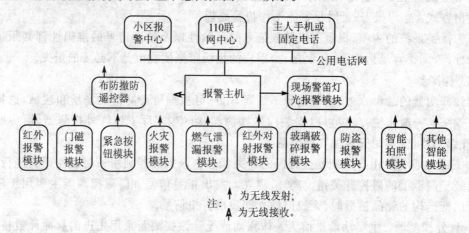

图 4.1　完整的家庭防盗报警系统原理示意图

报警系统包括上层、中间层和下层：上层由小区报警中心、110 联网中心、主人手机或固定电话组成；中间层由报警主机、布防撤防遥控器、现场警笛灯光报警组成；下层由红外报警模块、门磁报警模块、紧急按钮模块、火灾报警模块、燃气泄漏报警模块、红外对射报警模块、玻璃破碎报警模块、防盗报警模块、智能拍照模块、其他智能模块组成。

上层与中间层依靠现有的电话网络组成，这一点只要设计好报警主机的电话接口即可。中间层与下层之间的通信可以采用很多方式（第 1 章已经介绍过），本设计采用无线模块通信方式。可以选择成单向，下层模块只发送而不接收信息，中间层的报警主机只接收而不发送无线信息。

只要下层的报警模块发出报警信息，报警主机接收到了以后就会立即通过电话网向上层报警，并根据需要决定是否启用现场报警。下层模块在原则上可以无限扩充，这样就构成了一个完整的家庭防盗报警系统。它具备防盗、防火、防可燃气体中毒、紧急报警等功能。

4.1.4 内部联网方式的选择

第 1 章已简单地介绍了内部联网的方式,本节着重介绍几种联网方式的开发。对于无线联网的 RF 方式,在家庭防盗报警主机中设计,这里不再重复。本小节主要介绍内部电力载波方式的设计,RS-485 总线制现在各行业应用十分广泛这里不再叙述。4.1.4.2 小节将对无线、电力载波、RS-485 总线方式进行实质性的比较。

4.1.4.1 内部电力载波连接方式

1. 使用市场成熟的电力载波模块

使用电力载波组网,市场上有成熟的模块可供选用,例如四川成都科强公司的 KQ-100 系列*。该公司的网址是 www.kq100.com,从网站上可以下载到详细的设计资料。需要说明,由于模块选择的灵敏度很高,所以通信时会出现很多不想要的数据,这就需要软件滤波。在协议中,需要定义起始帧头 0xFF 或 0x00。另外,还需要校验码来确认这一帧的正确性。

2. 使用电力载波芯片 ST7538 自行开发的载波电路

如果需要自行设计电力载波电路,市场上也有很多电力载波芯片共选择,例如:美国 Intellon 公司的 SSCP300;北京福星晓程公司的 PL2101、PL3105、PL3200;陕西美欧电信技术公司的 AE20023;深圳昊元科技公司的 HYT3101;SGSTHOMSON 公司的 ST7536、ST7537、ST7538;CONEXAN 公司的 CX11647 等。这些芯片各有优缺点,虽然考虑到了国内的实际情况,但是工艺和技术等方面达不到国外的水平,选择时需要根据试验确定。

下面介绍使用电力载波芯片 ST7538 自行开发的载波电路。

ST7538 是 SGSTHOMSON 公司在电力载波芯片 ST7536、ST7537 基础上最新推出的又一款半双工、同步/异步 FSK(调频)调制/解调器芯片。该芯片是为家庭和工业领域电力线网络通信而设计的。

与 ST7536 和 ST7537 相比,ST7538 主要具有以下特点:

◆ 有 8 个工作频段,即 60 kHz、66 kHz、72 kHz、76 kHz、82.05 kHz、86 kHz、110 kHz 和 132.5 kHz;

◆ 内部集成了电力线驱动接口,并且提供电压控制和电流控制;

◆ 内部集成了 +5 V 线性电源,可对外提供 100 mA 电流;

◆ 可编程通信速率高达 4 800 bit/s;

◆ 提供过零检测功能;

◆ 具有看门狗功能;

---

* 资料引自成都科强公司网站 www.kq100.com。

◆ 内部集成了一个片内运算放大器；
◆ 内部含有一个具有可校验和的，24位可编程控制寄存器；
◆ 采用 TQFP44 封装。

从以上特点可以看出，ST7538 是一款功能强大的、单芯片的电力载波调制/解调器。

(1) T7538 工作原理

ST7538 是采用 FSK 调制技术的高集成度电力载波芯片，内部集成了发送和接收数据的所有功能，通过串行通信，可以方便地与微处理器相连接；内部具有电压自动控制和电流自动控制，只要通过耦合变压器等少量外部器件即可连接到电力网中。ST7538 还提供了看门狗、过零检测、运算放大器、时钟输出、超时溢出输出、+5 V 电源和+5 V 电源状态输出等电路，大大减少了 ST7538 应用电路的外围器件数量。此外，该芯片符合欧洲 CENELEC(EN50065-1)和美国 FCC 标准。

1) 发送数据

当 RxTx 为低时，ST7538 处于发送数据状态。待发数据从 TxD 引脚进入 ST7538，时钟上升沿时被采样，并送入 FSK 调制器调制。调制频率由控制寄存器 bit0～bit2 决定，速率由控制寄存器 bit3、bit4 决定。调制信号经 D/A 转换、滤波和自动电平控制电路(ALC)，再通过差分放大器输送到电力线。当打开时间溢出功能且发送数据时间超过 1 s 或 3 s 时，TOUT 变为高电平，同时发送状态自动转成接收状态。这样可以避免信道长时间被某一节点(ST7538)占用。

2) 接收数据

当 RxTx 为高时，ST7538 处于接收数据状态。信号由模拟输入端 RAI 引脚进入 ST7538，经过一个带宽为±10 kHz 的带通滤波器，送入一个带有自动增益控制(AGC)的放大器。该滤波器可通过控制寄存器 bit23 置零取消滤波功能。自动增益放大器可根据电力线的信号强度自动调整。为提高信噪比，经过放大器的信号送入一个以通信频率为中心点、带宽为±6 kHz 的窄带滤波器。此信号再经过解调、滤波和锁相，变成串行数字信号，输出给与ST7538 相连的微处理器。

可通过控制寄存器 bit22 的置位，使 ST7538 处于高灵敏度接收状态。

3) 工作模式选择

通过微处理器与 ST7538 的串口 RxD、TxD 和 CLR/T 的连接，可实现单片机与 ST7538 的数据交换。ST7538 的工作模式由 REG_DATA 和 RxTx 的状态决定。

微处理器对电力线的访问可以采用同步方式或异步方式。异步方式只需要 RxD、TxD 和 RxTx，不需要辅助时钟信号。当无载波信号时，RxD 输出低电平。对于同步方式，需要 CLR/T 作为参考时钟，并且 ST7538 必须是通信发起者(Master)。

对 ST7538 控制寄存器的访问必须采用同步访问方式，需要 RxD、TxD、CLR/T 和 REG_DATA，CLR/T 上升沿有效，发送数据高位在前。

4) 复位及看门狗

ST7538 内部嵌入一个看门狗,可以产生一个内部和外部的复位信号,以保证 CPU 的可靠工作。

(2) 应用注意事项

ST7538 比早期推出的 ST7536、ST7537 功能强大得多,引脚也从 28 脚增至 44 脚,使用起来仍然很方便,但还需要特别强调以下几点:

① 注意保证上电复位时间和顺序。ST7538 复位时间为 50 ms,微处理器上电复位时必须有足够长的硬件延时或软件延时,以保证 ST7538 可靠复位。当 ST7538 可靠复位后,方可对其进行初始化操作。

② ST7538 有 8 个通信频段,但是同一时刻只能采用一种通信频率。要改变通信频率,则需要调整硬件参数。

③ ST7538 内部提供的仅是纯透明的物理层通信协议,当噪声信号混入通信频率时,ST7538 无法区分,它将与有用信号一起被解调。因此,ST7538 要求用户必须自己制定 MAC 层通信协议,以保证通信的可靠性。

④ 用 ST7538 组成系统时,多个节点通信可以采用总线介质访问竞争性协议,例如 CSMA(载波监听多路访问)。但是,电力载波通信毕竟通信速率低、效率不高,因此,可以考虑利用 ST7538 的过零检测功能。利用过零点,实现同步数据传输,进而可以在一个比较大的系统中实现非总线介质竞争的"类 TDMA"(时分多址)协议。该协议经常用于 GSM 等数字无线通信系统。

(3) 结 论

ST7538 是一款功能强大、集成度很高的电力载波芯片,它为家庭和工业环境应用而设计,因此采取了多种抗干扰技术。虽然它采用 FSK 调制技术,而没有采用扩频技术,没有扩展通信的优点,但是,正因为如此,它可以在噪声频带很宽的信道环境下实现可靠通信。如果能够很好地利用它的多频段性,则可以克服窄带通信的缺点。

4.1.4.2 内部连接方式的选择

第 1 章和 4.1.4.1 小节介绍了很多种家庭防盗报警系统的内部组网方法,但仍不知如何下手。下面开始对各种组网方式进行实质性的比较,可看出各自的特点和使用场合。

1. RS-485 总线

(1) 优 点

◆ 硬件设计简单:RS-485 总线作为接口,开发方便,并且有成熟的例子可以使用。

◆ 控制方便:控制十分方便,使得软件协议很简单。

◆ 成本低廉:RS-485 芯片在国内应用很广,价格便宜,芯片容易购买。

◆ 联网方便:采用一对双绞线就能实现多点联网,分为主、从通信,主机可以分时从每个从机索要数据。
- 通信距离远：RS-485总线通信距离比较远，RS-232通信距离最远只有1 200 m，而RS-485通信可以达到几千米。
- 高噪声抑制、宽共模范围、冲突保护：RS-485芯片能够抑制高噪声，具有冲突保护功能。
- 通信效率高、可靠性好：RS-485芯片采用差动电平接收的方法提高抗干扰能力，适合在比较恶劣的环境下工作。其通信效率高，比较可靠。
- 没有区域性：不受电压的限制。

(2) 缺　点
- 布线不方便：使用RS-485总线方案是采用有线方式连接，这就决定了在系统安装时有大量的布线，十分不方便。对于已装修过的用户的使用，将会影响到家庭装修的美观。另外，线路损坏后故障点不易查找。
- 产品升级、扩装不方便：如果产品需要二次升级，加装探测器等，则必须重新加线，给产品的升级带来不便。
- 存在自适应、自保护功能脆弱等缺点：如果不注意一些细节的处理，则经常会出现通信失败甚至系统瘫痪等故障。因此提高RS-485总线的运行可靠性至关重要的。
- RS-485的通信速率低：RS-485的通信速率与通信距离有直接关系，当通信距离达到数百米以上时，其可靠通信速率<1 200 bit/s，这使得具有大量节点的通信速率非常低。
- 功耗较大：静态功耗达到2～3 mA，工作电流（发送）达到20 mA，这增加了线路电压降，不利于远程布线。
- 只能提供非隔离的通信方式：RS-485不能应用于长距离户外通信，如果设计为隔离方式，则需要隔离电源，这使得系统成本较高。
- 长距离通信时，RS-485芯片容易损坏。
- RS-485芯片构成的网络只能以串行布线，不能构成星形等任意分支，而串行布线对于小区的实际布线设计及施工造成很大难度，不遵循串行布线规则又将大大降低通信的稳定性。
- RS-485芯片自身的电性能决定了其在实际工程应用中稳定性较差，并且多节点、长距离的调试需要对线路进行阻抗匹配等调试工作，因此大量安装时调试工作复杂。

2. 电力载波方案

(1) 优　点
- 借用电力线作通信线省去布线的麻烦。布线较简单，无须为网络连接铺设电缆。另外，电力载波技术是一种先进的技术，近期不会落后。
- 安装便利，可靠性高，安全性好，可维护性强。
- 安装简单，造价较低，运行和维护费用低。

◆ 通信距离长,可靠性高,工程施工简单。

(2) 缺　点

◆ 受制于电压的稳定,例如家里冰箱、微波炉等其他负荷高的电器运行时所产生的不稳定电压降,进而产生乱码、自动误操作等。

◆ 易受电网内部的干扰,受用电负荷大小或用电设备噪声干扰的影响很大。

◆ 直接在电网上传输,信号不稳定且极易受外界干扰。易受到其他开关量或无线信号的干扰,产生误操作、失灵或控制到附近的住宅。

◆ 在应用中有很大的区域差异性。例如每个区域的电压不一致,传输信号就会产生差异。

◆ 可靠性差,通信不稳定。由于低压电力线本身的介质、结构和负荷的影响,载波信号易受干扰。

◆ 频带窄,可以传送的信息量有限。

3. 无线方案

(1) 优　点

◆ 无须布线。

◆ 安装时间短。

◆ 需要的安装人员少。

◆ 灵活性好,可扩展性好。

◆ 使用的频段是国家免费开放的频段,无须申请专用频率。

(2) 缺　点

◆ 抗干扰差,要避开其他无线信号和开关量信号的干扰。

◆ 信号易被区域屏蔽。

◆ 传输的数据路径窄,对传输复杂的数据不理想。

◆ 开关之间不能进行互控。

◆ 如果通信处理不好,则可能出现漏报、误报现象。

总体而论,对于家庭防盗系统而言,无线方案还是十分可取的,原因有三点。

首先,客户买了一套无线的家庭防盗报警系统后,就可以像使用其他家用电器一样,放到固定的位置,插上电源,打开开关就可以使用了。不像 RS-485 总线,供应商或者代理商必须上门服务、安装;不像电力载波方案,不仅需要上门安装,并且还须测试电力载波的干扰情况,特殊的还须加装阻波器、滤波器等,另外在家庭的 AC 220 V 的进线处还须加装一个滤波器,否则将会影响到邻家的家庭防盗系统。故无线方案给客户减少了麻烦,还给家庭防盗报警系统降低了一项上门服务的费用。

其次,无线家庭防盗报警系统不受停电的影响,内部装有备用电池。电力载波方案的基础就是建立在电力的基础上,如果出现停电或者比较"聪明"的小偷事先切断家庭总电源,AC

220 V的电没有了,即使装有备用电池,报警信息也传不出去,整个报警系统将瘫痪,失去了原有的作用。

最后,随着RF射频的普及,模块的价格将越来越低,这也是它将成为家庭防盗报警系统主流组网的关键因素。

4.2 报警主机

4.2.1 功　能

报警主机可起到承上启下的作用。它是家庭报警系统的核心,用于判断接收各种探测器传来到的报警信号,当接收到报警信号后即可按预先设定的报警方式报警。例如启动声光报警器,自动拨叫设定好的多组报警电话等。若与小区报警中心联网,即可将信号传送至小区报警中心。报警主机配有遥控器,可以对主机进行远距离控制。

1. 接收的报警信息来源

(1) 燃气泄漏探测器

居民家中无意识地打开燃气;做饭时忙于别的活动,锅里溢出的液体将火扑灭,导致燃气泄漏;未成年人玩耍时将煤气打开等。都是十分危险的情况,轻者会导致煤气中毒,重者将引起爆炸。为了及时知道家里煤气泄漏的情况,可以加装煤气泄漏探测器。它能在煤气浓度很低的情况下及时地通过无线将信息传给报警主机。

(2) 烟感探测器

当居民家里做饭忘了关火、抽烟引起物品着火和未成年人玩火导致物品烧着时都可能引起火灾。为了避免类似情况发生,可以加装烟感探测器,它能在火灾未形成之前及时地将信息通过无线传给报警主机。

(3) 红外探测器

红外探测器一般安装在室内的墙上,如果有人从其前方经过,探测器就会发出无线信号给报警主机。而其他物体经过时不会报警,也就是说它能很好地识别人与其他物体。如果晚上开窗睡觉,窃贼只要到达这一区域,探测器即可发出报警信息;居民上班前布防,有窃贼经过红外探测器防守区域时,它也会自动报警。

(4) 门磁、窗磁探测器

门磁、窗磁探测器一般装在门、窗的边沿,当窗户和门被打开时,探测器会自动发出报警信号通过无线传给报警主机。

(5) 紧急按钮

当家里只有老人时,拨打电话不方便,可以按这个按钮,信息通过报警主机自动传到指定的电话上。另外,当窃贼进入居民家里进行抢劫时,为了及时报警,又不让窃贼察觉,必要时按这个隐藏的按钮,使报警信息能够传给报警信息中心。

(6) 红外对射

红外对射的作用是在设备中间架起一道无形的墙,当窃贼经过时,隔断了对射的红外信号,红外对射设备就会自动报警,并将信息通过无线传给报警主机。

2. 报警方式

(1) 电话拨号报警

在报警主机内置电话号码,当报警主机接到报警信息后,自动分类拨打电话。

下面介绍拨号模块实现送出警情、修改预留号码和监听电话的步骤。

拨号模块送出警情的步骤一般是:当报警主机接到报警信息时,判断电话线是否占线,如果占线,则将其挂断,同时摘机,开始拨打预存的号码;如果不占线,则直接拨打预存号码。此时如果对方有应答,播放语音芯片中存储的语音;如果对方无应答,拨下一个号码,循环拨打预存号码5次,直至能够拨通为止;如果没有拨通,则隔5分钟重拨一次。

拨号模块接收、修改号码的步骤一般是:拨号模块监视按键,判断用户是否按下修改键,如果按下,则显示该修改的条数,监视用户输入的按键,用户可以输入要修改的条数,输入后按确认键,接着输入号码。这样就完成了存储、修改预留号码。

拨号模块自动接听电话的步骤是:拨号模块一直监听电话,如果有拨号,则通过DTMF分析判断号码与预留号码是否相同,如果相同,则摘机接听,并将接听的数字信息反馈到报警主机。

拨号模块要实现这些功能,就必须具有下列功能模块。

① 来电自动摘机:用于处理远方呼叫报警主机。报警主机与家里电话并接在一条电话线上,为了实现报警、打电话共用一条线,报警主机必须有摘机功能。其工作原理是将电话振铃信号通过光电耦合器输入到主机主控芯片的外部中断引脚,进行计数。接到振铃信号时,若来电号码与拨号模块里的电话号码一致,则自动转到家庭智能报警器。

② 自动挂机:报警主机与接警中心通话完毕后,通过模拟摘、挂机电路将线路断开,使电路无法形成回路,没有电流(理想状态)。这时,交换机则认为电话线处于挂机状态,完成挂机功能。

③ 自动拨号:当接收到无线报警信号后,报警主机立即发出报警信号,并通过电话线传到远程用户。报警方式如下:用户设定10个报警电话,将它们存入24C04存储器中。当接到警情后,从第1个电话开始拨号,一直拨到第10个,来回拨3遍。如果任意一个电话回送了"#"键确认信号,则意味着报警已收到,不再继续拨号。每个号码均需拨号,每个号码的拨号时间为100 ms,号码之间留500 ms间隔。拨号时,先检测24C04中存储的电话号码,若为空,即未设此电话,跳过不拨,继续拨下一个电话号码。这样,用户可随意设置数个报警电话号码。

④ 语音通话:当拨通报警中心的电话后,报警主机根据报警信息的类别、模块地址自动

播放存储在语音芯片中固定在某一段的录音,方便接警中心对号处理。

⑤ 忙音识别:用于拨号时检测对方电话的有效性。

⑥ 远程接键数字信号识别:用于接收处警中心的指令。例如:报警系统中有门磁报警,同时还具有发出威慑小偷的警笛、警铃、通话等功能。如果遇到门磁报警后,则报警主机自动拨号报警,处警中心接到后,按某一固定组合键,此时报警主机发出命令给门磁报警处理模块,自动播放威慑小偷的警笛、警铃。如果小偷还未走,再按某一组合键,可以将电话声音切换到喇叭放大,处警中心直接用通话方式劝诫小偷。

⑦ 来电号码识别:用于识别来电号码。

(2) 声光报警

报警主机接到报警信息后除了自动拨打报警电话外,还能够驱动 120 dB 的强音报警器用来吓退窃贼,并能够驱动警灯,便于就近的人抓捕窃贼。报警主机还可以将提前录制好的语音通过喇叭播放,制止窃贼。

(3) 通知保安

21 世纪的小区物业一般都配有保安,但是保安不可能同时盯住每一家,这就要求报警主机能够将信息通知保安。其方式有两种:一种方式是通过通信线将信息送到小区的报警中心,由值班员通知保安;另一种方式就是与保安使用对讲机通信,将信息直接送达保安。方式二与方式一比较,报警主机会分出一部分电路,即将录好的信息通过无线对讲传电路传送到保安手持的对讲机上的电路。

(4) 切断煤气通道

如果有煤气泄漏报警,则报警主机还会发出无线命令,通知煤气控制模块切断煤气通道。

3. 布防、撤防

家庭防盗报警系统电路的工作不会随着人的不同而决定是否发出报警,这就要求有一个布防和撤防的过程。当居民自己回家时撤防,报警电路停止工作;当居民离家时布防,家庭防盗报警系统就像忠实的看门狗一样替居民看家。实现布防、撤防的途径如下:

① 通过报警主机上的按键配合显示,可实现对报警系统的布防、撤防。

② 一般的报警主机配有遥控器,报警主机能够通过接收遥控器发送的红外代码执行相应的动作。按遥控器上的"布防"键可以实现布防,按遥控器上的"撤防"可以实现撤防。

4.2.2 外观设计

家庭防盗报警系统可以说是一件家用电器,其外观应该符合家用电器的特点。具体要求如下:

◆ 外观新颖,符合人们的审美观点。

◆ 必须注意,由于可以随意放置,因此不能接地线;设计时,外壳对地电压应在人体安全电压范围内。

报警主机外壳面板图如图4.2所示。

1. 外观设计说明

(1) LCM显示

LCM采用16×2的字符型液晶，这样显示的内容十分多，字的显示为绿底黑字。例如，当没有报警时，可以显示的界面如图4.3所示。

第一行：家庭防盗报警主机的类型，例如显示为JTFD-02，意为：家庭防盗02型。

第二行：当前年、月、日、时、分、秒，例如显示为2008 10 01　08:00:00，意为：2008年10月1日8时0分0秒。

当接收到报警时，可以显示的界面如图4.4所示。

第一行：靠左报警级别(可以将报警划分为几个级别)，例如显示为BJJB:01，意为：报警级别01级；靠右显示哪个防区报警，也可以是定位为哪个模块报警，例如显示为BJFQ:02，意为：报警防区02区。

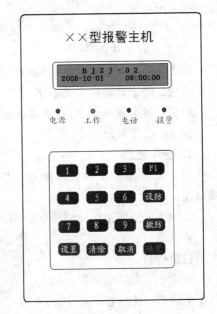

图4.2　报警主机外壳面板图

```
      JTFD-02
20081001  08:00:00
```

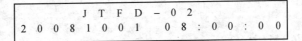

图4.3　液晶显示界面(没有报警)

```
BJJB:01   BJFQ:02
TELL:110......
```

图4.4　液晶显示界面(接收到报警)

第二行：正在进行的报警处理情况，例如正在拨打110报警电话，显示为TELL:110……，意为：正在呼叫110。

(2) 指示灯

电源指示灯：代表电源的有无，有电为红色，包括蓄电池和220 V电源。

工作指示灯：代表报警主机的工作状态，每秒闪烁一次代表工作正常。

电话指示灯：代表电话连接状态，当连接不正常时，显示红色。

报警指示灯：有报警信息时为红色。直到按F1键清除。

(3) 按 键

1～9 键：数字键，主要是为设置服务的。

F1 键：双重功能，输入数字时是数字 0；平时是报警复位键，可以解除报警。

设置：用于对报警主机的"设置"开始。

清除：用于清除输入的数字。

取消：对设置不保存，直接返回。

确定：用于对设置，查询等的确认。

2. 硬件接口

图 4.5 是报警主机底部图，也是报警主机的接口图。

天线头：报警主机无线模块伸出的天线部分。

调试端口：RS-232 接头，用于出场调试时连接的通信接口。

图 4.5 报警主机外部接口

电话 A：家庭电话引入线的接头。

电话 B：家庭电话的接头，A 和 B 是相通的。

电源线：报警主机的电源，外接 AC 220 V，即居民家中常用电源，虽然报警主机内部含有电池，但是由于电池的电量有限，只能作为备用电源，还是需要外部电源的。平时应插在插座上，停电时电池发挥作用。

4.2.3 原理及硬件设计*

根据报警主机的特点，将其分为以下 5 部分（下文暂称模块）进行设计，每部分完成一定的功能。

(1) 主 CPU 模块

主 CPU 采用 Holtek 公司的 HT48 系列 I/O 型单片机 HT48R70A-1，它含有多个 I/O 口，这是其重要的功能。主 CPU 模块还包括显示电路、电源变换电路、键盘电路和时钟电路。

(2) 语音报警模块

语言报警模块完成语音报警功能，可以现场进行语音报警，直接提示为"＊＊＊燃气泄漏，请马上检查！"，还可以将报警信息通过电话线传输到报警中心。该模块还包括输出一个 110 dB 强音的电路。

(3) 电话接口模块

电话接口模块主要完成报警信息的传输，包括语音信息传输。

---

* 本小节资料引自《HT48R70A-1 数据手册》。

（4）DTMF 编/解码模块

DTMF 模块主要用于识别对方来电的电话号码，并送出存储的电话号码。

（5）无线发送/接收模块

无线发送/接收模块用于与各报警模块的数据传输，可以是单向，也可以是双向的。

系统硬件框图如图 4.6 所示。

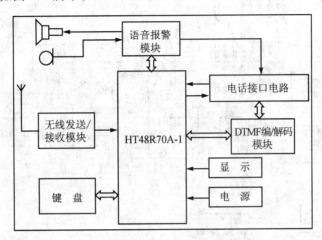

图 4.6　系统硬件框图

报警主机完整的电原理图如图 4.7 所示。

以下是 5 个模块的详细设计，每个模块都给出详细的原理图，并且尽可能详尽地说明每个器件的作用，并且还概括地介绍了各关键器件的规格、性能参数、使用细节、功能使用等。

4.2.3.1　主 CPU 模块

主 CPU 模块是报警主机的核心部分，负责指挥、控制报警主机中的其他几部分。它包含 CPU 芯片、按键和蜂鸣器部分、显示部分、时钟部分和控制警笛部分。

1. CPU 芯片

CPU 芯片是报警主机的核心，实时接收各模块发来的信息，并且时刻准备拨打报警电话。CPU 芯片采用单片机比较合适，其性价比较高。单片机的使用是必须而且重要的，与所有的单片机系统一样，这里单片机起到神经中枢的作用。

那么选用何种单片机呢？重点要考虑以下两方面：

◆ 工作频率要比较高。因为系统较为复杂，单片机需要完成对多个个芯片的初始化、中断处理，还需要存储并上报报警信息，特别是告警的处理和上报有实时性的要求。

◆ I/O 口要多。不仅要与液晶进行通信，还要能控制语音芯片，接键盘、电话模块以及通过 UART 口与无线模块进行通信。

第4章 家庭防盗报警系统

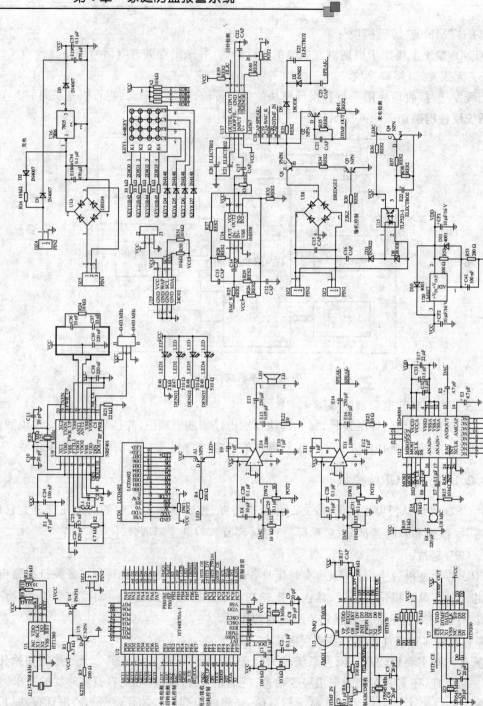

图 4.7 报警主机完整的电原理图

本例中单片机选用了 Holtek 公司的 8 位微处理器 HT48R70A-1。HT48R70A-1 支持的指令集完全兼容 8051,其最高工作频率可达 8 MHz,内部有 8 KB 的 ROM 和 244 字节的片上 RAM,以及多达 56 个双向 I/O 口。虽然 HT48R70A-1 不具备 UART 功能,但为了弥补其不足可以选用两个 I/O 口模拟。

CPU 芯片部分电路图如图 4.8 所示。

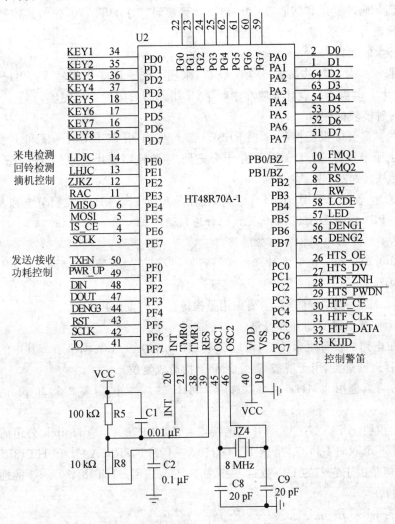

图 4.8 CPU 芯片部分电路图

下面是图 4.8 中关于 CPU 与各器件接口电路的设计说明。

(1) 与液晶接口

单片机的 PA0~PA7 作为数据总线接液晶模块 LCM 的 D0~D7,用于对液晶模块 LCM

的数据的写入/读出。单片机的PB2～PB4分别连接到液晶模块LCM的RS、R/W和LCDE,作为液晶模块LCM的控制线。单片机的PB5连到液晶背光的控制电路上,作为对液晶背光的控制。

(2) 与DTMF模块接口

单片机的PA0～PA3作为数据总线连接到编、解码芯片HT9170和HT9120的D0～D3,用于进行电话号码的发送和接收,PC0～PC3接到解码芯片HT9170,作为其控制部分;PC4～PC6连到编码芯片HT9200,作为控制线。

(3) 与键盘的接口

键盘采取4×4结构,共需要8个I/O口,采用PB0～PB3作为输入,PB4～PB7作为输出,接到键盘上。键盘程序设计成放在中断里,采用逐行扫描的方式完成。

(4) 与时钟模块的接口

时钟模块共需要3根线控制,1根RESET复位线、1根SCLK时钟线和1根I/O数据输入输出线。由于单片机的I/O口线不是十分充足,因此使用单片机的PF5～PF7作为驱动线。

(5) 与无线发送/接收模块的接口

无线发送/接收部分采用nRF401芯片,使用单片机PF0～PF1控制节电和发送、接收,并且利用PF2～PF3模拟UART口与无线部分进行通信。

(6) 与语音芯片即电话控制部分的接口

采用PE0～PE7口对语音芯片和电话进行控制,至于怎么分配在后面有详细的介绍。

(7) 其他部分

采用PB0～PB1控制蜂鸣器,主要作用是按键按下时发出声响。

采用PB7控制电路驱动外部警笛。

RES复位电路的设计也很关键,可以参考HR48R70A-1数据手册。其中的0.01 μF和0.1 μF的电容比较重要,用于滤波,防止外部干扰造成复位。

晶振部分可以选用8 MHz,也可以选用4 MHz的。另外,需要2个20 pF的电容作为起振部分电路。

下面简要说明HT48R70-1单片机的特点。HT48R70-1是Holtek公司的I/O型8位单片机,拥有56个双向I/O口,虽然HT48R10A-1、HT48R30A-1和HT48R50A-1与其性能差不多,但是由于它们的I/O数目不够,所以不能选用。HT48R70A-1的性能如下:

1) 技术特性

◆ 高性能RISC结构。

◆ 低功率完全静态设计CMOS。

◆ 工作电压:在4 MHz以下,为2.2～5.5 V;在8 MHz以下,为3.3～5.5 V。

◆ 功率损耗:在5 V/8 MHz下,典型值为4 mA。

◆ 周期时间:在8 MHz系统时钟下,指令周期达到0.5 s。

◆ 温度范围：工作温度为－40～85℃（工业级规格）；储存温度为－50～125 ℃。

2) 内核特性

◆ 程序存储器：8 192×16 位 OTP 型 ROM。

◆ 数据存储器：224×8 位 RAM。

◆ 表格读取功能。

◆ 16 层硬件堆栈。

◆ 位操作指令。

◆ 63 条强大的指令。

◆ 大多数指令执行时间只需要 1 个指令周期。

3) 周边特性

◆ PA 端口具有唤醒功能。

◆ 2 个具内部中断的事件计数输入。

◆ 1 个外部中断输入。

◆ 具有预分频器（Prescaler）及中断功能的定时器。

◆ 具有看门狗定时器（WDT）。

◆ 暂停与唤醒特性可以降低功耗。

◆ 采用一对蜂鸣器驱动并支持 PFD 输出。

◆ 芯片内置晶体、电阻电容振荡器和 32 768 Hz 晶体振荡器。

◆ 32 768 Hz 实时时钟（RTC）功能。

◆ 具有低电压复位/检测（LVR/LVD）特性。

2. 按键、蜂鸣器和指示灯部分

按键可以选用轻触式薄膜键盘，结构为 4×4，程序的处理使用逐列扫描的方式读取，键盘上布置"1～9"、"设置"、"清除"、"取消"、"确认"、"布防"、"撤防"、"F1"共 16 个按键。电路如图 4.9 所示。

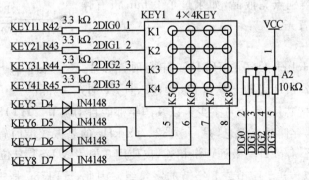

图 4.9 按键部分电路图

第4章　家庭防盗报警系统

由于HT48R70A-1具有驱动蜂鸣器功能,因此直接将蜂鸣器并在PB0～PB1口即可,蜂鸣器应选5 V直流的。其电路如图4.10所示。

由于HT48R70A-1的I/O口可以直接驱动发光二极管,因此不需要其他电路,仅需要加1个限流电阻。5 V电源指示灯一定要加一个阻值大一点的电阻,由于在室内使用,不太亮都能看清,这样可以省电,延长发光管的使用寿命。指示灯电路图如图4.11所示。

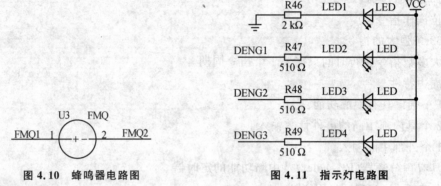

图4.10　蜂鸣器电路图　　　　　　图4.11　指示灯电路图

3. 显示部分

显示采用成型液晶模块 LCM,型号为 LCD1602,当然也可选用与之等效的液晶。这款 LCM 是字符型的,比较方便。选用 LCM 的另一个原因是价格相对数码管来说低,并且功耗低;与 LCD 比起来开发方便,初次选用无须开模费。显示部分电路如图4.12所示,其中:电位器 DW1 可以调节字符显示的深浅,LED 用于控制液晶背光的亮灭。由于 NPN 三极管在高电平时导通,低电平时截止,因此可以在不需要的时候关闭背光。为了达到低功耗的要求,操作时应根据按键和报警的类别点亮液晶,如果过了 2 min 没有操作,则需要自动关闭背光。

4. 时钟部分

时钟部分选用 Holtek 公司的 HT1380 串行时钟芯片。HT1380 是 Holtek 公司推出的一款带秒、分、时、日、星期、月、年的串行时钟保持芯片,每个月多少天以及闰年都能自动调节。HT1380 具有低功耗工作方式并用若干寄存器存储对应信息,是一款 32.768 kHz 的晶振校准时钟。为了使用最小引脚,HT1380 使用一个 I/O 口与微处理机相连,仅使用3根引线 RST 复位线、SCLK 串行时钟线和 I/O 口线就可以传送1字节或8字节的字符组。因此,HT1380 是一款性价比极高的时钟芯片。它广泛应用于电话、传真、便携式仪器及电池供电的仪器仪表等产品领域中。其电路

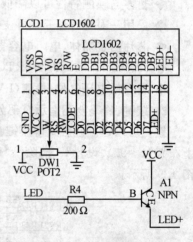

图4.12　显示部分电路图

如图 4.13 所示。

为了方便开发,下面简单介绍 HT1380 的性能指标及内部寄存器定义。

(1) 主要性能指标
- ◆ 工作电压:2.0~5.5 V。
- ◆ 最大输入串行时钟:2.0 V 时为 500 kHz;5.0 V 时为 2 MHz。
- ◆ 工作电流:2.0 V 时至少 300 nA;5.0 V 时至少 1 μA。
- ◆ 与 TTL 兼容。
- ◆ 串行 I/O 口传送。
- ◆ 具有两种数据传送方式:单字节传送和多字节传送(字符组方式)。
- ◆ 所有寄存器都以 BCD 码格式存储。

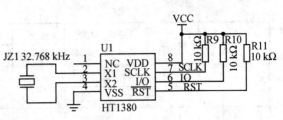

图 4.13 时钟部分

(2) HT1380 的引脚排列及功能描述如图 4.14 所示。

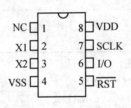

符号	管脚号	描述
NC	1	空脚
X1	2	振荡器输入
X2	3	振荡器输出
VSS	4	地
RST	5	复位引脚
I/O	6	数据输入/输出引脚
SCLK	7	串行时钟
VDD	8	正电源

(a) 引脚排列　　　　　　　　(b) 引脚功能描述

图 4.14　HT1380 的引脚排列及示意图

(3) 内部寄存器

内部寄存器定义如表 4.1 所列。

表 4.1　内部寄存器表

寄存器地址 $A_0 \sim A_2$	特征	命令地址	读/写控制	数据 (BCD)	寄存器定义						
					7	6	5	4	3	2	1	0
0	秒	80 81	写 读	00~59	CH	10 s			秒			

续表4.1

寄存器地址 $A_0 \sim A_2$	特征	命令地址	读/写控制	数据 (BCD)	寄存器定义							
					7	6	5	4	3	2	1	0
1	分	82	写	00～59	0	10 min			分			
		83	读									
2	12 h	84	写	01～12	12/24	0	AP	HR	时			
	24 h	85	读	00～23		0	10	HR				
3	日期	86	写	01～31	0	0	10 日		日期			
		87	读									
4	月	88	写	01～12	0	0	0	10月	月			
		89	读									
5	日	8A	写	01～07	0	0	0	0	星期			
		8B	读									
6	年	8C	写	00～99	10 年				年			
		8D	读									
7	写保护	8E	写	00～80	WP	通常 0						
		8F	读									

CH：时钟停止位。CH=0，振荡器工作允许；CH=1，振荡器停止。
WP：写保护位。WP=0，寄存器数据能够写入；WP=1，寄存器数据不能写入。
寄存器 2 的第 7 位：12/24 小时标志。bit7=1，12 小时模式；bit7=0，24 小时模式。
寄存器 2 的第 5 位：AM/PM 定义。AP=1，下午模式；AP=0 上午模式。

5. 控制外部警笛电路

外部警笛一般采用大功率结构，必须用两级三极管即达林顿方式才能控制。由于程序编制对频率有严格的控制，再加上控制外部警笛电路和外部警笛，完全可以达到 110 dB 的高音，因此足以阻吓小偷和窃贼。控制外部警笛电路图如图 4.15 所示。

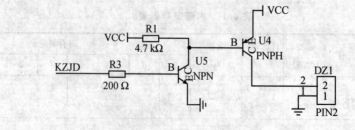

图 4.15　控制外部警笛电路图

4.2.3.2 语音报警模块

语音报警模块由两部分组成：ISD 语音录放部分和语音放大部分。ISD 语音录放部分作为语音报警电路的前级，主要功能就是录取声音。也可以通过烧写程序的方式录取声音。另外，由单片机控制其播放指定的声音。

1. ISD 语音录放部分

ISD 语音录放部分选用的主芯片是美国 ISD 公司的 ISD4004。其电路如图 4.16 所示，其中 IS_CE 作为片选线，MOSI 是数据的输出，MISO 是数据的输入，SCLK 是时钟线，这 4 根线是 SPI 接口的标准线。由于 HT48R70A-1 没有 SPI 接口，本例中利用程序模拟。RAC 和 INT 是放音控制线，DAC 作为音频的输出。由于该芯片驱动能力有限，因此必须加放大电路。

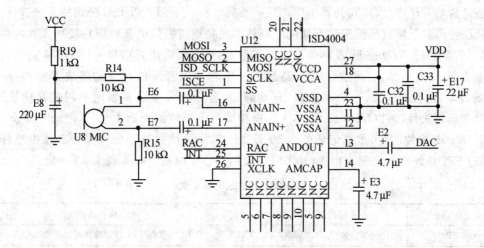

图 4.16 ISD 语音录放部分

另外，ISD4004 数据手册上标明，ISD4004 采用 3 V 供电，电压允许范围为 2.7～3.3 V，但是 MOSI、SCLK、RAC、$\overline{SS}$ 和 $\overline{INT}$ 能够承受的电压为 5.5 V。基于此，用三端可调节正电压稳压器 LM317 设计 5 V 输入、3 V 输出电源给 ISD4004 供电。其中 ISD4004 的 3 V 电平输入引脚可直接连接到 HT48R70A-1 的 5 V 的 I/O 引脚，如 MOSI、$\overline{SS}$、SCLK，而其输出引脚（除 MISO 引脚外）都是漏极开路信号，连接到 HT48R70A-1 时都必须加上 5 V 上拉电阻，如 $\overline{INT}$、RAC 引脚，由于 HT48R70A-1 的 I/O 口内部有上拉电阻，这里无须外加；MISO（串行输出端）也可直接连到 HT48R70A-1 的 I/O 口。电源部分设计如图 4.17 所示。

LM317 是常见的可调集成稳压器，最大输出电流为 2.2A，输出电压为 1.25～37 V，1、2 脚之间为 1.25 V 电压基准。为保证稳压器的输出性能，R52 的阻值应小于 240 Ω。改变 R53 的阻值即可调整稳压电压值。D10 和 D11 用于保护 LM317。

输出电压 U_o 的计算公式如下

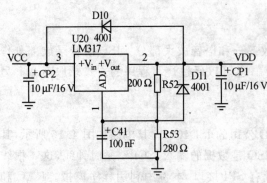

图 4.17 3 V 电源设计

$$U_\circ = (1 + R_{53}/R_{52}) \times 1.25 \text{ V}$$

式中：R_{53} 和 R_{52} 分别为 R53 和 R52 的电阻值。

在这里，选择 R52 的阻值为 200 Ω，通过计算得出 R53 的阻值为 280 Ω，比较特殊。这时可以有两种办法：一是直接使用 270 Ω 的电阻，这样输出电压为 2.937 5 V，能够符合 ISD4004 的电压标准；二是使用 270 Ω 和 10 Ω 的电阻串接放入。

为了开发方便，下面着重介绍美国 ISD 公司的 ISD4004 芯片的性能。ISD4004 是美国 ISD 公司的新一代产品，华邦公司也生产这一系列电路。下面就以 ISD 公司的为准进行介绍。

ISD 公司多电位直接模拟量存储的专利技术成功地将模拟语音数据直接写入片内存储单元中，不需要经过 A/D 或 D/A 转换即可真实地、自然地再现语音信号。ISD4004 系列语音芯片是其新的代表产品，它可提供一个高性能的单芯片语音录放存储的解决方案，芯片采用 CMOS 技术，内含振荡器、平滑滤波器、自动静噪、音频放大器以及多电平闪速存储器阵列。该芯片为非易失性器件(Nonvolatile)，无需电源即可保存数据长达 100 年，记录时间长，有 8、10、12、16 min 多种芯片，重复记录可达 10 万次。芯片设计是基于所有操作必须由单片机控制，通过 SPI 总线与微处理器相连，外围电路简单。芯片控制指令如表 4.2 所列。

表 4.2 芯片控制指令表

指 令	8 位控制码〈16 位地址〉	操作摘要
POWERUP	00100XXX〈XXXXXXXXXXXXXXXX〉	上电：等待 TPUD 后器件可以工作
SET PLAY	11100XXX〈A15－A0〉	从指定地址开始放音。必须后跟 PLAY 指令使放音继续
PLAY	11110XXX〈XXXXXXXXXXXXXXXX〉	从当前地址开始放音(直至 EOM 或 OVF)
SET REC	10100XXX〈A15－A0〉	从指定地址开始录音。必须后跟 REC 指令录音继续
REC	10110XXX〈XXXXXXXXXXXXXXXX〉	从当前地址开始录音。(直至 OVF 或停止)
SET MC	11101XXX〈A15－A0〉	从指定地址开始快进。必须后跟 MC 指令快进继续
MC	11111XXX〈XXXXXXXXXXXXXXXX〉	执行快进，直到 EOM. 若再无信息，则进入 OVF 状态
STOP	0X110XXX〈XXXXXXXXXXXXXXXX〉	停止当前操作
STOP WRDN	0X01XXXX〈XXXXXXXXXXXXXXXX〉	停止当前操作并掉电
RINT	0X110XXX〈XXXXXXXXXXXXXXXX〉	读状态：OVF 和 EOM

(1) 性　能
- 单片语音录放时间为 8～16 min；
- 内置单片机串行通信接口；
- 3 V 单电源工作；
- 多段信息处理；
- 工作电流为 25～30 mA，维持电流为 1 μA；
- 在不耗电的情况下，信息可保存 100 年（典型值）；
- 高质量、自然的语音还原技术；
- 10 万次录音周期（典型值）；
- 自动静噪功能；
- 片内免调整时钟，可选用外部时钟。

ISD4004 系列工作电压为 3V，单片录放时间为 8～16 min，音质好，适用于移动电话及其他便携式电子产品中。芯片采用 CMOS 技术，内含振荡器、防混淆滤波器、平滑滤波器、音频放大器、自动静噪及高密度多电平闪速存储陈列。芯片设计是基于所有操作必须由微控制器控制，操作命令可通过串行通信接口（SPI 或 Microwire）送入。芯片采用多电平直接模拟量存储技术，每个采样值直接存储在片内闪速存储器中，因此能够非常真实、自然地再现语音、音乐、音调和效果声，避免了一般固体录音电路因量化和压缩造成的量化噪声和"金属声"。采样频率可为 4.0、5.3、6.4、8.0 kHz，频率越低，录放时间越长，但音质则有所下降。片内信息存于闪速存储器中，可在断电情况下保存 100 年（典型值），反复录音 10 万次。

(2) 上电顺序

器件延时 TPUD（8 kHz 采样时，约为 25 ms）后才能开始操作。因此，用户发完上电指令后，必须等待 TPUD，才能发出一条操作指令。例如，从 00 从处发音，应遵循如下时序：

① 发 POWERUP 命令；
② 等待 TPUD（上电延时）；
③ 发地址值为 00 的 SETPLAY 命令；
④ 发 PLAY 命令。

器件会从此 00 地址处开始放音，当出现 EOM 时，立即中断，停止放音。如果从 00 处录音，则按以下时序：

① 发 POWER UP 命令；
② 等待 TPUD（上电延时）；
③ 发 POWER UP 命令；
④ 等待 2 倍 TPUD；
⑤ 发地址值为 00 的 SETREC 命令；
⑥ 发 REC 命令。

器件从 00 地址开始录音,一直到出现 OVF(存储器末尾)时,录音停止。

(3) ISD4004 系列型号与性能对照

ISD4004 系列型号与性能对照如表 4.3 所列。

表 4.3 ISD4004 系列型号与性能对照

型号	录放时间/min	输入采样/kHz	典型带宽/kHz	最大段数	最小段长/ms	外部时钟/kHz
ISD4004-08M	8	8.0	3.4	2 400	200	1024
ISD4004-10M	10	6.4	2.7	2 400	250	819.2
ISD4004-12M	12	5.3	2.3	2 400	300	682.7
ISD4004-16M	16	4.0	1.7	2 400	400	512

(4) 引脚描述

① 电源(VCCA、VCCD):为使噪声最小,芯片的模拟和数字电路使用不同的电源总线,并且分别引到外封装的不同引脚上,模拟和数字电源端最好分别走线,尽可能在靠近供电端处相连,而去耦电容应尽量靠近器件。

② 地线(VSSA、VSSD):芯片内部的模拟和数字电路也使用不同的地线。

③ 同相模拟输入(ANA IN+):录音信号的同相输入端。输入放大器可用单端或差分驱动。单端驱动时,信号由耦合电容输入,最大幅度为峰峰值 32 mV,耦合电容和本端的 3 kΩ 电阻输入阻抗决定了芯片频带的低端截止频率。差分驱动时,信号最大幅度为峰峰值 16 mV。

④ 反相模拟输入(ANA IN−):差分驱动时,这是录音信号的反相输入端。信号通过耦合电容输入,最大幅度为峰峰值 16 mV。

⑤ 音频输出(AUD OUT):提供音频输出,可驱动 5 kΩ 的负载。

⑥ 片选($\overline{SS}$):若此端为低电平,则向该 ISD4004 芯片发送指令,两条指令之间为高电平。

⑦ 串行输入(MOSI):串行输入端。主控制器应在串行时钟上升沿之前半个周期将数据放到本端,供 ISD 输入。

⑧ 串行输出(MISO):ISD 的串行输出端。ISD 未选中时,本端呈高阻态。

⑨ 串行时钟(SCLK):ISD 的时钟输入端。串行时钟由主控制器产生,用于同步 MOSI 和 MISO 的数据传输。数据在 SCLK 上升沿锁存到 ISD,在下降沿移出 ISD。

⑩ 中断($\overline{INT}$):漏极开路输出端。ISD 在任何操作(包括快进)中检测到 EOM 或 OVF 时,本端变低并保持。中断状态在下一个 SPI 周期开始时清除。中断状态也可用 RINT 指令读取。OVF 标志——指示 ISD 的录、放操作已到达存储器的末尾。EOM 标志——只在放音中检测到内部的 EOM 标志时,此状态位才置 1。

⑪ 行地址时钟(RAC):漏极开路输出。每个 RAC 周期表示 ISD 存储器的操作进行了一

行(ISD4003 系列中的存储器共 1 200 行,ISD4004 系列中的存储器共 2 400 行)。该信号 200 ms 高电平保持时间为 175 ms,低电平为 25 ms(见图 4.18)。快进模式下,每个 RAC 周期的 218.75 μs 是高电平,31.25 μs 为低电平。该端可用于存储管理技术。

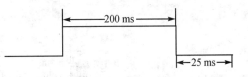

图 4.18 高低电平时间

⑫ 外部时钟(XCLK):外部时钟输入端。本端内部有下拉元件。芯片内部的采样时钟在出厂前已调校,误差在 ±1% 内。商业级芯片在整个温度和电压范围内,频率变化在 ±2.25% 内。工业级芯片在整个温度和电压范围内,频率变化在 −6%~+4% 内,此时建议使用稳压电源。若要求更高精度,可从本端输入外部时钟。由于内部的防混淆及平滑滤波器已设定,故上述推荐的时钟频率不应改变。因为内部首先进行了分频,所以输入时钟的占空比无关紧要。在不外接时钟时,此端必须接地。

⑬ 自动静噪(AMCAP):当录音信号电平下降到内部设定的某一阈值以下时,自动静噪功能使信号衰弱,这样有助于养活无信号(静音)时的噪声。通常本端对地接 1 mF 的电容,构成内部信号电平峰值检测电路的一部分。检出的峰值电平与内部设定的阈值作比较,决定自动静噪功能的翻转点。大信号时,自动静噪电路不衰减;静音时,衰减 6 dB。1 mF 的电容也影响自动静噪电路对信号幅度的响应速度。本端接 VCCA 则禁止自动静噪。

2. 语音放大部分

语音放大电路有 2 种:一种是放大后通过喇叭发声;另一种是放大后通过电话线远传,进行播放。这两种电路图分别如图 4.19 和图 4.20 所示。

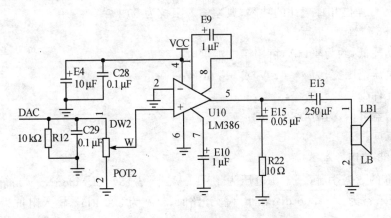

图 4.19 就地播放语音放大电路

下面着重介绍功率放大器 LM386。LM386 是美国国家半导体公司生产的音频功率放大器,主要应用于低电压消费类产品。为使外围元件最少,电压增益内置为 20,但在 1 脚和 8 脚

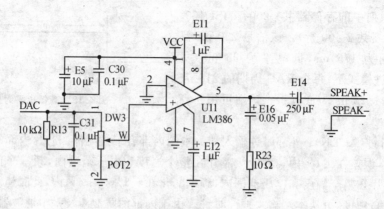

图 4.20 通过电话线远方语音放大电路

之间增加一只外接电阻和电容,便可将电压增益调为任意值,直至 200。输入端以地为参考,同时输出端被自动偏置到电源电压的一半。在 6 V 电源电压下,它的静态功耗仅为 24 mW,使得 LM386 特别适用于电池供电的场合。

该集成电路由于外接元件少,电源电压 V_{CC} 使用范围宽($V_{CC}=4\sim12$ V),静态功耗低($V_{CC}=6$ V 时为 24 mW),因而在便携式无线电设备、收音机、录音机、小型放大设备中得到广泛应用。当 1 脚和 8 脚之间开路时,电压增益为 26 dB;若在 1 脚和 8 脚之间接阻容串联元件,则增益可达 46 dB。改变阻容值则增益可在 26~46 dB 之间任意选取,电阻值越小,增益越大。

LM386 电源电压为 4~12 V,音频功率为 0.5 W。LM386 音响功放是由 NSC 制造的,其电源电压范围非常宽,最高可达到 15 V;消耗静态电流为 4 mA;当电源电压 12 V 时,在 8 Ω 的负载情况下,可提供几百毫瓦的功率;典型输入阻抗为 50 kΩ。

(1) LM386 特性

◆ 静态功耗低,约为 4 mA,可用于电池供电;

◆ 工作电压范围宽,为 4~12 V 或 5~18 V;

◆ 外围元件少;

◆ 电压增益可调,为 20~200 dB;

◆ 低失真度。

(2) LM386 使用注意事项

查 LM386 的数据手册,其电源电压为 4~12 V 或 5~18 V(LM386N-4);静态消耗电流为 4 mA;电压增益为 20~200 dB;在 1、8 脚开路时,带宽为 300 kHz,输入阻抗为 50 kΩ;音频功率为 0.5 W。

尽管 LM386 应用非常简单,但稍不注意,特别是器件上电、断电瞬间,甚至工作稳定后,一些操作(如插拔音频插头,旋音量调节钮)都会带来瞬态冲击,在输出喇叭上会产生非常讨厌的噪声。

在使用 LM386 时,应注意以下事项:

① 通过接在 1 脚、8 脚间的电容(1 脚接电容正极)来改变增益,断开时增益为 20 dB。因此如果不用高增益,电容就不要接了,这样不光降低了成本,还会减少噪音。

② PCB 设计时,所有外围元件尽可能靠近 LM386;地线尽可能粗一些;输入音频信号通路尽可能平行走线,输出亦如此。

③ 选好调节音量的电位器。质量太差的不要,否则受害的是耳朵;阻值不要太大,10 kΩ 最合适,太大也会影响音质,并且要转很多圈。

④ 尽可能采用双音频输入/输出。好处是:"+"、"一"输出端可以很好地抵消共模信号,以此来有效抑制共模噪声。

⑤ 第 7 脚(BYPASS)的旁路电容不可少。实际应用时,BiYPASS 端必须外接一个电解电容到地,起滤除噪声的作用。工作稳定后,该引脚电压值约等于电源电压的一半。增大这个电容的容值,可减缓直流基准电压的上升、下降速度,有效抑制噪声。在器件上电、掉电时的噪声就是由该偏置电压的瞬间跳变所致,这个电容千万别省!

⑥ 减少输出耦合电容。此电容的作用有二:隔直+耦合。即隔断直流电压,直流电压过大有可能会损坏喇叭线圈,耦合音频的交流信号。它与扬声器负载构成了一阶高通滤波器。减小该电容值,可使噪声能量冲击的幅度变小、宽度变窄;但太低会使截止频率($f_c = 1/(2\pi R_L C_{OUT})$)提高。分别测试,发现 10~4.7 μF 最为合适,这是经验值。

⑦ 电源的处理,也很关键。如果系统中有多组电源,那当然最好。由于电压不同、负载不同以及并联的去耦电容不同,因此每组电源的上升、下降时间必有差异。非常可行的方法:将上电、掉电时间短的电源放到+12 V 处,选择上升相对较慢的电源作为 LM386 的 V_S,但不要低于 4 V,效果不错。

4.2.3.3 电话接口模块

电话接口模块作为主 CPU 部分的报警通道,同时也是用户远程控制的通道,负责信号的检测和信息的传输。该模块分为 4 部分:模拟摘挂机电路、来电振铃检测电路、回铃音检测电路和信号输入/输出耦合电路。

1. 模拟摘挂机电路

模拟摘挂机电路如图 4.21 所示。

电话外线接入电路接口 DZ2 和 DZ3(DZ2 和 DZ3 是一样的),经过桥式整流,这样可以防止电话线的正负极接反,Q1、Q3 负责控制电话线摘挂机信号,当挂机状态时,单片机控制 ZJKZ 的电平为低电平,则 Q3 截止、Q1 截止,此时,电路无法形成回路,没有电流(理想状态),交换机则认为电话线处于挂机状态。因为电话外线上的电压在平时有 40 V 左右,当振铃来时能有 110 V 左右的电压,所以对于 Q1 和 Q3 的选择,应选择反向电压在 160 V 以上的三极管。

当 ZJKZ 为高电平时,Q3、Q1 都会导通,后面的 ZD2 把电压稳在 5.1 V 上,这时主要由

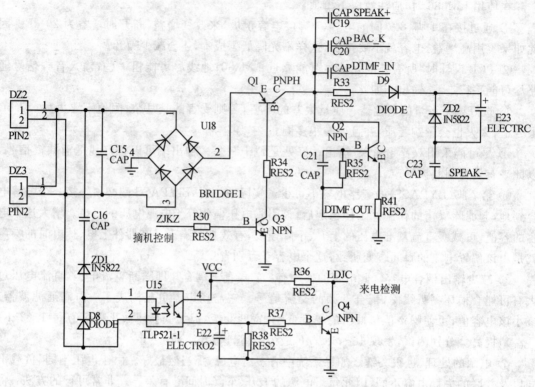

图 4.21 模拟摘挂机和振铃检测电路

R33 给外线提供摘机电流。

2. 来电振铃检测电路

来电振铃检测电路如图 4.21 所示。外线在平时的电压为直流 40 V 左右,而振铃来时会有 25 V 的交流电压叠加在外线上,所以检测振铃的电路用 C16 高压电容来进行隔直;当有振铃来时,交流信号会通过 C16 击穿 D8,给后面的光耦提供脉冲开关信号。R36 为限流电阻。

经光耦隔离的信号经 E22 和 R37 滤波整形后,会变成标准低电平和带纹波高电平的长周期脉冲信号,但是输出的波形不好,且为高的电平状态还与各交换机相关,所以在后面加上了一个三极管的反向器,作为整形,这样就可以得到很完整的波形了。

3. 回铃音检测电路

回铃音和忙音、线路错误音等电话进程音是载波为 450 Hz 的信号,各种信号的不同只是调制的周期、占空比不同,所以这些信号的检测主要是检测 450 Hz 信号的周期与占空比。

由于外线中存在很多干扰,特别是市电的 50 Hz 干扰等,对信号的检测造成影响,因此在电路设计时,前端信号先经过一个二阶滤波放大器,然后再经过一个锁相环,最后输出不同周期与占空比的调制波信号,这样就可以用单片机的 I/O 口来检测。其电路如图 4.22 所示。

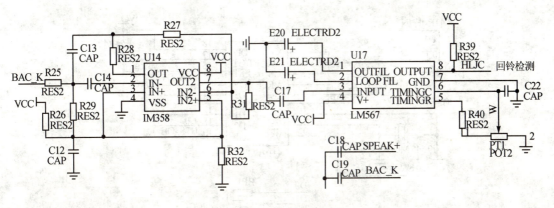

图 4.22 回铃音检测电路

4. 信号输入/输出耦合电路

信号的输入/输出电路可以参见图 4.21,它主要由 C19 及 Q2 组成。

4.2.3.4 DTMF 编/解码模块

在电话通信中,经常用到 DTMF 编/解码电路,常用的芯片有 MT8888、MT8880、HT9170 和 HT9200 几种。本设计采用 Holtek 公司的双音多频发送芯片 HT9200 和 DTMF 解码芯片 HT9170,电路如图 4.23 所示。

1. 编码部分

将 HT9200 中的 $\overline{S}/P$ 位置为高电平可以选择并行工作方式,置为低电平可以选择串行模式。本设计将串行和并行接口部分都画上了,为了读者选择的机会更大(**注意**:此设计将 $\overline{S}/P$ 接在了高电平,选择的是并行模式)。并行模式由 HTF_CE 和 D0～D3 控制;串行模式由 HTF_CE、HTF_DATA 和 HTF_CLK 控制。

下面着重介绍 HT9200 的性能和一些应用注意事项。

Holtek 公司的 HT9200 是一款编码芯片。HT9200 双音频发生器是为与 MCU 接口而设计的,通过 MCU 控制可从 DTMF 引脚发出 16 个双音和 8 个单音,HT9200A 的串行方式和 HT9200B 可选的串/并行方式的接口,可用在不同地方,例如安全系统、住宅、自动化、通过电话线遥控、通信系统等。

(1) HT9200 的特性

◆ 工作电压为 2.0～5.5 V;

◆ HT9200A 用于串行传输,HT9200B 用于串/并行传输;

◆ 待机电流低;

◆ 总谐波失真低;

◆ 采用 3.58 MHz 晶体或陶瓷振荡器;

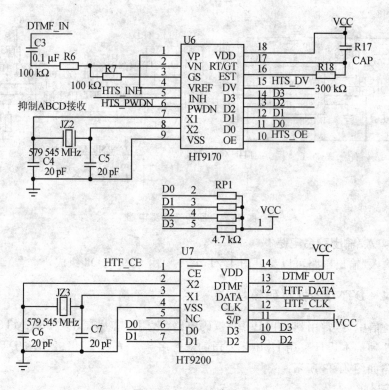

图 4.23 DTMF 电路图

◆ HT9200A 为 8 引脚 DIP/SOP 封装，HT9200B 为 14 引脚 SOP 封装。

(2) T9200 的功能概述

1) 串行方式

HT9200A/B 通过使用一个数据输入端和一个同步时钟形成一个 5 位代码来发送 DTMF 信号,含有 5 位数据的输入数据串可选择要发送的电话号码的每个数字,5 位数据中 D0(LSB) 为始发位。HT9200A/B 在时钟(CLK 脚)的下降沿锁存数据,系统工作在串行方式时,输入端 D0~D3(在并行方式使用,在串行方式中不使用)需要连接一个上拉电阻。

2) 并行方式

HT9200B 提供 4 位数据输入引脚 D0~D3,以产生相应的 DTMF 信号,$\overline{S/P}$ 置高以选择并行工作方式,输入数据代码应先确定,然后 $\overline{CE}$ 置低,从 DTMF 引脚发送 DTMF 信号。TDE 为从 $\overline{CE}$ 下降沿到 DTMF 信号输出延时。当系统为并行工作方式时,HT9200B 的引脚 D0~D3 全为输入状态,因此,这些数据输入引脚不应悬空。

2. 解码部分

解码部分使用的是 Holtek 公司的 HT9170。HT9170 系列是综合了数字解码器和多带滤波器功能的双音频(DTMF)接收器,HT9170B 和 HT9170D 都可工作在下电模式和抑制模式,HT9170 系列的各种型号都是用数字化计算方法来识别的。芯片把 16 倍的 DTMF 音频解码,并转化为 4 位代码输出;高精度的转换电容滤波器把音频(DTMF)信号分离为低频信号和高频信号;自带拨号音频阻波电路,可省略前置滤波器所需的阻波电路。

(1) HT9170 概况

HT9170 系列的双音频解码器由 3 个带通滤波器和 2 个数字解码电路组成,由它们把双音频(DTMF)信号转变为数字代码并输出。运算放大器自行调整输入信号,如图 4.24 所示。

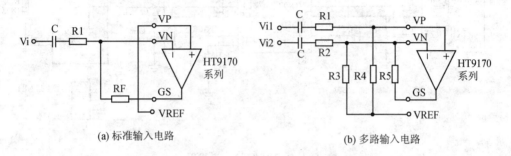

图 4.24 放大器应用电路的输入形式

前置滤波器是一个带阻滤波器,能减少 350～400 Hz 的拨号音频。低通滤波器能使低频信号输出,高通滤波器能使高频信号输出。每个滤波器输出的后面都跟有一个带滞后的零跨越的检测器。当一个输出信号的振幅超出设定值时,就会转变为全摇摆逻辑信号。输入信号一旦被识别为有效,DV 置高电平,并传送正确的双音频代码(DTMF)数字。

(2) 数据输出

数据输出($D_0 \sim D_3$)是三态输出,OE 输入置低电平时,数据输出($D_0 \sim D_3$)为高阻态。

4.2.3.5 无线发送/接收模块

无线发送/接收模块采用两种方案:第一种方案既可以接收数据,也可以发送数据,数据可以由程序进行控制,可参照 MODBUS 协议进行自行定义,可以区分不同的子模块,主要应用在一些高档的家庭防盗报警系统中;第二种方案采用无线发送、接收数据分开电路,可以只有接收或者发送,比较方便。数据格式是特定的,代表固定的意义,主要是字节中固定的字段作为子模块的区分,根据频率的不同来区分不同的报警系统,避免产生相互干扰,发生漏报、误报的情况发生。

1. 第一种方案

第一种方案采用 nRF401 芯片。此款芯片需要单片机编程配合,其外围器件少,编程也方便,传输速度也较为理想,所以其实现的无线收发灵活,应用比较广泛。其一般用于实现功能复杂,并要求稳定、可靠及收发数据量比较大的场合。

电路设计主要是设计主芯片外围电路和天线,其原理图如图 4.25 所示。

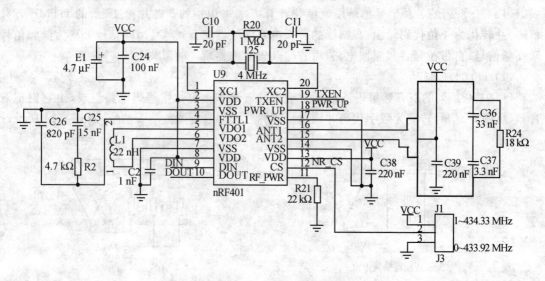

图 4.25 nRF401 发射电路

nRF401 的通信采用 UART 方式,可以直接连接到单片机的 UART 上,但是对 HT48R70A-1 单片机来说,其没有通信串口,所以单片机设计成采用 I/O 口模拟串口的方式。nRF401 数据输出引脚 DOUT 连接到 PF3 口上,数据输入连接到 PF2 上。由于收发不是同时的,因此仅采用一个定时器就可以完成数据的接收和发送。

nRF401 的发射/接收控制端 TXEN 由 HT48R70A-1 的 PF0 口控制,当该引脚被置 1 时,nRF401 处于数据发射状态;当该引脚置 0 时,nRF401 处于接收模式。在程序运行中,使该引脚一直为低电平,当需要发送数据时,置该位为高电平。

PWR_UP 控制引脚决定 nRF401 是待机模式还是工作状态。当该引脚置 0 时,nRF401 处于待机模式,置 1 时,为工作模式。为了能使 nRF401 处于待机模式节省电能,可以用单片机 HT48R70A-1 的 PF1 脚控制。为了一起进入待机模式,方法是在单片机进入待机模式前,先将 nRF401 处于待机模式,然后自己再进入待机模式,当单片机启动工作后将 PWR_UP 引脚再置 1,便进入工作模式。其设置灵活,操作方便。

引脚 CS 决定 nRF401 的工作频率,当该引脚为 1 时,nRF401 工作在 434.33 MHz 的频率;当该引脚为 0 时,nRF401 工作在 433.92 MHz 的频率。为了便于出厂设定,采用插针的方式确定。选择插在 VCC 端,就是规定工作频率为 434.33 MHz;选择插在 GND 端,就是规定工作频率为 433.92 MHz。同时,各子智能模块也要选择与主机一样的频率。

下面着重介绍 nRF401 芯片的性能及应用注意事项,并包括天线的设计。

无线收发芯片 nRF401 是一款为 433 MHz ISM 频段设计的单片 UHF 无线收发芯片,它采用 FSK 调制/解调技术,最高数据传输速率可达 20 Kbit/s。nRF401 采用差分天线接口,在信号的发射过程中,其发射功率可以调整,最大发射功率为+10 dBm。nRF401 工作电压较宽,工作电压可在 2.7～5.25 V 之间变化。同时 nRF401 具有待机模式,当系统不发射/接收信号时,可以使 nRF401 进入待机模式,以降低能耗。

(1) nRF401 还具有以下一些特点
- 真正的单片 FSK 收发芯片;
- 所需外围元件少;
- 无须进行初始化和配置;
- 对数据进行曼彻斯特编码;
- 2 个工作频道;
- 低功耗,典型发射电流为 8 mA;
- 待机电流为 8 μA。

(2) 引脚描述

nRF401 采用 20 引脚的 SSOIC 封装,其引脚排列如图 4.26 所示。

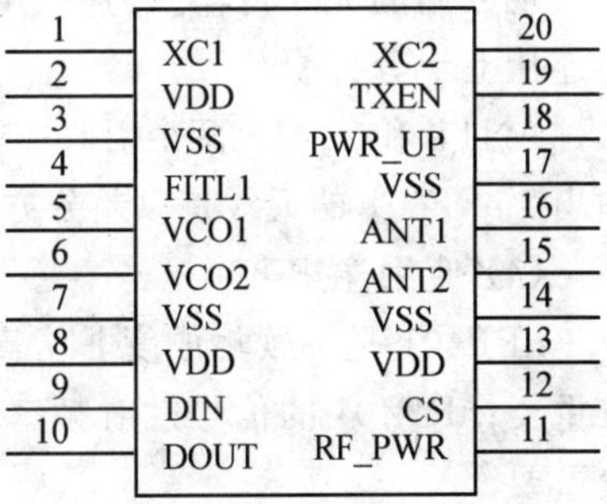

各引脚功能如表 4.4 所列。

图 4.26 nRF401 引脚定义图

表 4.4 引脚功能表

引脚	名称	功能描述	引脚	名称	功能描述
1	XC1	晶振输入	11	RF_PWR	发射功率控制
2	VDD	电源电压	12	CS	通道选择
3	VSS	信号地	13	VDD	电源电压
4	FILT1	回路滤波器	14	VSS	信号地
5	VCO1	VCO 外接电感	15	ANT2	天线接头
6	VCO2	VCO 外接电感	16	ANT1	天线接头
7	VSS	信号地	17	VSS	信号地
8	VDD	电源电压	18	PWR_UP	电源开关
9	DIN	数据输入	19	TXEN	发射允许
10	DOUT	数据输出	20	XC2	晶振输出

其中,需要重点说明的几个引脚是 PWR_UP、TXEN、CS 这 3 个脚。
- PWR_UP 引脚决定 nRF401 是处于正常工作模式还是处于待机模式,当 PWR_UP 引脚为高电平时,nRF401 处于正常工作模式;当 PWR_UP 引脚为低电平时,nRF401 处于待机模式。
- TXEN 用于控制器件是处于接收模式还是处于发射模式,当 TXEN 引脚为高电平时,

nRF401处于发射模式;当TXEN引脚为低电平时,nRF401处于接收模式。

◆ CS引脚用于控制nRF401使用不同的通道,当CS引脚被设置为1时,使用频率为433.92 MHz的通道;当CS引脚被设置为0时,使用频率为434.33 MHz的通道。

(3) 天线电路设计

nRF401是一款集成度非常高的无线收发芯片,在使用过程中只需外接少量的元件,就可以实现数据的无线传输。另外,nRF401的数据接口可以直接与单片机的串口连接,所以在电路连接上十分方便。

ANT1和ANT2两个引脚接到天线上,接收时,是LNA的输入与发送时,是功率放大器的输出。nRF401的天线是以差分方式连接到nRF401上的,天线端推荐的负载阻抗一般为400 Ω。

(4) 使用注意事项

nRF401是一款集成度非常高的无线收发芯片,在设计过程中对外部器件的选择显得比较重要;nRF401的信号发射频率为433 MHz,处于UHF频段,这使得其布线和去耦也变得比较重要。

① 外部器件的选择

天线匹配网络中有一个180 nH电感,要求自谐振频率大于433 MHz。这些电感只有少数几家的产品比较合适,如表4.5所列。

表4.5 合适的180 nH电感厂家

厂商	网址	型号
Steco	http://www.steco.com	0603G181KTE
Coilcraft	http://www.coilcaft.com	0603CS-R18XJBC
Murata	http://www.murata.com	LQW1608AR18J00

PLL环路滤波器是一个单端二阶滤波器,推荐的滤波器元件参数:C3的值为820 pF,C4的值为15 nF,R2的值为4.7 kΩ。

芯片的VCO电路需要外接一个VCO电感,这个电感是非常关键的,需要一个高质量的、Q值>45(433 MHz),精度为±2%的电感。合适的VCO电感型号如表4.6所列。

表4.6 合适的VCO电感厂家

厂商	网址	型号
Pulseeng	http://www.pulseeng.com	PE-0603CD220GTT
Coilcraft	http://www.coilcraft.com	0603CS-22NXGBC
Murata	http://www.murata.com	LQW1608A22NG00
Steco	http://www.steco.com	0603G220GTE
Koaspeer	http://www.koaspeer.com	KQ0603TE22NG

为了获得最好的 RF 性能,发射和接收频率误差不能超过±0.007‰(30 kHz)。这就要求晶体的稳定度不能低于±35×10⁻⁶。频率的差异将会导致接收机灵敏度产生－12 dB/倍程的损失。例如,一个±20×10⁻⁶频率精度和在温度范围内±25×10⁻⁶稳定度的晶体,最大的频率误差将会超过±45×10⁻⁶。如果发射机和接收机工作在不同的温度环境下,那么在最差的情况下两边的误差将会超过 90×10⁻⁶,其结果将会导致接收机灵敏度下降将近 5 dB。

② 电路的布线及去耦设计

一个好的 PCB 设计对于获得好的 RF 性能是必需的,推荐使用至少两层板来设计。nRF401 的直流供电必须在离 VDD 引脚尽可能近的地方用高性能的 RF 电容去耦。如果一个小电容再并上一个较大的电容(2.2 μF)则效果会更好。nRF401 的电源必须经过很好的滤波,并且与数字电路供电分离。在 PCB 中,应该避免长的电源走线,所有元件的地线、VDD 连接线和 VDD 去耦电容必须离 nRF401 尽可能近。如果 PCB 设计的顶层有铺铜,则 VSS 引脚必须连接到铺铜面;如果 PCB 设计的底层有铺铜,则与 VSS 引脚的焊盘有一个过孔相连会获得更好的性能。所有开关数字信号和控制信号都不能经过 PLL 环路滤波器元件和 VCO 电感附近。需要说明的是,VCO 电感的布局是非常重要的,一个经过优化的 VCO 电感布局将可以给 PLL 环路滤波器提供一个 1.1 V±0.2 V 电压,这个电压可以从 FILT1(引脚 4)测得。对于 1.6 mm FR4 板材的双面 PCB,0603 封装电感的中心到 VCO1 和 VCO2 焊盘中心的距离应该是 5.4 mm。

③ 程序设计

当 nRF401 从接收模式转为发射模式时,在 nRF401 进行数据发射前至少等待 1 ms;当 nRF401 从发射模式转换到接收模式进行数据接收时,数据引脚 DOUT 至少需要延时 3 ms 才能有数据输出;当 nRF401 从待机模式转换到发射模式且 PWR_UP 设置为 1 时,所需要的稳定时间最长为 3 ms,当 nRF401 从待机模式转换到接收模式时,至少要经过 3 ms 的延时,DOUT 引脚的输出数据才会有效。

(5) Nordic 公司的无线收发芯片与其余厂家的芯片比较

Nordic 公司的无线收发芯片与其余厂家的芯片比较如表 4.7 所列。

表 4.7 Nordic 的无线收发芯片优点比较

	nRF401 (Nordic)	RF2915 (RFMD)	BC418 (Bluechip)	XC1201 (Xemics)	CC400 (ChipCon)
工作电压/V	2.7~5.25	2.4~5.0	2.5~3.4	2.4~5.5	2.7~3.3
直接接单片机串口	可以	不能	不能	不能	不能
接收电流(433 MHz)/mA	11	6.8	8(最大值)	7.5	40
最大输出功率/dBm	+10	+5	+12	－5	+14

续表 4.7

	nRF401 (Nordic)	RF2915 (RFMD)	BC418 (Bluechip)	XC1201 (Xemics)	CC400 (ChipCon)
速　率(kbit/s)	20	9.6	<128(外部调制) 2.4(内部调制)	64	9.6
外接天线数量	1	1	2	2	1
封　装	SSOP20	LQFP32	TQFP44	TQFP32	SSOP28
外围元件数量	约 10 个	约 50 个	>50 个	约 20 个（两根天线） 约 35 个（一根天线）	>25 个

总结 Nordic 公司的无线收发芯片的优点如下：

◆ 不需要曼彻斯特编码，直接使用串口。采用曼彻斯特编码的芯片，在编程上需要较高的技巧和经验，需要更多的内存和程序容量，并且曼彻斯特编码大大降低数据传输的效率，一般仅能达到标称速率的 1/3。而采用串口传输的芯片（如 nRF401），应用及编程非常简单，传送效率很高，标称速率就是实际速率，又因为串口对大家来说是再熟悉不过的了，编程也很方便。

◆ 所需的外围元件数量少。芯片外围元件的数量直接决定产品的成本，因此应该选择外围元件少的收发芯片。有些芯片似乎比较便宜，可是外围元件使用很多昂贵的元件，如变容管及声表滤波器等；有些芯片收发分别需要两根天线，会大大加大成本。这方面 nRF40 做得很好，外围元件仅 10 个左右，无需声表滤波器、变容管等昂贵的元件，只需要便宜且易于获得的 4 MHz 晶体，收发天线合一。

◆ 功耗低。Nordic 的无线收发芯片主要应用在便携式产品上，功耗较低，符合家庭防盗报警系统低功耗的要求。

◆ 发射功率高。在同等条件下，为了保证有效、可靠的通信，应该选用发射功率较高的产品。但是也应该注意，有些产品标称的发射功率虽然较高，但是由于其外围元件多，调试复杂，往往实际的发射功率远远达不到标称值。nRF401 的发射功率高。

◆ 较小的封装和较少的引脚。较少的引脚以及较小的封装有利于减少 PCB 面积并降低成本，适合便携式产品的设计，也有利于开发和生产。nRF401 仅 20 脚，是引脚数最少的，而且是体积最小的。

◆ 低成本。挪威 Nordic 公司的无线通信芯片产品符合中国的实际情况，价格低，并且国内的代理合作商已经开发出了具有良好性价比的各种解决方案，其产品和方案已被国内多家知名厂商采用。

（6）使用 nRF401 的注意事项

下面着重说明用 Nordic 公司的无线通信芯片 nRF401 作为无线收发电路的注意事项。

具体的开发可参照 nRF401 的数据手册。数据手册中的英文版及应用手册可以在哈尔滨迅通公司的网站上 www.freqchina.com 下载,如果有问题,该公司的技术人员还可以提供帮助。

① TX 和 RX 的互相切换

当从 RX→TX 模式时,数据输入脚(DIN)必须保持高电平至少 1 ms 才能发送数据。

当从 TX→RX 模式时,数据输出脚(DOUT)要至少 3 ms 以后才有数据输出。

② Standby→RX 的切换

从待机模式到接收模式,当 PWR_UP 输入设置为 1 时,经过 t 时间后,DOUT 脚输出数据才有效。对 nRF401 来说,t 最长的时间是 3 ms。

③ Standby→TX 的切换

从待机模式到发射模式,所需稳定的最大时间是 3 ms。

④ Power Up→TX 的切换

在加电到发射模式的过程中,为了避免开机时产生干扰和辐射,在上电过程中 TXEN 的输入引脚必须保持为低电平,以便于频率合成器进入稳定工作状态。当从上电进入发射模式时,TXEN 必须保持 1 ms 以后才可以往 DIN 发送数据。

⑤ Power Up→RX 的切换

在上电到接收模式的过程中,芯片将不会接收数据,DOUT 也不会有有效数据输出,直到电压稳定达到 2.7 V 以上,并且至少保持 5 ms。如果采用外部振荡器,则这个时间可以缩短到 3 ms。

⑥ 发送和接收频率问题

为了获得最好的 RF 性能,发射和接收频率误差不能超过 $\pm 70 \times 10^{-6}$(30 kHz)。这就要求晶体的稳定度不能低于 $\pm 35 \times 10^{-6}$。频率的差异将会导致接收机灵敏度产生 -12 dB/倍程的损失。例如,一个 $\pm 20 \times 10^{-6}$ 频率精度和在温度范围内 $\pm 25 \times 10^{-6}$ 稳定度的晶体,最大的频率误差将会超过 $\pm 45 \times 10^{-6}$。如果发射机和接收机工作在不同的温度环境下,那么在最差的情况下两边的误差将会超过 90×10^{-6},其结果将会导致接收机灵敏度下降将近 5 dB。

⑦ PCB 布局和去耦设计指南

一个好的 PCB 设计对于获得好的 RF 性能是必需的,推荐使用至少两层板来设计。nRF401 的直流供电必须在离 VDD 引脚尽可能近的地方用高性能的 RF 电容去耦。如果一个小电容再并上一个较大的电容(2.2 μF)则效果会更好。nRF401 的电源必须经过很好的滤波,并且与数字电路供电分离。在 PCB 中,应该避免长的电源走线,所有元件的地线、VDD 连接线和 VDD 去耦电容必须离 nRF401 尽可能近。如果 PCB 设计的顶层有铺铜,则 VSS 引脚必须连接到铺铜面;如果 PCB 设计的底层有铺铜,则与 VSS 的焊盘有一个过孔相连会获得更好的性能。所有开关数字信号和控制信号都不能经过 PLL 环路滤波器元件和 VCO 电感附近。需要说明的是,VCO 电感的布局是非常重要的,一个经过优化的 VCO 电感布局将可以给 PLL 环路滤波器提供一个 1.1 V$\pm$0.2 V 电压,这个电压可以从 FILT1 测得。对于

1.6 mm FR4 板材的双面 PCB,0603 封装电感的中心到 VCO1 和 VCO2 焊盘中心的距离应该是 5.4 mm。

2. 第二种方案

第二种方案采用无线发送、接收数据分开电路,这样便于选择,例如:主机可以做成单接收的,模块可以做成单发送的。为了方便介绍,这里将接收、发送部分电路分开介绍。首先介绍这种无线模块使用的主要编/解码芯片。

编/解码芯片采用台湾普城公司生产的 PT2262/2272 作为无线收发的主芯片,PT2262/2272 是一款 CMOS 工艺制造的低功耗、低价位通用编/解码电路,最多可有 12 位(A0~A11)三态地址端引脚(悬空,接高电平,接低电平),任意组合可提供 531 441 地址码,PT2262 最多可有 6 位(D0~D5)数据端引脚,设定的地址码和数据码从 17 脚串行输出,可用于无线遥控发射电路。

编码芯片 PT2262 发出的编码信号由地址码、数据码、同步码组成一个完整的码字。解码芯片 PT2272 接收到信号后,其地址码经过两次比较核对后,VT 脚才能输出高电平。与此同时,相应的数据脚也输出高电平,如果发送端一直按着按键,则编码芯片也会连续发射。当发射机没有按键按下时,PT2262 不接通电源,其 17 脚为低电平,所以 315 MHz 的高频发射电路不工作;当有按键按下时,PT2262 得电工作,其第 17 脚输出经调制的串行数据信号。当 17 脚为高电平期间,315 MHz 的高频发射电路起振并发射等幅高频信号;当 17 脚为低电平期间,315 MHz 的高频发射电路停止振荡。因此高频发射电路完全受控于 PT2262 的 17 脚输出的数字信号,从而对高频电路完成幅度键控(ASK 调制)相当于调制度为 100% 的调幅。

(1) 完整的无线发送电路

电路如图 4.27 所示。

1) 电路图介绍

参见图 4.27,J2 设计成短路块模式,每个地址的连接可以插到左边,变成高电平引入;可以悬空不插;也可以插在右边,变成低电平输入。这样,8 个地址,每个 3 种插法,任意组合可提供 $3^8 = 6\ 561$ 种地址码。这些地址完全能够保证小区内每家装的无线防盗装置互不干扰。因为家庭防盗系统的无线收发局限在一个家庭范围内,所以传输距离肯定小于 200 m。假设 200 m 内有多个家庭防盗报警系统,数目肯定小于 6 561 家。这样只要各家设一个地址,即使各个防盗报警系统使用的无线频率相同,也不会互相干扰。PT2262 是一款编码芯片,上面已介绍,这里不再多写。PT2262 价格便宜,性能可靠,国内已有大部分应用资料可以查询。这里着重说明 315 MHz 的调频电路。现在,国家对 315 MHz、433 MHz 等几个频段采取不收费的规定。图 4.27 所示电路使用的就是 315 MHz 频段。目前市场上的一些低价位无线电遥控模块一般仍采用 LC 振荡器,稳定度及一致性较差,即使采用高品质微调电容,当温度变化或振动后也很难保证已调试好的频点不会发生偏移,从而造成发射距离缩短。本设计采用声表谐振器稳频,最好是国外进口的,产品一致性非常好,频率稳定度极高,频率稳定度优于 10^{-5},

第4章 家庭防盗报警系统

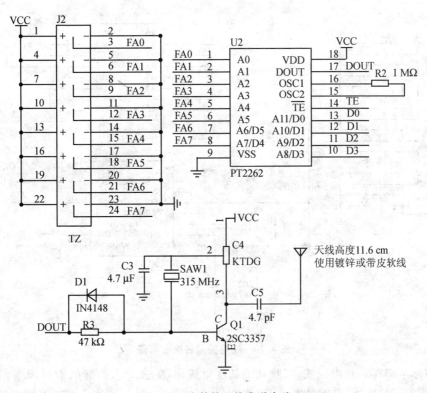

图 4.27 完整的无线发送电路

使用中无需任何调整。Q1 如果买不到 2SC3357,一定要采用大功率管代替;否则影响发射功率。

2) 无线调频的另外一种设计方法

无线调频还有另外一种设计方法,不过距离稍短一些。电路如图 4.28 所示,其中 L1 相当于天线。

(2) 完整的无线接收电路

电路如图 4.29 所示。

1) 电路图介绍

通用接收模块从工作方式分,可以分成超外差式接收和超再生式接收。超再生式接收机具有电路简单、性能适中、成本低廉,但其性能多受电阻、电容性能的影响。超外差式接收机采用超外差、二次变频结构,所有的射频接收、混频、滤波、数据解

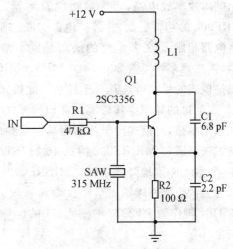

图 4.28 315 MHz 的调频电路

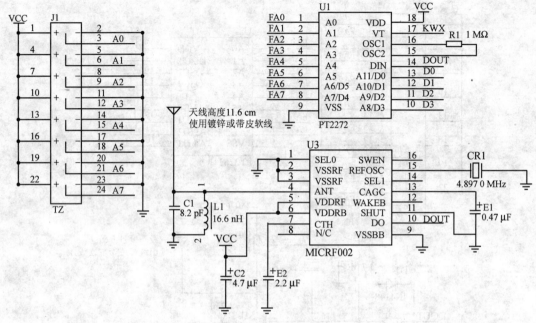

图 4.29 完整的无线接收电路

调、放大整形全部在芯片内完成,接收功能高度集成化,免去令人头痛的射频频率调试及超再生接收电路的不稳定性,具有体积小,可靠性高,频率稳定,接收频率免调试等优点。超外差电路的灵敏度和选择性都可以做得很好。

  本设计采用的是超外差电路,选和 MICRF002 作为主芯片。该芯片是美国 Micrel 公司推出的单片集成电路,可完成接收及解调,是 MICRF001 的改进型。与 MICRF001 相比,MICRF002 的功耗更低,并具有电源关断控制端。MICRF002 性能稳定,使用非常简单。与超再生电路相比,超外差电路的缺点是成本偏高。MICRF002 使用陶瓷谐振器,换用不同的谐振器,接收频率可覆盖 300~440 MHz。MICRF002 具有两种工作模式:扫描模式和固定模式。扫描模式的带宽可达几百千赫兹。此模式主要用来与 LC 振荡的发射机配套使用。这是因为 LC 发射机的频率漂移较大。在扫描模式下,数据通信速率为 2.5 Kbit/s。固定模式的带宽仅几十千赫兹,此模式用于与使用晶振稳频的发射机配套,数据通信速率可达 10 Kbit/s。工作模式选择通过 MICRF002 的第 16 脚(SWEN)实现。另外,使用唤醒功能可以唤醒译码器或 CPU,最大限度地降低功耗。MICRF002 为完整的单片超外差接收电路,基本实现了"天线输入"之后"数据直接输出",接收距离一般为 200 m。从 MICRF002 输出后,可以直接接到 U1 的 DIN 脚作为 PT2272 的输入,J1 的设计与发送设计相同,两者联用时,地址一定设成相同。它也具有 $3^8=6561$ 种地址码。另外,为了保证 PT2262 和 PT2272 的频率一致,OSC1 和 OSC2 的电阻也有规定。

2) OSC1 和 OSC2 电阻的规定

关于 PT2262 和 PT2272 的 OSC1 和 OSC2 引脚电阻规定的公式如下：

$$f \approx 1\,000 \times 16 \div R_{osc}(\text{k}\Omega)\ \text{kHz}$$

假设，通信频率是 315 MHz，那么可以算得 $R_{osc} \approx (1\,000 \times 16 \div 315)\ \text{k}\Omega \approx 50.79\ \text{k}\Omega \approx 51\ \text{k}\Omega$，可以选择 51 kΩ 的电阻。

关于 MICRF002 的晶振选择，可以参考表 4.8。

同时也可以参考下面的公式：

$$f_t = f_{tx}/64.25$$

式中：f_t 为晶振频率；f_{tx} 为发送的频率。

表 4.8　MICRF002 的晶振选择

发送频率/MHz	晶振频率/MHz
315	4.897 0
418	6.498 3
433.92	6.745 8

3) 另外一种接收电路——超再生电路

电路如图 4.30 所示。

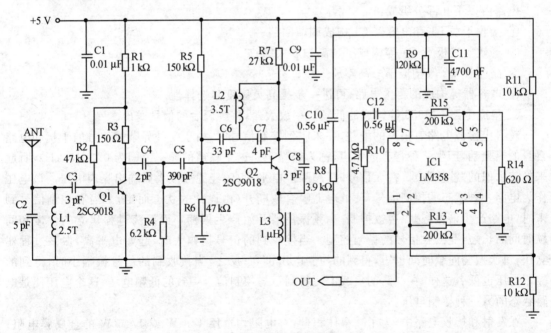

图 4.30　超再生典型电路图

超再生接收电路主要由 Q1、Q2，IC1 等组成。Q2 与 C7、C9、L2 等元件组成超高频接收电路，微调 C9 可改变其接收频率，使之严格对准 315 MHz 发射频率。当天线 ANT 收到调制波时，经 Q1 调谐放大其低频成分，再经 Q2 前置放大后送入 IC1(LM358)，进一步放大整形后由 LM358 第 7 脚输出。OUT 为信号输出端，送至 PT2272（未画出）。三极管 Q1，Q2 选用

2SC9018。电容 C9 可选用小型可调电容。IC 选用 LM358。

超再生检波电路的工作原理：实际上该电路是一个受间歇振荡控制的高频振荡器，这个高频振荡器采用电容三点式振荡器，振荡频率和发射器的发射频率相一致。而间歇振荡（又称淬装饰振荡）是在高频振荡器的振荡过程中产生的，反过来又控制着高频振荡器的振荡和间歇。而间歇振荡的频率是由电路的参数决定的（一般为一百～几百千赫兹）。这个频率选低了，电路的抗干扰性能较好，但接收灵敏度较低；反之，频率选高了，接收灵敏度较好，但抗干扰性能变差。应根据实际情况二者兼顾。其原理示意图如 4.31 所示。

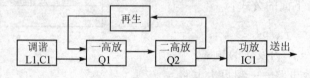

图 4.31　原理示意图

电路由以下几部分组成：
① 接收天线 L1 和电容器 C1 构成调谐回路。
② 场效应三极管 Q1 等构成第一高频放大级；
③ 晶体管 Q2 等构成第二高频放大级；
④ 电容器等构成的再生电路，可进一步提高灵敏度和选择性。
⑤ 集成电路 LM358 等构成的低频功率放大器，将解调后的信号送出。

超再生检波电路有很高的增益，在未收到控制信号时，由于受外界杂散信号的干扰和电路自身的热骚动，产生一种特有的噪声，称为超噪声。这个噪声的频率范围为 0.3～5 kHz，听起来像流水似的"沙沙"声。在无信号时，超噪声电平很高，经滤波放大后输出噪声电压。该电压作为电路一种状态的控制信号，使继电器吸合或断开（由设计的状态而定）。当有控制信号到来时，电路产生谐振，超噪声被抑制，高频振荡器开始产生振荡。而振荡过程建立的快慢和间歇时间的长短，受接收信号的振幅控制。当接收到的信号振幅大时，起始电平高，振荡过程建立快，每次振荡间歇时间也短，得到的控制电压也高；反之，当接收到的信号振幅小时，得到的控制电压也低。这样，在电路的负载上便得到了与控制信号一致的低频电压，这个电压便是电路状态的另一种控制电压。

在发射和接收电路中，为了减小体积，所有电阻均选用 1/8 W 或 1/16 W 的金属膜电阻；电解电容亦用超小型电容，其他电容全部采用高频陶瓷电容。在焊接时，元件引脚应尽量剪短，使其紧贴电路板。电路板材料应选用高频电路板。

(3) PT2262/PT2272 芯片

1) PT2262/PT2272 的特点
◆ CMOS 工艺制造，低功耗；
◆ 外部元器件少；

- 具有 RC 振荡电路;
- 工作电压范围宽,为 2.6～15 V;
- 数据最多可达 6 位;
- 地址码最多可达 531 441 种。

2) 芯片区分

接收 PT2272 的数据输出位根据其后缀不同而不同,数据输出具有"暂存"和"锁存"两种方式,方便用户使用。后缀为"M"为暂存型,后缀为"L"为锁存型。其数据输出又分为 0、4、6 位不同的输出,例如:PT2272-M4 表示数据输出为 4 位的暂存型遥控接收芯片。

PT2272 的暂存功能是指,当发射信号消失时,其对应数据输出位即变为低电平。而锁存功能是指,当发射信号消失时,PT2272 的数据输出端仍保持原来的状态,直到下次接收到新的信号输入。

3) PT2262 芯片

PT2262 芯片的引脚排列如图 4.32 所示。

PT2262 的引脚说明如表 4.9 所列。

表 4.9 PT2262 的引脚说明

名 称	管 脚	说 明
A0～A11	1～8、10～13	地址管脚,用于进行地址编码,可置为 0、1、f(悬空)
D0～D5	13～10、8、7	数据输入端,其有一个为 1;即有编码发出,内部下拉
VCC	18	电源正端(+)
VSS	9	电源负端(-)
TE	14	编码启动端,用于多数据的编码发射,低电平有效
OSC1	16	振荡电阻输入端,与 OSC2 所接电阻决定振荡频率
OSC2	15	振荡电阻振荡器输出端
DOUT	17	编码输出端(正常时为低电平)

在具体的应用中,外接振荡电阻可根据需要进行适当的调节。一般来说,阻值越大,振荡频率越小,编码的宽度越宽,发送一帧码的时间越长。另外,值得说明的是 V_{cc} 的电压范围很宽(2～15.0 V)。

4) PT2272 芯片

PT2272 芯片的引脚排列如图 4.33 所示。

PT2272 解码芯片的内部原理图如图 4.34 所示。

PT2272 芯片的引脚定义如表 4.10 所列。

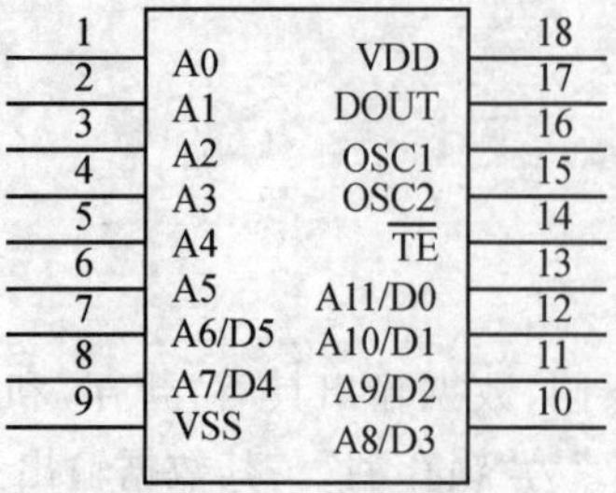

```
  1 ─ A0    VDD  ─ 18          1 ─ A0    VDD  ─ 18
  2 ─ A1    DOUT ─ 17          2 ─ A1    VT   ─ 17
  3 ─ A2    OSC1 ─ 16          3 ─ A2    OSC1 ─ 16
  4 ─ A3    OSC2 ─ 15          4 ─ A3    OSC2 ─ 15
  5 ─ A4    TE   ─ 14          5 ─ A4    DIN  ─ 14
  6 ─ A5    A11/D0 ─ 13        6 ─ A5    A11/D0 ─ 13
  7 ─ A6/D5 A10/D1 ─ 12        7 ─ A6/D5 A10/D1 ─ 12
  8 ─ A7/D4 A9/D2  ─ 11        8 ─ A7/D4 A9/D2  ─ 11
  9 ─ VSS   A8/D3  ─ 10        9 ─ VSS   A8/D3  ─ 10
```

图 4.32 PT2262 引脚图 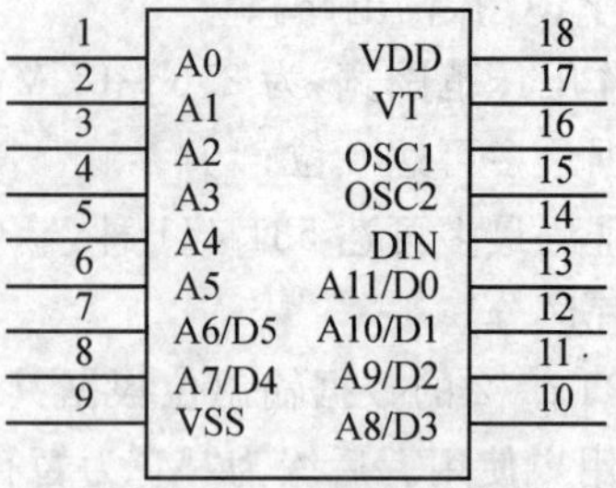　　　　　图 4.33 PT2272 引脚图

表 4.10　PT2272 的引脚说明

名　称	管　脚	说　明
A0~A11	1~8、10~13	地址管脚,用于进行地址编码,可置为 0、1、f(悬空)必须与 PT2262 一致;否则不解码
D0~D5	13~10、8、7	数据输出端,接收到 PT2262 的数据时,才能输出对应电平;否则为低电平,锁存型只有在接收到下一数据时才能转换
VCC	18	电源正端(+)
VSS	9	电源负端(-)
DIN	14	数据信号输入端,来自接收模块输出端
OSC1	16	振荡电阻输入端,与 OSC2 所接电阻决定振荡频率
OSC2	15	振荡电阻振荡器输出端
VT	17	解码有效确认,输出端(常低)解码有效变成高电平(瞬态)

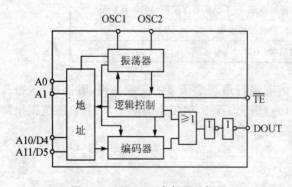

图 4.34　PT2272 内部原理框图

PT2272 解码芯片有不同的后缀,表示不同的功能,有 L4/M4/L6/M6 之分。其中 L 表示锁存输出,数据只要成功接收就能一直保持对应的电平状态,直到下次遥控数据发生变化时,才能改变。M 表示非锁存输出,数据脚输出的电平是瞬时的,而且与发射端是否发射相对应,可以用于类似点动的控制。后缀的 6 和 4 表示有几路并行的控制通道,当采用 4 路并行数据时(PT2272-M4),对应的地址编码应该是 8 位;当采用 6 路的并行数据时(PT2272-M6),对应的地址编码应该是 6 位。

5) PT2262/2272 芯片的地址编码设定和修改

在通常的使用中,一般采用8位地址码和4位数据码,这时编码电路 PT2262 和解码电路 PT2272 的第1~8脚为地址设定脚。有3种状态可供选择:悬空、接正电源、接地,3^8 为 6 561,所以地址编码不重复度为 6 561 组。只有发射端 PT2262 和接收端 PT2272 的地址编码完全相同,才能配对使用。遥控模块的生产厂家为了便于生产管理,出厂时 PT2262 和 PT2272 的8位地址编码端全部悬空,这样用户可以很方便选择各种编码状态。如果用户想改变地址编码,只要将 PT2262 和 PT2272 的1~8脚设置相同即可,例如将发射机的 PT2262 的第1脚接地,第5脚接正电源,其他引脚悬空,那么接收机的 PT2272 只要也第1脚接地,第5脚接正电源,其他引脚悬空就能实现配对接收。当两者地址编码完全一致时,接收机对应的 D1~D4 端输出约 4 V 互锁高电平控制信号,同时 VT 端也输出解码有效高电平信号。

4.2.4 市场已有成熟模块推荐

一个产品的上市对时间有严格的要求,如果由于某部分卡磕,造成产品上市延时或不成功,那么是不允许的。开发也有捷径,对于一时无法解决的,可以寻求市场上成熟的模块来代替。本节着重推荐几种无线收发模块,给出资料查找方法,用单片机控制其电路连接,以及使用注意事项。

1. 西安达泰电子有限责任公司的无线数据传输模块

西安达泰电子有限责任公司的 DTD46X 系列无线数据传输模块的通信信道是半双工的,最适合点对多点的通信方式。这种方式首先需要设1个主站,其余为从站,所有站都具有唯一的地址。通信的协调完全由主站控制,主站采用带地址码的数据帧发送数据或命令,从站全部都接收,并将接收到的地址码与本地地址码比较。如果不同,则将数据全部丢掉,不做任何响应;如果相同,则证明数据是给本地的。从站根据传过来的数据或命令进行不同的响应,并将响应的数据发送回去。这些工作都需要上层协议来完成,并可保证在任何一个瞬间通信网中只有一个模块处于发送状态,以免相互干扰。

DTD46X 也可以用于点对点通信,使用更加简单,在对串口的编程时,只要记住其为半双工通信方式,时刻注意收发的来回时序就可以了。

2. 安阳市新世纪电子研究所有限公司的微型无线收发模块

安阳市新世纪电子研究所有限公司的发射模块型号有 F05A、F05B、F05C、F05P、F05T、F05E、F04E,接收模块型号有 J04T、J04V、J04P、J04E、JO5B、3400 和 3300A。

3. RF 模块选型指南

还有很多 RF 模块成品,可以自行在市场上查找,厂家会提供其产品介绍和使用方法。但是如何选择也是一个问题。作者认为,选择这些模块时最好考虑以下6个因素。

1) 功能合适、价格合理

市场上有很多 RF 模块,本身使用的电路并不复杂,但这样价格卖上不去,厂家在开发时就附加了很多功能,例如 USB 接口、大容量存储器等,在增加功能的前提下提升了产品的价格。其实在家庭防盗系统中,这些附加的功能并不需要。建议最好选择单向的,即接收模块只收不发,发送模块只发不收的产品即可,这样成本就会有所下降。

2) 选用已经成熟应用的产品

之所以购置成品模块,就是减少无线调试的麻烦,缩短产品上市的时间。如果买来的是别人正在开发的模块,肯定有很多不成熟的地方,这样为家庭防盗系统带来不稳定因素。即使模块厂家同意升级,但这样带来的负面影响会很多,例如维修成本的提升,信誉的受损等。

3) 使用方便

对于无线模块,要求其能直接与单片机接口,给其供电即可使用,不需要考虑更多,不必为其增加元器件。例如,不必考虑无线发送、接收是否采用曼彻斯特编码等。选用这样的模块,其应用及编程非常简单,传送的效率很高。

4) 功耗低

家庭防盗报警系统要求在停电的情况下也能正常工作,这就需要用电池供电,也决定了本系统设计必须考虑使用低功耗器件。同样,无线收发模块也应是能应用在低功耗下的产品。因此,功耗非常重要,应该根据需要选择综合功耗较小的产品。

5) 发射功率高

在同等条件下,为了保证有效和可靠的通信,应该选用发射功率较高的产品。但是也应该注意,有些产品标称的发射功率虽然较高,但是由于其外围元件多,调试复杂,往往实际的发射功率远远达不到标称值。

6) 切换及唤醒所需的时间

当无线收发芯片工作时,收发状态的切换及唤醒所需的时间是非常重要的参数。如果切换速度不够快,则会导致数据丢失。

4.2.5 系统内部通信协议

什么是通信协议呢?由于数据通信是机器间的通信,所以和其他通信方式一样,应该在通信系统中规定一个统一的通信标准,即通信的内存是什么?如何通信?这些都必须在通信的实体之间达成大家都能接受的协定。这些协定就被称为通信协议。也可将协议定义为监督和管理两个实体之间的数据交换的一整套规则。概括地说,通信协议是对数据传送方式的规定,包括数据格式定义和数据位定义等。

一个好的通信协议是软件编程成功的可靠保证。现在流行的通信协议有很多种,例如:Modbus、亚当协议、RS-485 通信协议、主/从通信协议。本报警主机与报警模块采用的通信协议为单向无线通信协议,要实现的功能是:报警主机实时接收各报警模块传送来的信息;报警模块有报警信息后立即送出。

硬件实现分为两块：报警主机的无线接收电路和报警模块的发送电路。

下面是完整的通信协议。

1．协议说明

本协议是家庭防盗报警系统内部无线通信协议，主要完成报警模块将报警信息传送给报警主机的任务。

2．硬件接口

本协议的传递方式是无线的，但有两种方式：一种是两边都采用 nRF401 作为无线模块主芯片，报警主机只接收，不发送，报警模块只发送而不接收；另一种是接收边采用 PT2272 作为无线模块主芯片，发送端采用 PT2262 作为无线模块主芯片。

3．基本约定

① 传送的波特率为 9 600 bit/s；

② 每字节传送的位数为 1 位起始位、8 位数据位、1 位停止位和无奇偶校验位。

4．无线收发协议

由于无线收发有两种设计方案，软件也不同，因此就有两种协议。下面给出这两种协议，并进行必要的解释。

（1）协议一

1）定　义

本协议将家庭防盗报警系统报警主机称为报警主机，一些紧急按钮、红外探测和烟雾报警等模块称为智能模块。

2）协议的目的、实现方式及硬件

拟定此协议的最终目的为了确保报警主机与智能模块之间传输数据实时、可靠、准确。

协议的实现方式是问答式，也就是查询式。由报警主机定时发出查询各模块的命令，智能模块以回答的方式传输信息，以此来判断模块工作状态。智能模块是有问必答。

协议中规定报警主机和智能模块，采用无线传输芯片 nRF401 设计。

3）帧格式及要求

为了使程序设计简单，在本协议中，所有发送包、接收包均采用统一帧格式。其统一的格式见如表 4.11 所列。

每帧采用"异或"校验的方式，以保证数据传输的正确、可靠。

数据发送的字节数根据实际情况决定，在每帧数据中含有数据长度字节。

表 4.11　发送包、接收包统一通信帧格式表

帧头1	帧头2	方　向	地　址	数据长度	数据1~N	"异或"校验和
EBH	90H	00 或 FF	1 字节	1~N 字节	N 字节	1 字节

表 4.11 中名词解释如下：

① 帧头 1 和帧头 2：标志一个数据帧的开始。固定为 EBH、90H。

② 方向：00 代表报警主机往智能模块方向发送，0FFH 代表智能模块往主机方向发送。

③ 地址码：这里指智能模块的地址，每个智能模块地址在一个系统内部是唯一的。

④ 数据长度：说明后面发送的数据字节数，一般不超过 255 个。

⑤ 数据：发送给接收方特定意义的数据。

⑥ "异或"校验和：指这一包从 EBH 开始到数据 N 这些字节的"异或"值。

数据的格式尽可能采用短帧。例如：只有一字节的数据，就发送一个数据，数据长度是 1，不要发空字节数据。

4) 具体定义

表 4.11 和表 4.12 中字节未标明的都是十六进制。

① 报警主机命令帧内容如表 4.12 所列。

命令：01H——查询智能模块的工作状态，有无报警信息；

02H——命令燃气泄漏模块关闭燃气阀门；

03H——预留对空调的操作（假设有控制空调的启、停、换气等操作的模块）。

② 智能模块回复如表 4.13 所列。

表 4.12 报警主机命令帧内容表

字节	定义	意义
1	EB	帧头码
2	90	—
3	00	主机→模块
4	XX	地址
5	01	长度
6	01	命令
7	7B	"异或"校验

表 4.13 智能模块回复帧内容表

字节	定义	意义
1	EB	帧头码
2	90	—
3	FF	模块→主机
4	XX	地址
5	01	长度
6	00	命令
7	7B	"异或"校验

命令：00H——模块工作正常，无报警信息；

01H——模块产生 1 号报警信息；

02H——模块产生 2 号报警信息；

03H——模块产生 3 号报警信息；

04H——模块工作出现故障，包括电源电压低，监测信号失调等；

05H——主机发送的命令执行成功；

06H——主机发送的命令执行失败。

如果查询 5 次没有返回,则主机通过程序判断模块故障,并发出报警信息。

(2) 协议二

1) 定 义

本协议将家庭防盗报警系统报警主机称为报警主机,一些紧急按钮、红外探测和烟雾报警等模块称为智能模块。

2) 协议的目的、实现方式及硬件

拟定此协议的最终目的为了确保报警主机与智能模块之间传输数据实时、可靠、准确。

实现方式是主动发送式。当有报警信息时,智能模块上送各种信息,主机根据情况判断模块工作状态。

协议中规定报警主机和智能模块,采用无线传输芯片 PT2262/PT2272 设计。

3) 帧格式及要求

为了使程序设计简单,在本协议中中,只有智能模块的发送包采用统一帧格式,符合 PT2262 和 PT2272 的传送要求。

4) 具体定义

以下字节未标明的都是十六进制。

智能模块发送(PT2262 发送)内容如表 4.14 所列。

表 4.14 智能模块发送内容表

字 节	定 义	意 义
1	XX	地址
2	YY	数据

命令:地址 XX——地址为 8 位,由 PT2272 自动解析。

数据 YY——数据有 5 位,由 PT2272 自动输出。数据定义如下:

00H——智能模块 1,红外线探测模块 1;

01H——智能模块 2,红外线探测模块 2;

02H——智能模块 3,红外线探测模块 3;

03H——智能模块 4,红外线探测模块 4;

04H——智能模块 5,有害气体探测模块 1;

05H——智能模块 6,有害气体探测模块 2;

06H——智能模块 7,门、窗磁模块 1;

07H——智能模块 8,门、窗磁模块 2;

08H——智能模块 9,门、窗磁模块 3;

09H——智能模块 10,门、窗磁模块 4;

0AH——智能模块 11,无线声光警号模块 1;

0BH——智能模块 12,无线声光警号模块 2;

0CH——智能模块 13,紧急求助模块 1;

0DH——智能模块 14,紧急求助模块 2;

0EH——智能模块 15,无线遥控设防和撤防模块 1;

0FH——智能模块16,无线遥控设防和撤防模块2;
10H——智能模块17,智能防盗报警锁模块1;
12H——智能模块18,智能防盗报警锁模块2;
13H——智能模块19,红外对射报警模块1;
14H——智能模块20,红外对射报警模块2;
15H——智能模块21,红外对射报警模块3;
16H——智能模块22,红外对射报警模块4;
17H——智能模块23,火灾报警模块1;
18H——智能模块24,火灾报警模块2;
19H——智能模块25,智能拍照模块1;
1AH——智能模块26,智能拍照模块2;
1BH～1FH——预留。

4.2.6 程序流程设计*

1. 流程图设计目的

设计本流程图是为了程序编程和后期维护方便,流程图采取总流程图和部分子流程图的结合,目的是让研发者能够根据这些开发程序对程序进行必要的维护。

2. 流程图针对对象和必要的说明

本流程图只针对报警主机主芯片HT48R70A-1单片机的程序处理。

由于硬件设计时采用了两种类型,本软件流程图和程序设计只针对nRF401为主芯片的。PT2262和PT2272属于比较简单的无线通信,对于编程的要求不高,只需做好读端口数据的程序即可,其余可以完全参照本程序。

3. 报警主机需要完成的功能

◆ 与智能模块进行无线通信(nRF401);
◆ 控制DTMF器件进行拨号,识别电话号码;
◆ 控制语音模块进行有选择的放音;
◆ 播放警笛;
◆ 处理液晶显示;
◆ 处理按键信息。

4. 地址表

CPU使用Hotltek公司的HT48R70A-1。由于没有采用总线方式,无外部寻址空间,因

---

* 本小节资料引自《HT48R70A-1数据手册》。

此只有内部 8 KB 的 ROM 和 224 字节的 RAM。它对于寻址没有特别要求。

5. 控制流程

程序总体流程如图 4.35 所示，从图中可以看出，程序分为 6 大块，每一块完成一部分特定的功能。划分的 6 大块是：初始化模块、调试模块、主循环模块、外部中断模块、定时器 0 中断模块和定时器 1 中断模块。

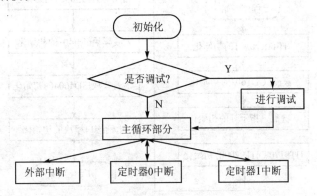

图 4.35 报警主机总体流程图

每个程序模块完成的功能大致如下：

- ◆ 初始化模块：完成对 CPU 即 HT48R70A-1 的初始化，对液晶、键盘指示灯、HT9170、HT9200、时钟 HT1380、无线模块 nRF401、语音模块 ISD4004 和电话接口模块等外围电路进行初始化。

- ◆ 调试模块：主要是通过 RS-232 口的通信对一些出厂参数进行设置，包括防区的多少，主机发送查询命令的时间间隔，查看主机的工作状态，清空报警信息等。

  这一模块作为本设计开发的预留功能，在原理设计、程序设计时都不涉及，只在程序框图中作一说明。一个完整的上市产品具有此功能便于出场调试，检验。虽然说起来很多，但是程序编起来并不复杂，只需设置一协议，在上位机做一界面，选择好后按照协议发给 HT48R70A-1，HT48R701-A 调用 24C02 的驱动程序存储即可。串口可以使用模拟的串口进行。

- ◆ 主循环：判断、处理是否收到报警数据，进行液晶的各种显示以及按键的处理等。

- ◆ 外部中断：作为模拟串口接收信号的处理开始。

- ◆ 定时器 0 中断：利用定时器 0 作为串口的定时器，同时处理无线数据的收、发。

- ◆ 定时器 1 中断：定时向各模块发出询问信息，每次询问前，判断上次是否接收完毕，若接收完毕，再发送；否则等到下次定时再查询后发送。另外还用于完成按键的判断。

6. 每个模块的具体流程图

1) 初始化模块

初始化模块程序流程如图 4.36 所示。

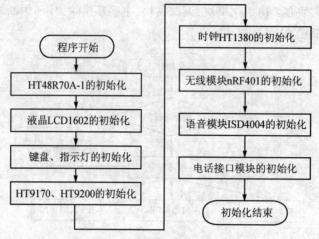

图 4.36　初始化模块程序流程图

2) 调试模块

调试模块程序流程如图 4.37 所示。

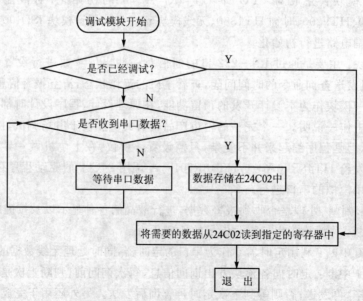

图 4.37　调试模块程序流程图

3) 主循环模块

主循环模块程序流程如图 4.38 所示。

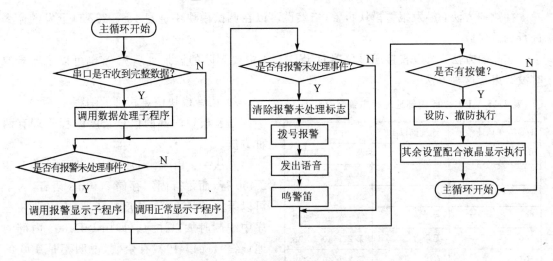

图 4.38 主循环模块程序流程图

4) 外部中断

外部中断见本小节 7. 主要芯片重要操作的流程图中 2)nRF401 部分。

5) 定时器 0 中断

定时器 0 中断见本小节 7. 主要芯片重要操作的流程图中 2)nRF401 部分。

6) 定时器 1 中断

定时器 1 中断见本小节 7. 主要芯片重要操作的流程图中 2)nRF401 部分。

7. 主要芯片重要操作的流程图

(1) 语音模块

根据 ISD4004-16 这款芯片的特点,将录音分段,可分为 2 400 段,每行固定存储 200 ms 语音,但 200 ms 语音人耳几乎无法识别,再说分太细也没有必要。根据一句报警语句的时长这个需要,将其分为每 40 s 一大段比较合适,即每 100 行连成一大段,2 400/100=24 段,每段时间为 960 s/24=40 s,这样就可以录一句话用于语音报警提示。这个分段后的 24 段地址与智能模块的地址(假设智能模块最大 24 个)相对应,也就是每个智能模块地址可以对应一句话。例如:1 号红外报警模块对应第 1 个 40 s 内的录音——"1 号防区,红外报警!"。对应的语言可以随时录取。

1) 录音、放音程序原理

根据上面的划分,可以分大段(40s)录取、删除、播放操作。

录取的方法:配合液晶显示,用按键选择录取的位置,对着话筒说话即可录音。当然也可以使用规范的方法,找专业人士采用 ISD4004 专用录取装置,录取后再用 ISD4004 复制编程装置重复复制,并将 ISD4004 焊接到防盗报警主机上。两种方法都可取,试验建议采取前一种方法,成品生产建议采后一种方法。

播放的方法：触发报警模块报警,当然也可以在调试模块中通过 RS-232 口下发的命令进行调试播放。

删除的方法：可以直接通过仪器对 ISD4004 中要删除的段地址填充 0,也可以采取录取时没有声音这种方法。

表 4.15　ISD4004 内部地址程序编制划分表

ISD4004 地址编号	地址除以 100	时　长
0	无余数	第 1 个 40 s 开始
1	有	第 1 个 40 s 之内
⋮	有	第 1 个 40 s 之内
99	有	第 1 个 40 s 之内
100	无余数	第 2 个 40 s 开始
101	有	第 2 个 40 s 之内
⋮	⋮	⋮

2) 语音模块信息管理的编程

语音模块内部的信息长度编程管理有两种方法。

方法一：由于 ISD4004 内部可寻址多达 2 400 行,而每行固定存储 200 ms 语音,为了可以录放、删除 40 s 长度的语音,有必要在程序中编制时加以注意。即用 ISD4004 内部的地址编号除以 100,有余数,说明不是 100 的整数,应该是在 40 s 之内;能够整除,说明是 40 s 的开头(见表 4.15)。

要求播放的起始地址,只要用智能模块的地址编号减 1,然后乘以 100 即可。其公式如下：

$$N = (n-1) \times 100$$

式中：N 为播放的起始地址；n 为智能模块的地址。

方法二：由于每次录放音送的地址都是 100 的整倍数,因此直接进行 100 行的录放音即可。这里使用 for 循环编程。

录放的具体操作：由于 RAC 的周期和器件的行相同,且其低脉冲时间长达 25 ms,因此在录放当前行语音的同时,应一直查询 RAC 的状态。低电平验证下一行地址编号是否为 100 的整倍数,若不是,则将该行地址送入 ISD4004,但输入的地址不会立刻生效,而是在缓冲器中等待当前行结束,然后再查询下一行地址,重复前面工作,就完成了接着播放的功能;若是,则指示下一行为新的语句的开始地址,单片机不再送任何指令。当放音遇到 EOM 或者 OVF 时,停止录放音,并给出蜂鸣器鸣响一声提示。

具体的编程参考录音子程序流程图 4.39 所示。

放音子程序与之几乎相同,这里不再赘述。

(2) nRF401 部分

nRF401 部分的编程比较简单,主要注意两点：第一,由于 HT48R70A-1 没有串口,所以需要用软件模拟串口的接收和发送;第二,按照协议完成数据的传递。

1) 串口的接收

由于 nRF401 的工作电压与 HT48R70A-1 的工作电压相同,因此可以将 nRF401 的串口发送线 DOUT 与单片机的 I/O 及中断输入 $\overline{INT}$ 引脚相连,正常时 DOUT 是高电平,根据串口协议,发送数据时起始位为 0,这时 HT48R70A-1 检测到低电平,并立即产生中断,在中断中启动定时器0,定时时间选择在半个数据位时产生。目的是检测数据位为0还是1在数据位的中间检测,比其余时间,检测准确,可靠。外部中断流程如图4.40所示。

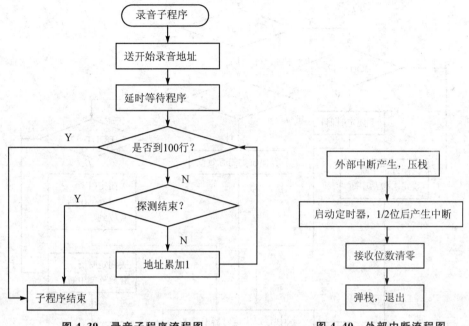

图 4.39　录音子程序流程图　　　　　图 4.40　外部中断流程图

定时器0中断程序里,若是第一次中断,判断是否还是低电平,如果还是,则关闭外部中断,防止数据接收过程重启动,接着将重启定时器0,1个整位后进中断。这样下次接收判断还是在第一个数据位的中间判断。定时器0再次进中断后,可以判断数据的D0位,重复接收完8位数据,接着再启动判断停止位,如果停止位为1,则说明接收正确,存储数据,并开放外部中断。完整的定时器0中断流程如图4.41所示。

2) 数据发送

数据的发送也依靠定时器0的准确定时,定时的依据就是根据波特率算出的每一位的时间。每次发送也有起始位、8位数据位、1位停止位,完全模拟 UART 的功能。具体的流程如图4.42所示。

3) 定时器1功能

定时器1中断完成两大功能:第一,定时发送查询各子模块的信息;第二,定时扫描按键,判断是否有按键按下。

定时查询一般在几秒钟,但是定时器最长的定时时间 $T=[(4/8\ 000\ 000)\times 65\ 536]\text{s}=0.032\ 768\ \text{s}$(假设使用 8 MHz 晶振,设置 4 分频)。为了能够达到一个 2 s 的长度,需要设置一个字节寄存器,每次进入定时器1中断寄存器时加1。如果想设置 2 s,那么只需要寄存器

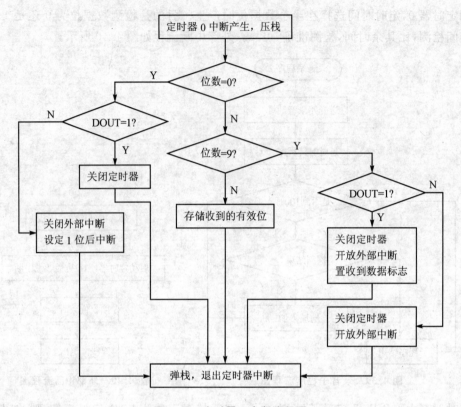

图 4.41 定时器 0 中断流程图

记录到 61 次即可。

按键采用 4×4 键盘。判断是否有按键按下的方法是：首先向第一列送 0，其余列送 1，并马上读取行的数据，如果全为 1，证明没有按键按下，如果某行有 0 产生，那么可以肯定这一行与送 0 列交叉位置的按键按下过，记录下来即可。循环 4 次，就可以将键盘是否有键按下全部记录下来。按键判断采取的方法是动态查询，如果能够高速扫描，那么根据按按键的时间推论，是没有问题的，并且已经大量应用。完整的流程图如图 4.43 所示。

(3) HT1380 时钟

HT1380 是 Holtek 公司生产的一款高性能时钟芯片，配合一个 32.768 kHz 的晶振就能完成计时。

字节读/写子程序技术相同。具体的程序解释可参见《HT1380 数据手册》。HT1380 数据写入流程如图 4.44 所示。

(4) HT9170 和 HT9200 组成的 DTMF 信号接收、发送编程

HT9170 是 DTMF 接收芯片。它能够将电话线路上的信号检测出来，并送到数据线上，将 HTS_OE 置 1 后，即可读出。其数据接收流程如图 4.45 所示。

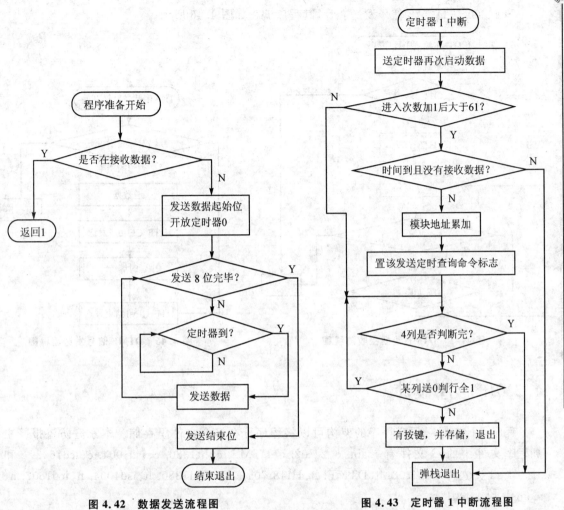

图 4.42 数据发送流程图　　图 4.43 定时器 1 中断流程图

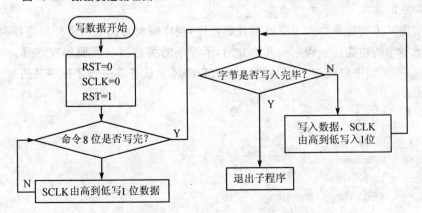

图 4.44 HT1380 数据写入流程图

HT9200 是 DTMF 信号发送芯片，其程序流程如图 4.46 所示。

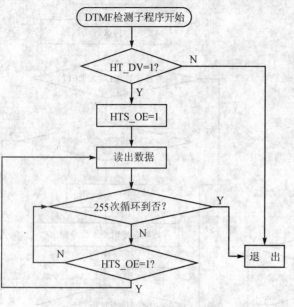

图 4.45　DTMF 数据接收流程图

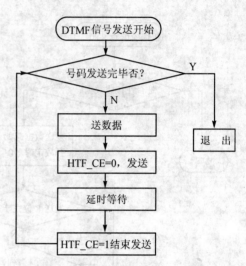

图 4.46　DTMF 信号发送流程图

4.2.7　程序设计

程序设计按照 C 语言程序的架构可以将程序分在多个文件里存储。本家庭防盗报警主机程序文件中的 C 文件有 main.c、24c02.c、DTMF.c、ht1380.c、isd4004.c、lcd1602.c 和 nrf401.c；头文件有 24c02.h、DTMF.h、Ht48r70a-1.h、ht1380.h、isd4004.h、lcd1602.h、main.h 和 nrf401.h。

文件关系如图 4.47 所示。

下面给出具体的程序。为了更好地理解程序，程序编制时都采用了开始注释和语句注释，就是每个子程序的功能在子程序头开始介绍，子程序的关键语句后面加有注释。特别是对一些重要的操作，例如串口模拟、nRF401 收发、ISD4004 录放音都进行了程序分析。

1. main.c

```c
#include <nrf401.h>
#include <ht1380.h>
#include <DTMF.h>
#include <isd4004.h>
#include <24c02.h>
```

第 4 章 家庭防盗报警系统

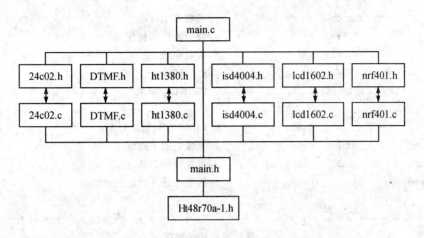

注：带箭头的是平等关系；不带箭头的连接从上到下是包含关系。

图 4.47 文件关系图

```
#include <lcd1602.h>
#include <main.h>

bit         led1;           //灯控制寄存器 1,2,3
bit         led2;
bit         led3;
bit         timedao;        //定时器 1 中断次数到发送查询标志
bit         bj_wcl;         //报警未处理标志
bit         TI;             //数据正在发送
bit         RCV;            //正在接收数据
bit         RI;             //接收到 7 字节数据
bit         ack;            //24C02 的应答位

uchar       dhhm[8];        //电话号码
uchar       send[7];        //发送 7 字节
uchar       rec[7];         //接收 7 字节
uchar       nyr[7];         //年、月、日、星、期、时、分、秒
uchar       isdl;           //isd 的地址分配  低 isdl、高 isdH（只能是 100 的倍数）
uchar       isdh;
uint        key;            //按键返回值
uchar       t1time;         //定时器 1 中断次数
uchar       yf_addr;        //已发送的地址
uchar       bjaddr;         //报警地址
uchar       bjnr;           //报警内容
```

```c
    uchar       rec_count;              //接收字节计数
    uchar       SBUF;                   //接收发送数据缓冲
    uchar       recwei;                 //接收位数
    uchar       BYTE;                   //HT1380 命令
    uchar       bytecnt;                //HT1380 字节数

    #define     mknum       0x00;       //24C02 存储地址分配
    #define     bjdh1       0x02;       //报警电话 1 地址
    #define     bjdh2       0x10;       //报警电话 2 地址
    #define     bjdh3       0x20;       //报警电话 3 地址

/************************************************
 *                 单片机初始化程序
 * 程序完成单片机本身及一些端口的初始化功能,包括:端口、定时器
 ************************************************/
void ht48r70_init()                     //对单片机本身的初始化
{
    _pac = 0xff;                        //PA 口控制为输入
    _pbc = 0x00;                        //PB 口控制为输出
    _pcc = 0x00;                        //PC 口控制为输出
    _pdc = 0x0f;                        //PD 口 D0～D3 为输入,D4～D7 为输出
    _pec = 0x0c;                        //PE 口 D2～D3 为输入,其余为输出
    _pfc = 0x00;                        //PF 口暂时都为输出,可根据需要改变
}

void main()
{
    uint isdaddr,i;
    ht48r70_init();                     //初始化部分
    lcd1602_init();
    jpzsd_init();
    ht9170_init();
    ht9200_init();
    ht1380_init();
    nRF401_init();
    isd_init();
```

/*……此处可以加入判断是否已经调试。如果没有调试,则由计算机设置好后,通过串口发送给报警主机保存。主要有模块个数及电话号码１２３。如果已经调试结束,则进入下一步*/

```c
while(1)                          //主循环部分
{
    if(timedao)
    {
        send[0] = 0xeb;
        send[1] = 0x90;
        send[2] = 0x00;
        send[3] = yf_addr;
        send[4] = 0x01;
        send[5] = 0x01;
        send[6] = 0x7b^yf_addr;   //计算校验码
        for(i = 0;i<0x07;i++)
        {
            uartsend(send[i]);    //发送数据
        }
    }
    if(RI)                        //串口收到数据
    {
        RI = 0;
        rec_count = 0;
        sjfx();                   //数据处理子程序
    }
    if(bj_wcl)
    {
        lcd_bj();                 //液晶显示报警情况
    }
    else
    {
        lcd_zc();                 //液晶正常显示
    }
    if(bj_wcl)
    {
        bj_wcl = 0;
        KZJD = 1;                 //警笛开始工作
        ZJKZ = 1;                 //模拟摘机
        lcd_bh();                 //液晶显示拨号
        dtmf_send(8,&dhhm[0]);    //拨打预存电话号码
        if(HLJC == 0)             //回铃音检测
```

```c
        {
            isdaddr = bjaddr * 100;
            isdl = isdaddr % 256;
            isdh = isdaddr/256;
            isd_fy();              //播放报警语音,使就地、远方都能听到
        }
        KZJD = 0;                  //警笛停止工作
        ZJKZ = 0;                  //挂机
    }
    if(key)
    {
        switch(key){
        case 0x08:......           //F1
            break;
        case 0x80:......           //设防
            break;
        ......
        default:break;
        }
    }
}
```

2. 24c02.c

```c
#include <main.h>
/*******************************************
*                  启动总线函数
* 函数原型：void Start_I2c();
* 功    能：启动I²C总线,即发送I²C起始条件
*******************************************/
void Start_I2c()
{
    SDA = 1;                       /*发送起始条件的数据信号*/
    _nop();
    SCL = 1;
    _nop();                        /*起始条件建立时间大于4.7 μs,延时*/
    _nop();
    _nop();
    _nop();
```

```
    _nop();
    SDA = 0;                    /* 发送起始信号 */
    _nop();                     /* 起始条件锁定时间大于 4 μs */
    _nop();
    _nop();
    _nop();
    _nop();
    SCL = 0;                    /* 钳住 I²C 总线,准备发送或接收数据 */
    _nop();
    _nop();
}
```
/* *
*   结束总线函数
* 函数原型: void Stop_I2c();
* 功   能: 结束 I²C 总线,即发送 I²C 结束条件
* */
```
void Stop_I2c()
{
    SDA = 0;                    /* 发送结束条件的数据信号 */
    _nop();                     /* 发送结束条件的时钟信号 */
    SCL = 1;                    /* 结束条件建立时间大于 4 μs */
    _nop();
    _nop();
    _nop();
    _nop();
    SDA = 1;                    /* 发送 I²C 总线结束信号 */
    _nop();
    _nop();
    _nop();
    _nop();
}
```
/* *
*   字节数据传送函数
* 函数原型: void SendByte(uchar c);
* 功   能: 将数据 c 发送出去,可以是地址,也可以是数据,发完后等待应答,并对
*   此状态位进行操作(不应答或非应答都使 ack = 0)。如果发送数据正常,
*   则 ack = 1; 如果 ack = 0,则表示被控器无应答或损坏
* */

```c
void SendByte(uchar c)
{
    uchar BitCnt;

    for(BitCnt = 0;BitCnt<8;BitCnt++)   /*要传送的数据长度为8位*/
    {
        if((c << BitCnt)&0x80)SDA = 1;  /*判断发送位*/
        else SDA = 0;
        _nop();
        SCL = 1;                         /*置时钟线为高电平,通知被控从器件开始接收数据位*/
        _nop();
        _nop();                          /*保证时钟高电平周期大于4μs*/
        _nop();
        _nop();
        _nop();
        SCL = 0;
    }

    _nop();
    _nop();
    SDA = 1;                             /*8位发送完后释放数据线,并准备接收应答位*/
    _nop();
    _nop();
    SCL = 1;
    _nop();
    _nop();
    _nop();
    if(SDA == 1)ack = 0;
    else ack = 1;                        /*判断是否接收到应答信号*/
    SCL = 0;
    _nop();
    _nop();
}
/*******************************************************
*                 字节数据传送函数
* 函数原型: uchar RcvByte();
* 功   能: 用来接收从器件传来的数据,并判断总线错误(不发应答信号),发完后请用应答函数
********************************************************/
uchar RcvByte()
```

```c
{
    uchar retc;
    uchar BitCnt;

    retc = 0;
    SDA = 1;                                /*置数据线为输入方式*/
    for(BitCnt = 0;BitCnt<8;BitCnt ++ )
    {
        _nop();
        SCL = 0;                            /*置时钟线为低电平,准备接收数据位*/
        _nop();
        _nop();                             /*时钟低电平周期大于4.7 μs*/
        _nop();
        _nop();
        _nop();
        SCL = 1;                            /*置时钟线为高电平,使数据线上数据有效*/
        _nop();
        _nop();
        retc = retc << 1;
        if(SDA == 1)retc = retc + 1;        /*读数据位,接收的数据位放入retc中*/
        _nop();
        _nop();
    }
    SCL = 0;
    _nop();
    _nop();
    return(retc);
}
/* * * * * * * * * * * * * * * * * * * * * * * * * * * * * * * * * * * * * * *
*                           应答子函数
* 函数原型:void Ack_I2c(bit a);
* 功     能:主控器发送应答信号(可以是应答或非应答信号)
* * * * * * * * * * * * * * * * * * * * * * * * * * * * * * * * * * * * * * */
void Ack_I2c(bit a)
{
    if(a == 0)SDA = 0;                      /*在此发出应答或非应答信号*/
        else SDA = 1;
    _nop();
```

```
    _nop();
    _nop();
    SCL = 1;
    _nop();
    _nop();                              /*时钟低电平周期大于4μs*/
    _nop();
    _nop();
    _nop();
    _nop();
    SCL = 0;                             /*清时钟线,钳住I²C总线,以便继续接收*/
    _nop();
    _nop();
}
/****************************************************
 *                向无子地址器件发送字节数据函数
 * 函数原型: bit ISendByte(uchar sla,ucahr c);
 * 功   能: 从启动总线到发送地址及数据,结束总线的全过程。从器件的地址是sla。如果返回1,
 *          则表示操作成功;否则操作有误
 * 注   意: 使用前必须已结束总线
 ****************************************************/
bit ISendByte(uchar sla,uchar c)
{
    Start_I2c();                         /*启动总线*/
    SendByte(sla);                       /*发送器件地址*/
        if(ack == 0)return(0);
    SendByte(c);                         /*发送数据*/
        if(ack == 0)return(0);
    Stop_I2c();                          /*结束总线*/
    return(1);
}
/****************************************************
 *                向有子地址器件发送多字节数据函数
 * 函数原型: bit ISendStr(uchar sla,uchar suba,ucahr * s,uchar no);
 * 功   能: 从启动总线到发送地址、子地址及数据,结束总线的全过程。从器件的地址是sla,
 *          子地址是suba。发送内容是s指向的内容,发送no个字节。如果返回1,则表示
 *          操作成功;否则操作有误
 * 注   意: 使用前必须已结束总线
 ****************************************************/
bit ISendStr(uchar sla,uchar suba,uchar * s,uchar no)
{
```

```
    uchar i;

    Start_I2c();                          /*启动总线*/
    SendByte(sla);                        /*发送器件地址*/
       if(ack == 0)return(0);
    SendByte(suba);                       /*发送器件子地址*/
       if(ack == 0)return(0);

    for(i = 0;i<no;i++)
    {
        SendByte(*s);                     /*发送数据*/
            if(ack == 0)return(0);
        s++;
    }
    Stop_I2c();                           /*结束总线*/
    return(1);
}
/*************************************************
*                 向无子地址器件读字节数据函数
* 函数原型: bit IRcvByte(uchar sla,ucahr *c);
* 功    能: 从启动总线到发送地址及读数据,结束总线的全过程。从器件地址为sla,返回值为c
*           如果返回 1,则表示操作成功;否则操作有误
* 注    意: 使用前必须已结束总线
**************************************************/
bit IRcvByte(uchar sla,uchar *c)
{
    Start_I2c();                          /*启动总线*/
    SendByte(sla+1);                      /*发送器件地址*/
       if(ack == 0)return(0);
    *c = RcvByte();                       /*读取数据*/
    Ack_I2c(1);                           /*发送非应答位*/
    Stop_I2c();                           /*结束总线*/
    return(1);
}
/*************************************************
*                 向有子地址器件读取多字节数据函数
* 函数原型: bit ISendStr(uchar sla,uchar suba,ucahr *s,uchar no);
* 功    能: 从启动总线到发送地址、子地址及读数据,结束总线的全过程。从器件地址为sla,
*           子地址为suba。读出的内容放入s指向的存储区,读no个字节如果返回1,则表示
```

第4章 家庭防盗报警系统

```
*                    操作成功;否则操作有误
*    注    意:使用前必须已结束总线
* * * * * * * * * * * * * * * * * * * * * * * * * * * * * * * * * * * */
bit IRcvStr(uchar sla,uchar suba,uchar * s,uchar no)
{
    uchar i;

    Start_I2c();                          /*启动总线*/
    SendByte(sla);                        /*发送器件地址*/
      if(ack == 0)return(0);
    SendByte(suba);                       /*发送器件子地址*/
      if(ack == 0)return(0);

    Start_I2c();
    SendByte(sla + 1);
      if(ack == 0)return(0);

    for(i = 0;i<no - 1;i++)
    {
        * s = RcvByte();                  /*发送数据*/
        Ack_I2c(0);                       /*发送应答位*/
        s++;
    }
    * s = RcvByte();
    Ack_I2c(1);                           /*发送非应答位*/
    Stop_I2c();                           /*结束总线*/
    return(1);
}
```

3. dtmf.c

```
#include <main.h>

void ht9170_init()
{
    HTS_PWDN = 0;                         //启动 HT9170 晶振
    HTS_OE = 0;
}
void ht9200_init()
{
```

```c
    HTF_CE = 1;                          //对 HT9200 进行初始化
}
/* * * * * * * * * * * * * * * * * * * * * * * * * * * * * * * * * * * * * *
 *                         DTMF 信号检测
 * 如果有 DTMF 信号,则读出 DTMF 的数值,并依次存入 dtmfrec[]数组里,数量最多 12 位(国内电话长度
 * <12 位)检测长度字节位于 dtmf_recou 中
 * * * * * * * * * * * * * * * * * * * * * * * * * * * * * * * * * * * * * */
void dtmf_rec(uchar dhhm_count,uchar * dhhm_dat)
{
    uchar i;
    dhhm_count = 0;
    if(HTS_DV)                           //检测是否收到 DTMF 信号
    {
    dtmf1: HTS_OE = 1;                   //收到 DTMF 信号,则置位 OE 允许解码信号输出
        _nop();
        * (dhhm_dat + dhhm_count) = _pa&0x0f;   //将解码信号读入单片机
        dhhm_count ++ ;
        while(! HTS_DV);
        HTS_OE = 0;
        for(i = 0;i<255;i ++ )
        {
            if(HTS_DV)
            {
                goto dtmf1;
            }
        }
    }
}
/* * * * * * * * * * * * * * * * * * * * * * * * * * * * * * * * * * * * * *
 *                         DTMF 信号发送
 * 将要发送的 DTMF 信号发出。要发送的数据在 dtmfsend[]数组里,数量最多 12 位(国内电话长度
 * <12 位)发送长度字节位于 dtmf_secou 中
 * * * * * * * * * * * * * * * * * * * * * * * * * * * * * * * * * * * * * */
void dtmf_send(uchar dhhm_count,uchar * dhhm_dat)
{
    uchar i;
    for(i = 0;i<dhhm_count;i ++ )        //检测是否收到 DTMF 信号
    {
        _pa = * (dhhm_dat + i);
```

```c
        HTF_CE = 0;                          //发送 DTMF 信号
        _delay(255);                         //等待 6 ms
        HTF_CE = 1;                          //DTMF 信号返回
    }
}
```

4. ht1380.c

```c
#include <main.h>

void ht1380_init();
void ht_write();
void ht_read();
void receive_byte();
void send_byte();

/*********************************************
*                   HT1380 时钟初始化程序
* 时钟程序初始化
*********************************************/
void ht1380_init()
{
    RST = 0;                                 //对 HT1380 复位
    _delay(50);
    RST = 1;
}
/*********************************************
*                   设定日期时间
* 写入：riqi[7] "命令 秒 分 时 星期 日 月 年"
*********************************************/
void ht_write()
{
    BYTE = 0xbe;
    bytecnt = 7;
    send_byte();                             //连续写 8 个,包括命令字节
}
/*********************************************
*                   读出日期时间
* 读出：riqi[7] "命令 秒 分 时 星期 日 月 年"
*********************************************/
```

```c
void ht_read()
{
    BYTE = 0xbf;
    bytecnt = 7;
    receive_byte();                         //连续读8个,包括命令字节
}
/* * * * * * * * * * * * * * * * * * * * * * * * * * * * * * * * * * * * *
*                              发送数据程序
* 名称：send_byte
* 描述：发送 bytecnt 个字节给被控器 HT1380;命令字节地址在 BYTE 中;所发送数据的字节数在
*       bytecnt 中;发送的数据在 xmtdat 数组中
* * * * * * * * * * * * * * * * * * * * * * * * * * * * * * * * * * * * */
void send_byte()
{
    uchar i,j;
    RST = 0;                                //复位引脚为低电平,所有数据传送终止
    _nop();
    HSCLK = 0;                              //清时钟总线
    _nop();
    RST = 1;                                //复位引脚为高电平,逻辑控制有效
    _nop();
    for(i = 0;i<8;i++)
    {
        BYTE >> = 1;                        //将最低位传送给进位位C
        IO_DATA = _c;                       //将进位位C传送至数据总线
        /* 这两句也可以使用下面的汇编语句:
        #asm
        MOV    A,BYTE
        RRC    A
        MOV    BYTE,A
        MOV    IO_DTA,C
        #endasm
        */
        _nop();
        HSCLK = 1;                          //时钟上升沿,发送数据有效
        _nop();
        HSCLK = 0;                          //清时钟总线
    }
    _nop();
```

```c
    for(i = 0;i<bytecnt;i++)
    {
        BYTE = nyr[i];
        for(j = 0;j<8;j++)
        {
            BYTE >> = 1;                    //将最低位传送给进位位 C
            IO_DATA = _c;                   //将进位位 C 传送至数据总线
            _nop();
            HSCLK = 1;                      //时钟上升沿 发送数据有效
            _nop();
            HSCLK = 0;                      //清时钟总线
        }
    }
    _nop();                                 //如果字节传送未完毕,则继续
    RST = 0;                                //逻辑操作完毕,清 RST
}

/*******************************************
*                        接收数据程序
* 名称: receive_byte
* 描述: 从被控器 HT1380 接收 bytecnt 个字节数据;命令字节地址在 BYTE 中;所接收数据的字节数在
*       bytecnt 中;接收的数据在 xmtdat 缓冲区中
********************************************/
void receive_byte(void)
{
    uchar i,j;
    RST = 0;                                //复位引脚为低电平,所有数据传送终止
    _nop();
    HSCLK = 0;                              //清时钟总线
    _nop();
    RST = 1;                                //复位引脚为高电平,逻辑控制有效
    for(i = 0;i<8;i++)                      //准备发送命令字节
    {
        BYTE >> = 1;                        //将最低位传送给进位位 C
        IO_DATA = _c;                       //将进位位 C 传送至数据总线
        /* 这两句也可以使用下面的汇编语句
        #asm
        MOV     A,BYTE
        RRC     A
```

```
            MOV     BYTE,A
            MOV     IO_DTA,C
         #endasm
         */
         _nop();
         HSCLK = 1;                   //时钟上升沿,发送数据有效
         _nop();
         HSCLK = 0;                   //清时钟总线
    }
    _nop();                           //如果位传送未完毕,则继续
    for(i = 0;i<bytecnt;i++)
    {
        BYTE = 0;                     //清累加器
        _c = 0;
        for(j = 0;j<8;j++)
        {
            _c = IO_DATA;             //将进位位C传送至数据总线
            BYTE <<= 1;               //将最低位传送给进位位C
            HSCLK = 1;                //时钟上升沿,发送数据有效
            _nop();
            HSCLK = 0;                //清时钟总线
        }
        nyr[i] = BYTE;
    }
    _nop();                           //如果字节传送未完毕,则继续
    RST = 0;                          //逻辑操作完毕,清 RST
}
```

5. isd4004.c

```
#include <main.h>

void YS50();
void ISDX(uchar d);
void UP();
void STOPP();
void DSTOP();
void isd_ly();
void isd_fy();
```

```c
/****************************************************
*                    ISD4004 初始化操作
****************************************************/
void isd_init()
{
    DSTOP();                        //ISD 掉电
    _delay(200);                    //延时
    UP();                           //ISD 上电
}
/****************************************************
*                    ISD4004 录音操作
* 本段程序是录音程序,录音开始前蜂鸣器会响一下;然后录音 960/24 = 40 s 后结束录音操作。如果
* 不成功,则会再响一下,可以再录
****************************************************/
void isd_ly()
{
    uchar n1,i;
    ISDX(isdl);
    ISDX(isdh|0xa0);                //从指定地址开始录音

    _pb0 = 0;                       //蜂鸣器鸣叫
    _pb1 = 0;
    n1 = 10;
    while(n1 -- )
    {
        YS50();
    }
    _pb0 = 1;                       //关闭蜂鸣器
    _pb1 = 1;

    ISDX(0xb0);                     //从当前地址开始录音
    for(i = 0;i<100;i ++ )           //播放 100 行
    {
        if(ISDINT)                  //探测是否结束
        {
            while(RAC);             //探测一行是否结束
            if(isdl == 255)
            {
                isdl = 0;
```

```
            isdh++;
        }
        else
        {
            isdl++;
        }
        ISDX(isdl);                    //地址加1送入
        ISDX(isdh|0xa0);               //从指定地址开始录音
        ISDX(0xb0);                    //从当前地址开始录音
    }
    else
    {
        return;
    }
    STOPP();                           //停止当前操作
}
/ * * * * * * * * * * * * * * * * * * * * * * * * * * * * * * * * * * * * *
*                        ISD4004 放音操作
* 直接放音,放音时长为 40 s
* * * * * * * * * * * * * * * * * * * * * * * * * * * * * * * * * * * * * */
void isd_fy()
{
    uchar i;
    ISDX(isdl);
    ISDX((isdh|0xe0)&0xe7);
    ISDX(0xf0);
    for(i=0;i<100;i++)
    {
        if(ISDINT)
        {
            while(RAC);                //探测一行是否结束
            if(isdl == 255)
            {
                isdl = 0;
                isdh++;
            }
            else
            {
```

```
            isdl ++ ;
        }
        ISDX(isdl);              //地址加 1 送入
        ISDX(isdh|0xe0);         //从指定地址开始录音
        ISDX(0xf0);              //从当前地址开始录音
    }
    else
    {
        return;
    }
    STOPP();
}
/* ISD4004 芯片驱动 */
/* * * * * * * * * * * * * * * * * * * * * * * * * * * * * * * * * * * * *
 *                         50 ms 精确延时子程序
 * 利用定时器溢出延时,而不需要通过中断延时。由于定时器延时一次不够,因此可以采用两次
 * * * * * * * * * * * * * * * * * * * * * * * * * * * * * * * * * * * */
void YS50( )
{
    uchar i;
    for(i = 0;i<2;i++)
    {
        _tmr1c = 0x80;           //设置定时模式内部时钟系统时钟 4 分频,关闭定时器
        _tmr1h = 0xc3;           //0.025 s/(4/8 000 000 Hz) = 50 000,延时换算成定时器预置数
        _tmr1l = 0x50;           //25 ms 延时初值置入
        _t0on = 1;               //启动定时器 0,没有开放中断
        while(! _t0f);           //等待定时器溢出标志产生
        _t0on = 0;               //关闭定时器 0
    }
}
/* * * * * * * * * * * * * * * * * * * * * * * * * * * * * * * * * * * * *
 *                         ISD4004 SPI 写入程序
 * 对 SPI 写入一个数据,共 8 位
 * * * * * * * * * * * * * * * * * * * * * * * * * * * * * * * * * * * */
void ISDX(uchar d)
{
    uchar i;
    IS_CE = 0;                   //开片选
```

```c
        SCLK = 0;                      //时钟 SCLK = 0
        for(i = 0;i<8;i++)
        {
            if(d&0x01)                 //数据写 MOSI
            {
                MOSI = 1;
            }
            else
            {
                MOSI = 0;
            }
            SCLK = 1;                  //时钟 SCLK = 1
            d = d >> 1;
            SCLK = 0;                  //时钟 SCLK = 0
        }
        _delay(10);
        IS_CE = 1;
}
/*******************************************
*                      ISD 上电
* ISD4004 的上电程序
*******************************************/
void UP()
{
    ISDX(0x20);                        //发 00100XXXXXXXXXXX
    IS_CE = 1;                         //关片选
    YS50();                            //延时 50 ms
    YS50();                            //延时 50 ms
}
/*******************************************
*                   ISD 停止当前操作
* ISD4004 停止当前操作
*******************************************/
void STOPP()
{
    ISDX(0x30);                        //发 0X110XXX
    IS_CE = 1;                         //关片选
    YS50();                            //延时 50 ms
    YS50();                            //延时 50 ms
```

}
/***
*   ISD 掉电
* ISD4004 的掉电程序
***/
void DSTOP( )
{
    ISDX(0x10);   //发 0X010XXXXXXXXX
    IS_CE = 1;   //关片选
    YS50();   //延时 50 ms
    YS50();   //延时 50 ms
}

6. lcd1602.c

```
#include <main.h>


//为 HD1602 的指令定义
#define     LCM_CLS     0x01        //清屏
#define     LCM_GW      0x02        //归位
#define     LCM_ZJ      0x06        //数据读/写后,指针加 1
#define     LCM_K       0x0F        //显示开,光标开,闪烁开
#define     LCM_G       0x0C        //显示开,光标关,闪烁关
#define     LCM_ZY      0x10        //光标左移
#define     LCM_YY      0x14        //光标右移
#define     LCM_GF      0x30        //工作方式
#define     LCM_CG      0x40        //CGRAM 设置
#define     LCM_DD      0x80        //DDRAM 设置


//以下是子程序
/*********************************************
*              BF 和 AC 的读值函数
* 条件:调用这个函数,PC 口必须定义为输出
*********************************************/
uchar pr_du_bf()
{
    uchar volatile bfac;
    RS = 0;                              //设置读取 BF 和 AC 模式
    RW = 1;
    LCDE = 1;
```

```
    _pbc = 0xff;                           //设置连接 LCM 端口为输入功能
    LCDE = 0;
    bfac = _pb;                            //读取 LCM 数据
    return(bfac);                          //将值返回
}
/* * * * * * * * * * * * * * * * * * * * * * * * * * * * * * * * * * * * *
 *                          写指令代码函数
 * 条件：调用这个函数，PC 口必须定义为输出
 * * * * * * * * * * * * * * * * * * * * * * * * * * * * * * * * * * * * */
void pr_xie_com(uchar com)
{
    uchar busy;
    RS = 0;                                //设置读取 BF 和 AC 模式
    RW = 1;
pr11: LCDE = 1;
    _pbc = 0xff;                           //设置连接 LCM 端口为输入功能
    LCDE = 0;
    busy = _pb;                            //数据的读出
    busy << = 1;
    if(_c)                                 //如果为1，则证明忙，跳回重读、重判
    {
        goto pr11;
    }
    RW = 0;                                //设置发送命令模式
    _pbc = 0x00;                           //设置连接 LCM 端口为输出功能
    _pb = com;                             //命令的写入
    LCDE = 1;
    _nop();
    LCDE = 0;
}
/* * * * * * * * * * * * * * * * * * * * * * * * * * * * * * * * * * * * *
 *                          写显示数据函数
 * 条件：调用这个函数，PC 口必须定义为输出
 * * * * * * * * * * * * * * * * * * * * * * * * * * * * * * * * * * * * */
void pr_xie_dat(uchar dat)
{
    uchar busy;
    RS = 0;                                //设置读取 BF 和 AC 模式
    RW = 1;
```

```
pr21: LCDE = 1;
    _pbc = 0xff;                        //设置连接 LCM 端口为输入功能
    LCDE = 0;
    busy = _pb;                         //数据的读出
    busy << = 1;
    if(_c)                              //如果为1,则证明忙,跳回重读、重判
    {
        goto pr21;
    }
    RS = 1;                             //设置写数据模式
    RW = 0;
    _pbc = 0x00;                        //设置连接 LCM 端口为输出功能
    _pb = dat;                          //命令的写入
    LCDE = 1;
    _nop();
    LCDE = 0;
}
/* * * * * * * * * * * * * * * * * * * * * * * * * * * * * * * * * * * * *
 *                    读显示数据函数
 * 条件：调用这个函数,PC 口必须定义为输出
 * * * * * * * * * * * * * * * * * * * * * * * * * * * * * * * * * * * * */
uchar pr_du_dat()
{
    uchar busy,dat;
    RS = 0;                             //设置读取 BF 和 AC 模式
    RW = 1;
pr31: LCDE = 1;
    _pbc = 0xff;                        //设置连接 LCM 端口为输入功能
    LCDE = 0;
    busy = _pb;                         //数据的读出
    busy << = 1;
    if(_c)                              //如果为1,则证明忙,跳回重读、重判
    {
        goto pr31;
    }
    _pbc = 0xff;                        //设置连接 LCM 端口为输入功能,准备读
    RS = 1;                             //设置读数据模式
    RW = 1;
    LCDE = 1;
```

```c
    dat = _pb;
    LCDE = 0;
    return(dat);
}
/* * * * * * * * * * * * * * * * * * * * * * * * * * * * * * * * * * * * * * *
 *                            延时子程序
 * 条件：调用这个函数，PC 口必须定义为输出
 * * * * * * * * * * * * * * * * * * * * * * * * * * * * * * * * * * * * * * */
void delay()
{
    uchar i,j;
    for(i = 0;i<0xff;i++)
    {
        for(j = 0;j<0xff;j++)
            ;
    }
}
/* * * * * * * * * * * * * * * * * * * * * * * * * * * * * * * * * * * * * * *
 *                            LCM 初始化函数
 * 条件：调用这个函数，PC 口必须定义为输出
 * * * * * * * * * * * * * * * * * * * * * * * * * * * * * * * * * * * * * * */
void lcd1602_init()
{
    uchar i;
    RS = 0;                              //设置读取 BF 和 AC 模式
    RW = 0;
    _pbc = 0x00;                         //设置连接 LCM 端口为输出功能
    _pb = LCM_GF;
    for(i = 0;i<3;i++)
    {
        LCDE = 1;
        LCDE = 0;
        delay();
    }
    _pb = 0x38;                          //设置工作方式
    LCDE = 1;
    LCDE = 0;
    pr_xie_com(LCM_CLS);                 //清屏
    pr_xie_com(LCM_ZJ);                  //设置输入方式
```

```c
    pr_xie_com(LCM_K);                          //设置显示方式
}

/* * * * * * * * * * * * * * * * * * * * * * * * * * * * * * * * * * * * * * *
 *                              键盘指示灯的初始化程序
 * 将指示灯熄灭
 * 按键寄存器赋初值
 * * * * * * * * * * * * * * * * * * * * * * * * * * * * * * * * * * * * * * */
void jpzsd_init()
{
    DENG1 = 1;                                  //熄灭所有灯
    DENG2 = 1;
    DENG3 = 1;
}
/* * * * * * * * * * * * * * * * * * * * * * * * * * * * * * * * * * * * * * *
 *                              液晶显示报警情况程序
 * BJJB：地址    BJFQ：地址
 * 年—月—日 时:分:秒
 * * * * * * * * * * * * * * * * * * * * * * * * * * * * * * * * * * * * * * */
void lcd_bj()
{
    pr_xie_dat(0x42);                           //B
    pr_xie_dat(0x4a);                           //J
    pr_xie_dat(0x4a);                           //J
    pr_xie_dat(0x42);                           //B
    pr_xie_dat(0x3A);                           //":"
    pr_xie_dat(0x30);                           //级别高位(本程序预留级别功能,未正式划分)
    pr_xie_dat(0x31);                           //级别低位
    pr_xie_dat(0x20);
    pr_xie_dat(0x42);                           //B
    pr_xie_dat(0x4A);                           //J
    pr_xie_dat(0x46);                           //F
    pr_xie_dat(0x51);                           //Q
    pr_xie_dat(0x3A);                           //":"
    pr_xie_dat(0x30 + bjaddr/10);               //地址高位
    pr_xie_dat(0x30 + bjaddr%10);               //地址低位
    pr_xie_dat(0x20);

    ht_read();                                  //读出日期、时间
```

```c
    pr_xie_dat(0x32);                    //2
    pr_xie_dat(0x30);                    //0
    pr_xie_dat(0x30 + nyr[6]/10);        //年十位
    pr_xie_dat(0x30 + nyr[6]%10);        //年个位
    pr_xie_dat(0x2D);                    //"—"
    pr_xie_dat(0x30 + nyr[5]/10);        //月十位
    pr_xie_dat(0x30 + nyr[5]%10);        //月个位
    pr_xie_dat(0x2D);                    //"—"
    pr_xie_dat(0x30 + nyr[4]/10);        //日十位
    pr_xie_dat(0x30 + nyr[4]%10);        //日个位
    pr_xie_dat(0x20);
    pr_xie_dat(0x30 + nyr[2]/10);        //时十位
    pr_xie_dat(0x30 + nyr[2]%10);        //时个位
    pr_xie_dat(0x3A);                    //":"
    pr_xie_dat(0x30 + nyr[1]/10);        //分十位
    pr_xie_dat(0x30 + nyr[1]%10);        //分个位
    pr_xie_dat(0x3A);                    //":"
    pr_xie_dat(0x30 + nyr[0]/10);        //秒十位
    pr_xie_dat(0x30 + nyr[0]%10);        //秒个位
}
/ * * * * * * * * * * * * * * * * * * * * * * * * * * * * * * * * * * * * * *
 *                    液晶正常显示程序
 * JTFD - 02
 * 年—月—日 时:分:秒
 * * * * * * * * * * * * * * * * * * * * * * * * * * * * * * * * * * * * * * /
void    lcd_zc()
{
    pr_xie_dat(0x20);
    pr_xie_dat(0x20);
    pr_xie_dat(0x20);
    pr_xie_dat(0x20);
    pr_xie_dat(0x4A);                    //J
    pr_xie_dat(0x54);                    //T
    pr_xie_dat(0x46);                    //F
    pr_xie_dat(0x44);                    //D
    pr_xie_dat(0x2D);                    //"—"
    pr_xie_dat(0x30);                    //0
    pr_xie_dat(0x32);                    //2
```

```c
    pr_xie_com(0X68);                        //移动到下一行
    ht_read();                               //读出日期时间
    pr_xie_dat(0x32);                        //2
    pr_xie_dat(0x30);                        //0
    pr_xie_dat(0x30 + nyr[6]/10);            //年十位
    pr_xie_dat(0x30 + nyr[6]%10);            //年个位
    pr_xie_dat(0x2D);                        //"—"
    pr_xie_dat(0x30 + nyr[5]/10);            //月十位
    pr_xie_dat(0x30 + nyr[5]%10);            //月个位
    pr_xie_dat(0x2D);                        //"—"
    pr_xie_dat(0x30 + nyr[4]/10);            //日十位
    pr_xie_dat(0x30 + nyr[4]%10);            //日个位
    pr_xie_dat(0x20);
    pr_xie_dat(0x30 + nyr[2]/10);            //时十位
    pr_xie_dat(0x30 + nyr[2]%10);            //时个位
    pr_xie_dat(0x3A);                        //":"
    pr_xie_dat(0x30 + nyr[1]/10);            //分十位
    pr_xie_dat(0x30 + nyr[1]%10);            //分个位
    pr_xie_dat(0x3A);                        //":"
    pr_xie_dat(0x30 + nyr[0]/10);            //秒十位
    pr_xie_dat(0x30 + nyr[0]%10);            //秒个位
}
/************************************************
*                    液晶显示拨号程序
* BJJB：地址      BJFQ：地址
* TELL：号码
*************************************************/
void    lcd_bh()
{
    uchar i;
    pr_xie_dat(0x42);                        //B
    pr_xie_dat(0x4a);                        //J
    pr_xie_dat(0x4a);                        //J
    pr_xie_dat(0x42);                        //B
    pr_xie_dat(0x3A);                        //":"
    pr_xie_dat(0x30);                        //级别高位(本程序预留级别功能,未正式划分)
    pr_xie_dat(0x31);                        //级别低位
    pr_xie_dat(0x20);
    pr_xie_dat(0x42);                        //B
```

```
    pr_xie_dat(0x4A);                      //J
    pr_xie_dat(0x46);                      //F
    pr_xie_dat(0x51);                      //Q
    pr_xie_dat(0x3A);                      //":"
    pr_xie_dat(0x30 + bjaddr/10);          //地址高位
    pr_xie_dat(0x30 + bjaddr%10);          //地址低位
    pr_xie_dat(0x20);

    pr_xie_dat(0x54);                      //T
    pr_xie_dat(0x45);                      //E
    pr_xie_dat(0x4C);                      //L
    pr_xie_dat(0x4C);                      //L
    pr_xie_dat(0x3A);                      //":"
    for(i = 0;i<8;i++)
    {
        pr_xie_dat(0x30 + dhhm[i]);        //电话号码
    }
}
```

7. nrf401.c

```
#include <main.h>
#define bittime 0x683       //波特率为 1 200
                            //寄存器数 = (1/1 200)/(4/8 000 000) = 1 666.666 66
#define    mk_num    12     //模块数目可以放到 24C02 中根据具体情况设定

#pragma vector external_isr    @   0x04
#pragma vector timer0_isr      @   0x08
#pragma vector timer1_isr      @   0x0c


void mnck();
void t1_init();
void nRF401_init(void);
uchar uartsend(uchar data);
void sjfx();


/*
    (1) 利用定时器 1 和外部中断模拟异步半双工 UART 口功能程序
    (2) 接收功能
    要正确接收数据流,首先要检测起始位。由于接收与 PF3 和 INT 连在一起,因此一旦低电平有效,
```

则启动 INT 中断。首次响应中断，定时器设置定时周期为 1/2 码元宽度，以便保证在起始位中间位置定时中断采样 DOUT(PF3)引脚。如果采样电平为高，则起始位就是虚假信号，定时器立即停止定时并退出子程序；如果为低，则认为检测到起始位，置位 RCV，关闭外部中断 INT，以免数据流中的 0 再被误认为是起始位。接收后续数据时，每次定时器设置定时周期为 1 个码元宽度，保证在码元中间采样，从而减少误码。当收到 8 位数据后，再检测停止位。若数据接收正确，则格式化输出数据 SBUF（去掉起始位、停止位），同时计数器清零，置位 RI（接收标志位）标志位，清除 RCV 并开中断，为下一次检测数据流的起始位做好准备。

(3) 发送功能

一旦发送数据，并且发送子程序被调用，则必须先将发送数据格式化（加上起始位、停止位），并存在某个存储单元以备发送。然后，检测 TX 位是否被置位（即有无数据正在发送）。若是，则循环等待直到 TX（发送标志位，在 UART 状态寄存器中设定）被复位为止。要知道何时开始发送下一个数据，需要定时器定时中断来控制，同时还需要一个发送计数器控制程序流程。由于发送和接收是独立进行的，它们共用唯一的一个定时器，因此如果 UART 在接收数据过程中定时器突然被发送功能占用，则必然会破坏数据。发送数据前必须检测 RCV 标志位，确认没有正在接收数据后才能开始发送数据；否则发送程序等待。因此，准确地讲，这种发送接收方式只是一种半双工方式，发送和接收不能同时进行。如果要实现全双工通信，则无论是否正在接收数据，发送都要延迟一段时间等待下一次接收，然后与其同步进行。

(4) 发送数据在主循环进行，接收数据也在主循环进行，不过查询 RI 的标志必须实时，不能太短。

```
* /
//关于模拟串口的初始化程序
void mnck()
{
    _tmr0c = 0x80;              //设置定时模式内部时钟系统时钟 4 分频,关闭定时器
    _tmr0h = (bittime/2)/256;   //半位时间,高位送
    _tmr0l = (bittime/2)%256;   //半位时间,低位送
    _intc = 0x04;               //总中断、外部中断、定时器 0 中断开放
    rec_count = 0;              //接收数据个数为 0
    RCV = 0;                    //正在接收数据标志清零
}


//定时器 1 初始化
void t1_init()
{
    _tmr1c = 0x80;              //设置定时模式内部时钟系统时钟 4 分频,关闭定时器
    _tmr1h = 0xff;
    _tmr1l = 0xff;
    _t1on = 1;
    _et1i = 1;                  //开放定时器 1 溢出中断
    t1time = 0;                 //清零中断次数
```

```
        yf_addr = 0;                        //已发数目清零
}
void nRF401_init(void)
{
        TXEN = 0;                           //接收
        PWR_UP = 1;                         //上电
        mnck();                             //串口模拟初始化
        t1_init();
}

//串口发送程序
//返回 0,表示执行成功
//返回 1,表示执行失败
uchar uartsend(uchar data)
{
        uchar i;
        i = 0;

        if(RCV == 1)
        {
                return(1);
        }
        else
        {
                TI = 1;                     //置正在发送标志
                _tmr0h = bittime/256;       //半位时间,高位送
                _tmr0l = bittime % 256;     //半位时间,低位送
                _t0on = 1;                  //启动定时器
                _et0i = 0;                  //关闭定时器溢出中断
                DIN = 0;                    //起始位
                while(! _t0f);              //定时器溢出产生结束
                for(i = 0;i<8;i++)
                {
                        if(data&0x01)
                        {
                                DIN = 1;
                        }
                        else
                        {
```

```c
            DIN = 0;
        }
        data = data >> 1;
        _t0f = 0;
        while(! _t0f);                    //定时器溢出产生结束
    }
    DIN = 0;                              //停止位
    while(! _t0f);                        //定时器溢出产生结束
    _t0on = 0;                            //停止定时器
    TI = 0;                               //没有数据在发送
    return(0);
}
//外部中断程序
void external_isr()
{
    _t0on = 1;                            //启动定时器0
    recwei = 0;                           //接收位数清零
}
//定时器0中断程序
void timer0_isr()
{
    switch(recwei){
    case 0:
        if(DOUT == 1)                     //起始位为0
        {
            _t0on = 0;                    //关闭定时器0
        }
        else
        {
            _eei = 0;                     //关闭外部中断
            SBUF = 0;
            RCV = 1;                      //正在接收数据
            _tmr0h = bittime/256;         //半位时间,高位送
            _tmr0l = bittime % 256;       //半位时间,低位送
        }
        recwei++;
        break;
    case 9:                               //停止位为1
```

```c
        RCV = 0;                        //数据接收完毕
        if(DOUT == 1)
        {
            _t0on = 0;                  //关闭定时器 0
            _eei = 1;                   //开放 INT
            rec[rec_count ++] = SBUF;
            if(rec_count == 7)
            {
                RI = 1;                 //收到 7 字节数据
            }
        }
        else
        {
            _t0on = 0;                  //关闭定时器 0
            _eei = 1;                   //开放 INT
        }
        break;
    default:
        if(DOUT == 1)
        {
            SBUF = SBUF | 0x80;
        }
        SBUF = SBUF >> 1;               //数据右移,先收到 LSB
        recwei ++;
    }
}


/******************************************************
*                       串口数据分析
* 符合协议 EB 90 FF ADDR 01 0X XOR
* 将报警地址存于 bjaddr
******************************************************/
void sjfx()
{
    uchar jym;
    if((rec[0] == 0xeb) && (rec[1] == 0x90) && (rec[2] == 0xff))
    {
        jym = 0x84^rec[3];              //0x84 是前 3 字节的"异或"
        jym = jym^rec[4];
```

```c
            jym = jym^rec[5];
            if(jym == rec[6])
            {
                bjaddr = rec[3];                //保存报警地址
                bjnr = rec[5];                  //保存报警内容
                bj_wcl = 1;                     //置报警未处理标志
            }
        }
    }
}
/* * * * * * * * * * * * * * * * * * * * * * * * * * * * * * * * * * * * * *
 *                          定时器 1 中断
 * 用于定时发送给子模块的查询帧
 *                          判断 4×4 按键
 * 先将高 4 位的某一位送出低电平其余 3 位为高电平,低 4 位接收,判断按键是否按下换高 4 位的另一
 * 位,低 4 位重复接收,定时循环判断返回 key,几位寄存器,每一位代表一个按键,有按键的位置 1
 * * * * * * * * * * * * * * * * * * * * * * * * * * * * * * * * * * * * */
void timer1_isr()
{
    uchar i;
    uchar key_re;
    _tmr1h = 0xff;
    _tmr1l = 0xff;
    _pd = 0x7f;
    key_re = _pd;                       //送第 1 行
    if(!(key_re&0x01))
    {
        key| = 0x01;                    //第 1 个按键
    }
    else if(!(key_re&0x02))
    {
        key| = 0x10;                    //第 5 个按键
    }
    else if(!(key_re&0x04))
    {
        key| = 0x100;                   //第 9 个按键
    }
    else if(!(key_re&0x08))
    {
        key| = 0x1000;                  //第 13 个按键
    }
```

```c
}
_pd = 0xbf;
key_re = _pd;                          //送第 2 行
if(!(key_re&0x01))
{
    key| = 0x02;                       //第 2 个按键
}
else if(!(key_re&0x02))
{
    key| = 0x20;                       //第 6 个按键
}
else if(!(key_re&0x04))
{
    key| = 0x200;                      //第 10 个按键
}
else if(!(key_re&0x08))
{
    key| = 0x2000;                     //第 14 个按键
}
_pd = 0xdf;
key_re = _pd;                          //送第 3 行
if(!(key_re&0x01))
{
    key| = 0x04;                       //第 3 个按键
}
else if(!(key_re&0x02))
{
    key| = 0x40;                       //第 7 个按键
}
else if(!(key_re&0x04))
{
    key| = 0x400;                      //第 11 个按键
}
else if(!(key_re&0x08))
{
    key| = 0x4000;                     //第 15 个按键
}
_pd = 0xef;
key_re = _pd;                          //送第 4 行
```

```c
        if(!(key_re&0x01))
        {
            key|=0x08;                    //第 4 个按键
        }
        else if(!(key_re&0x02))
        {
            key|=0x80;                    //第 8 个按键
        }
        else if(!(key_re&0x04))
        {
            key|=0x800;                   //第 12 个按键
        }
        else if(!(key_re&0x08))
        {
            key|=0x8000;                  //第 16 个按键
        }

        if((t1time++>31) && (RCV==0))     //定时 2 s 且没有接收、发送
        {
            t1time=0;
            if(yf_addr++ > mk_num)
            {
                yf_addr=1;
            }
            timedao=1;
        }
    }
```

8. main. h

```c
#include <ht48r70a-1.h>

#define uchar    unsigned    char
#define uint     unsigned    int
#define ulong    unsigned    long

/*******************************************************
*                          管脚定义
* 引脚定义应与原理图上标号相同,便于编程
********************************************************/
```

```
#define     RS          _pb2
#define     RW          _pb3
#define     LCDE        _pb4
#define     LED         _pb5
#define     DENG1       _pb6
#define     DENG2       _pb7

#define     HTS_OE      _pc0
#define     HTS_DV      _pc1
#define     HTS_PWDN    _pc2
#define     HTF_CE      _pc3
#define     SCL         _pc4
#define     SDA         _pc5
#define     ISDINT      _pc6
#define     KZJD        _pc7

#define     LDJC        _pe0
#define     HLJC        _pe1
#define     ZJKZ        _pe2
#define     RAC         _pe3
#define     MISO        _pe4
#define     MOSI        _pe5
#define     IS_CE       _pe6
#define     SCLK        _pe7

#define     TXEN        _pf0
#define     PWR_UP      _pf1
#define     DIN         _pf2
#define     DOUT        _pf3
#define     DENG3       _pf4
#define     RST         _pf5
#define     HSCLK       _pf6
#define     IO_DATA     _pf7
```

/ *
*   全局变量定义
* 所有全局变量都在,便于编程
* /
extern bit   led1;   //灯控制寄存器1、2、3

```
extern bit       led2;
extern bit       led3;
extern bit       timedao;        //定时器1中断进入次数标志
extern bit       bj_wcl;         //报警未处理标志
extern bit       TI;             //数据正在发送
extern bit       RCV;            //正在接收数据
extern bit       RI;             //接收到7字节数据
extern bit       ack;            //24C02的应答位

extern uchar     dhhm[8];        //电话号码
extern uchar     send[7];        //发送7字节
extern uchar     rec[7];         //接收7字节
extern uchar     nyr[7];         //年月日星期时分秒
extern uchar     isdl;           //ISD的地址分配：低isdl、高isdh(只能是100的倍数)
extern uchar     isdh;
extern uint      key;            //按键返回值
extern uchar     t1time;         //定时器1中断次数 32.768 ms进1次中断,2 s需要进中断
                                 // 31.035 次
extern uchar     yf_addr;        //已发送的地址
extern uchar     bjaddr;         //报警地址
extern uchar     bjnr;           //报警内容
extern uchar     rec_count;      //接收字节计数
extern uchar     SBUF;           //接收发送数据缓冲
extern uchar     recwei;         //接收位数
extern uchar     BYTE;           //1380命令
extern uchar     bytecnt;        //1380字节数
```

9. *.h

*.h代表所有子模块,这些子模块的编程相同,就是将函数用extern声明即可。下面给出一个例子：

```
/*******************************************
*                无子地址发送字节数据函数
* 功能：从启动总线到发送地址及数据,结束总线的全过程,从器件地址为sla 如果返回1,则表示
*       操作成功;否则操作有误
*******************************************/
extern bit ISendByte(uchar sla,uchar c);
```

这是24c02.h中声明函数的功能。

.h应将.c中的所有函数都声明,便于主函数查询调用。

4.3 红外探测报警模块

4.3.1 功能与原理*

在自然界,任何高于绝对温度(−273 ℃)的物体都将产生红外光谱,不同温度的物体,其释放的红外能量的波长是不一样的,因此红外波长与温度的高低是相关的。红外探测技术主要有以下优点:

◆ 环境适应性好,在夜间和恶劣气候下也能正常工作。
◆ 隐蔽性好,不易被其他信号干扰而自身又不易被发现。
◆ 识别能力强,由于是靠目标和背景之间、目标各部分的温度和发射率差形成的红外辐射差进行探测,因此只要自身能产生温度的物体,不管怎么伪装也能被发现。
◆ 红外系统的体积小,重量轻,功耗低。

由于以上优点,因此近年来红外线探测技术发展速度很快,特别是一些廉价、实用的红外探测传感器的出现,使红外探测技术在各种领域应用相当广泛,例如国家军事工业、情报部门、民用防盗报警等。本红外探测报警模块主要用来对家庭住宅小区的防盗监控,其是家庭防盗报警的一部分。

根据家庭防盗报警系统整体框架及应用,本模块具有以下一些功能:

① 能够完成对某一监控区域非法入侵者的监控,并将非法入侵信息传递给报警主机,以使监控主机立即采取相应措施。

② 本模块通过无线数据的收发与报警主机随时进行通信,采用无线收发的方式,使模块使用起来极为方便。如果想换一个监控区域,则只是把模块从这个监控区域拿到另一个区域的适合地方重新安置即可。

③ 整个模块电路具有休眠功能。当红外探测传感器探测到入侵信号时,其首先启动模块主机电路,完成对报警主机的信息发送,发送完后5 s内若再没有监测信号,则整个模块又将进入低功耗状态,所以大部分时间,模块都工作在低功耗状态下,只是当有入侵者进入监控区域时才会启动模块电路,完成报警信息的发送。

4.3.2 外观设计

由于模块设计完后自身相当于一个独立的产品,所以其应满足如下要求:

---

* 本小节资料来源于《探测器大全原理汇编》。

图 4.48 红外探测模块外壳面膜图

① 外观设计应符合人的审美观念。

② 由于模块需要放置在某一位置,如墙壁上,所以其应方便安装。

③ 由于模块自带电池供电,所以还应方便电池的安装及更换。

外壳图形面膜如图 4.48 所示。

外壳设计说明:

① 中间方形阴影部分用来装菲尼尔透镜,安装菲尼尔透镜时,一定要注意安装的正确,以确保透镜聚焦在红外传感器上。

② 指示灯用于指示模块工作情况:灯灭表示模块处于待机状态;灯亮表示模块处于工作状态;闪烁表示模块正在发送数据。

③ 电池盒在外壳的后面,装 9 V 的电池即可。

④ 天线在模块的顶端。

4.3.3 主要电路设计*

红外探测报警模块主要由探测器模块、主机电路、无线收发模块和电源模块组成。其结构图如图 4.49 所示。

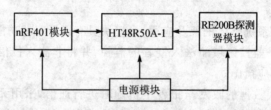

图 4.49 硬件电路结构图

1. 主机电路

主机电路采用 HT48R50A-1 单片机,用于对报警信号的处理、储存和记录,如图 4.50 所示。

① HT48R50A-1 是 Holtek 公司的 I/O 型单片机,其主要性能如下:

◆ 低功耗完全静态 CMOS 设计;

◆ 工作电压范围宽,在 4 MHz 下,为 2.2~5.5 V;

◆ 在 5 V/4 MHz 下,功耗为 2 mA;

◆ PA 口具有唤醒功能;

---

* 本小节资料来源于《HT48R50A-1 数据手册》。

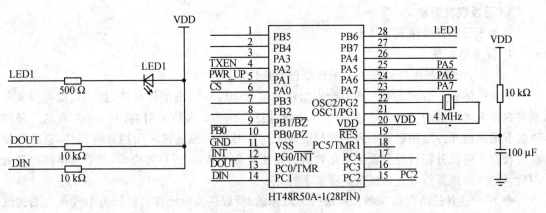

图 4.50　主机电路设计图

- 有看门狗定时器；
- 有两个定时器；
- 4 KB×15 的程序存储空间(OTP)；
- 160×8 位的片内 RAM。

Holtek 公司所有单片机都具有休眠功能,所有单片机都可以处于低功耗运行模式。据资料介绍,当 HoltekI/O 型单片机处于低功耗时,其功耗只有几个微安。这极大地降低了能耗。Holtek 单片机唤醒可通过外部复位、PA 口下降沿、系统中断、WDT 溢出和 RX 引脚的下降沿这 5 种方式。

其中,在本模块设计中,外部报警信息通过 PA7 口输入到单片机内部,单片机通过监测 PA7 口的电平判断外界是否有报警信息。如果模块电路在连续 5 s 内没有监测到报警信息,则 nRF401 模块与单片机进入休眠状态。如果外界具有报警信息,则 PA7 口输入低电平；如果没有报警信息,则输入为高电平。因此,模块电路的唤醒将由外界监测到报警信息后自动运行起来,并将报警信息无线发送给报警主机。

② LED1 用于模块工作灯的指示：当模块工作时,此灯被点亮；当发送信息时,此灯闪烁；当模块处于休眠状态时,此灯熄灭。

③ PC0、PC1 用于模拟 UART 通信,与 nRF401 的 DIN、DOUT 直接连接。PA0、PA1、PA2 用于控制 nRF401 芯片的工作模式。

2. 电源模块

考虑到模块的应用性,电源采用 9 V 干电池供电,内部用 7805 稳压管转换成 5 V 电源。电源模块电路如图 4.51 所示。

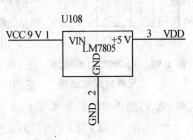

图 4.51　电源模块电路

3. 无线收发模块

有关无线收发模块见 4.2 节。

4. 探测器模块

(1) 被动式热释电红外探头的工作原理及特性

人体的体温一般在 37 ℃,所以会发出特定波长 10 μm 左右的红外线,被动式红外探头就是靠探测人体发射的 10 μm 左右的红外线而进行工作的。人体发射的 10 μm 左右的红外线通过菲尼尔滤光片增强后聚集到红外感应源上。红外感应源通常采用热释电元件,这种元件在接收到人体红外辐射温度发生变化时就会失去电荷平衡,向外释放电荷,经后续电路检测处理后就能产生报警信号。该探头具有如下特点:

◆ 由于这种探头是以探测人体辐射为目标的,所以热释电元件对波长为 10 μm 左右的红外辐射必须非常敏感。

◆ 为了仅仅对人体的红外辐射敏感,在它的辐射面通常覆盖有特殊的菲尼尔滤光片,使环境的干扰受到明显的控制作用。

◆ 被动红外探头的传感器包含两个互相串联或并联的热释电元,而且制成的两个电极化方向正好相反,环境背景辐射对两个热释电元件几乎具有相同的作用,使其产生的释电效应相互抵消,因此探测器无信号输出。

◆ 一旦人侵入探测区域内,人体红外辐射通过部分镜面聚焦,并被热释电元接收,但是两片热释电元接收到的热量不同,热释电也不同,不能抵消,经信号处理后即可报警。

◆ 根据性能要求不同,菲尼尔滤光片具有不同的焦距(感应距离),从而产生不同的监控视场,视场越多,控制越严密。

(2) 电路设计

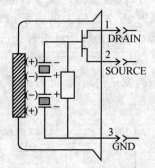

图 4.52 RE200B 红外检测元件内部电路图

传感器采用双元热释电红外检测元件 RE200B。该传感器采用热释电材料极化随温度变化的特殊探测红外辐射,并采用双灵敏元互补方法抑制干扰,以提高传感器的工作温度。其内部电路如下:1 脚接工作电压,其工作电压低且范围宽(2.2~15 V);2 脚为输出源极电压;3 脚为公共地,如图 4.52 所示。使用时,一般在 2 脚与 3 脚之间加 47 kΩ 的源极电阻,如图 4.53 中 R20,但应根据实际情况,适当调整 R20 的阻值。

由于本模块考虑到模块实用性问题,所以运放芯片采用低电压、单电源、低功耗 LMV324 芯片。LMV324 功耗是比同类产品低 20% 的 CMOS 放大器,工作电压为 2.7 V 时其最大工作电流为 120 μA;在 5 V 时,其典型工作电流为 100 μA。该运放芯片工作电压为 2.5~5.5 V,采用轨到轨的输出。LMV324 的引脚和 NS、TI 和 Maxim 的 LMV3XX 系列兼容,因此可直接替换。当 LMV324 工作在 5 V 时,带宽为 1.4 MHz,转换速率为 1.5 V/μs。

第 4 章 家庭防盗报警系统

信号输入部分由红外线传感器、信号放大电路、电压比较器、数字信号输入电路组成。当红外线探测传感器 J1 探测到前方人体辐射出的红外线信号时，由 J1 的 S 端引脚输出微弱的电信号（1～10 Hz），经三极管 Q3 等组成第一级放大电路放大（见图 4.53），再通过 C10 输入到运算放大器 U2A 中进行高增益、低噪声放大（见图 4.54），此时由 U2A 输出的信号已足够强。如图 4.55 所示，U2B 是电压比较器，二级放大信号 OUT2 由运放芯片 U2B 中 7 脚输入，R8、R9、R23、D5 组成基准电压电路，输入信号与反向输入端基准电压比较，当有盗贼进入监控范围内，热释红外线传感器监测到信号后，发出一个微弱的交变信号，经两级交流放大后，与基准电压进行比较，此时，经过放大的信号大于基准电压。通过 U2B 比较，其输出电平为运放工作电压高电平 5 V，三极管 Q3 导通，$\overline{INT}$ 引脚输出为低电平；当 OUT2 端输入没有信号时，输出为 0 V，所以三极管 Q3 截止，$\overline{INT}$ 引脚输出为高电平。调试时，在红外线传感器前人走动，调整 R23，直到 $\overline{INT}$ 引脚输出为低电平。各电路分别如图 4.52 至图 4.55 所示。

图 4.53 中，R20 是源极电阻，其阻值可以根据实际情况进行调整；产生的微弱信号由 S9014 进行放大。S9014 是 NPN 型三极管，其 I_c 静态工作电流达 100 mA，放大倍数最大可达 1 000 倍。R19 给 S9014 提供静态基极电压。放大后的信号由 C10 耦合到下一级。

图 4.56 中，用三极管 S9013 把 OUT3 的信号转换成单片机的入口电平信号。其主要原因是，当产生报警信号后，OUT3 输出约为 5 V 的工作电压，需要用三极管将其转换成低电平。这样，当有报警信号时，$\overline{INT}$ 引脚输出低电平，将给单片机 PA7 口一个低电平，而 PA7 口的一个低电平将使单片机退出低功耗状态，同时唤醒整个电路；而没有报警时，将输出持续的高电平。

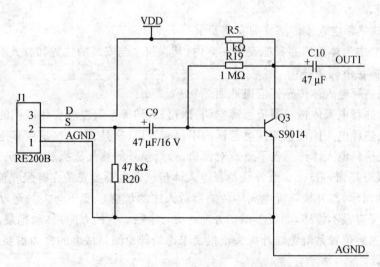

图 4.53　第一级放大电路图

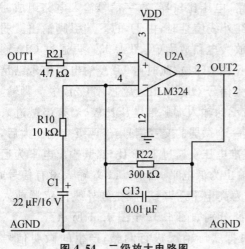

图 4.54　二级放大电路图

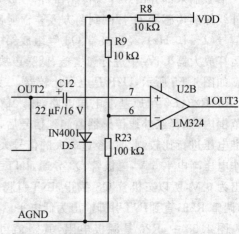

图 4.55　电压比较器电路图

(3) 注意事项

① 防小动物干扰：探测器应安装在推荐的使用高度，这样对探测范围内地面上的小动物一般不产生报警。

② 抗电磁干扰：探测器的抗电磁波干扰性能应符合 GB10408 中 4.6.1 要求，使得一般手机的电磁干扰不会引起误报。

③ 抗灯光干扰：探测器在正常灵敏度的范围内，当接收 3 m 外 H4 卤素灯透过玻璃照射时，不产生报警。

(4) 红外线热释电人体传感器的安装要求

红外线热释电人体传感器只能安装在室内，其误报率与安装的位置和方式有极大的关系。正确的安装应满足下列条件：

① 红外线热释电人体传感器应离地面 2.0～2.2 m。

② 红外线热释电人体传感器应远离空调、冰箱、火炉等空气温度变化敏感的地方。

③ 红外线热释电人体传感器探测范围内不得有屏风、家具、大型盆景或其他隔离物。

④ 红外线热释电人体传感器不要直对窗口，否则窗外的热气流扰动和人员走动会引起误报，有条件的最好把窗帘拉上。红外线热释电人体传感器也不要安装在有强气流活动的地方。

如图 4.57 所示，红外线热释电人体传感器对人体的敏感程度还与人的运动方向有关，它对于径向移动反应最不敏感，而对于横切方向（即与半径垂直的方向）移动则最为敏感。在现场选择合适的安装位置是避免红外探头误报及求得最佳检测灵敏度的极为重要的一环。

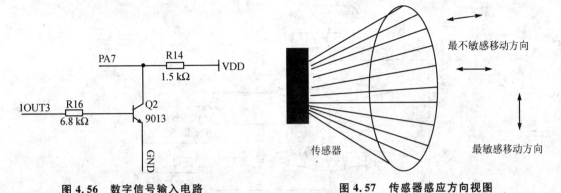

图 4.56 数字信号输入电路　　　　图 4.57 传感器感应方向视图

4.3.4 软件设计

1. 程序设计

本模块程序设计采用 C 语言编写,采用 C 语言能增强程序结构的模块化,也方便程序阅读及调试。该程序实现的功能如下:

① 程序能自动进入和退出休眠模式,采用休眠模式能降低能耗,也延长了干电池的使用时间。

② 程序在正常运行模式时能实时监测外围输入的报警信息,并与报警主机正常通信。

2. 无线收发协议

有关无线收发协议见 4.2 节。

3. 程序工作过程

主程序上电后,如果在连续 5 s 内没有采集到报警信号,则程序将进入低功耗状态。以后程序的启动将通过 PA7 口的低电平启动,也就是当有报警信号时,将自动启动程序运行。报警信息在定时器 0 中每 100 ms 采集一次,每秒对其处理一次。如果发现报警信息,将发送数据送发缓冲区,启动发送标志。如果连续 5 s 没有收到报警信息,则程序将再次进入低功耗状态。

无线收发通过 PC0、PC1 端口完成,由于 nRF401 可以直接通过串口输入数据,所以利用 HT48R50A-1 的 PC0、PC1 口模拟串口通信,同时占用定时器 1。由于本模块主要用来发送报警信息,所以程序对接收帧未作处理。如果有兴趣,则可以增加其接收帧判断功能。

主程序流程图如 4.58 所示。

4. 程序源代码

```
#include <ht48r50a-1.h>
#pragma vector extern0 @ 0x4        //外部中断入口
```

第 4 章 家庭防盗报警系统

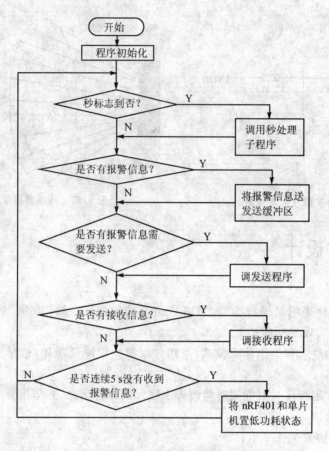

图 4.58 主程序流程图

```
#pragma vector timer0 @ 0x8        //定时器中断 0 入口
#pragma vector timer1 @ 0xc        //定时器中断 1 入口
#define addres 0x90
#define contrbyte 0xff
unsigned char count0;
unsigned char secondnum;
unsigned char bjjsbz;
unsigned char count1;
unsigned char bjword;
unsigned char sendbuf[10];         //发送缓冲区
unsigned char recebuf[10];         //接收缓冲区
#pragma rambank0;
bit secondp;
bit bj1;
```

```c
bit bj11;
bit bj2;
bit bj22;
bit bjbz;
bit bjbz1;
bit TM;
bit sendbz;
//检查是否有起始位
bit starton()
{
    return(_pc0 == 0);
}
//串口发送程序
void uartsend(unsigned char abuf)
{
    unsigned char i;
    i = 0;
    TM = 0;
    _pc1 = 0;
    _t1on = 1;                    //启动定时器1
    while(! TM);                  //发送起始位
    while(i<8)                    //发送1字节数据
    {
        if(abuf&1)
        _pc1 = 1;
        else
        _pc1 = 0;
        TM = 0;
        while(! TM);
        i ++ ;
        abuf >> = 1;
    }
    _pc1 = 1;                     //发送停止位
    TM = 0;
    while(! TM);
    _t1on = 0;                    //停止定时器1
}
//串口接收程序,返回接收1字节数据
unsigned char uartrecive()
```

```c
{
    unsigned char i,temp;
    temp = 0;
    i = 0;
    TM = 0;
    while(! TM);                        //起始位
    while(i<8)
    {
        temp >> = 1;
        if(_pc0)
        temp| = 0x80;
        i++;
        TM = 0;
        while(! TM);
    }
    TM = 0;
    while(! TM)                         //查询停止位
    {
        if(_pc1)
        break;
    }
    _t1on = 0;                          //停止定时器1
    return temp;
}
//无线接收程序
void nowirecive()
{
    unsigned int i;
    for(i = 0;i<10;i++)
    {
        recebuf[i] = uartrecive();
    }
}
//待机程序
void djzt()
{
    _pa1 = 0;                           //nRF401处于待机
    _nop();
    _nop();
```

```c
        _halt();                        //进入待机模式
}
//无线发送程序
void nowiresend()
{
    unsigned int i;
    sendbz = 0;
    for(i = 0;i<10;i++)
    {
        uartsend(sendbuf[i]);
        _nop();
    }
}
//发送报警信息
void bjsend()
{
    unsigned char temp;
    temp = 0;
    bjbz = 0;
    bjbz1 = 0;                          //清标志
    sendbuf[0] = 0xeb;                  //帧头
    temp^= sendbuf[0];
    sendbuf[1] = 0x90;
    temp^= sendbuf[1];
    sendbuf[2] = contrbyte;             //控制码
    temp^= sendbuf[2];
    sendbuf[3] = addres;                //地址
    temp^= sendbuf[3];
    sendbuf[4] = 0x01;                  //数据长度
    temp^= sendbuf[4];
    sendbuf[5] = bjword;                //报警信息
    temp^= sendbuf[5];
    sendbuf[6] = temp;                  //校验"异或"
    sendbz = 1;                         //启动发送
}
//秒处理程序,每秒处理一次报警信息
void miaocl()
{
    unsigned char temp1,temp2;
```

```c
        secondp = 0;
        bj11 = bj1;
        bj22 = bj2;
        bj1 = 1;
        bj2 = 0;
        temp1 = bj11&bj22;
        temp2 = bj11|bj22;
        if(! temp1)                    //有报警信号
        {
            bjbz = 1;                  //置报警标志
            bjword = 0x01;
        }
        else                           //没有报警信号
        secondnum ++ ;
        if(temp2)                      //在这 1 s 内曾产生过报警信号
        {
            bjbz1 = 1;
            bjword = 0x01;
        }
    }
}
//外部中断程序
void extern0()
{}
//定时器 0 程序
void timer0()
{
    count0 ++ ;
    if(count0 == 25)                   //50 ms 采集一次
    {
        bj1 = bj1&_pa7;
        bj2 = bj2|_pa7;
    }
    if(count0 == 500)
    secondp = 1;
}
//定时器 1 程序,用来模拟串口通信
void timer1()
{
    TM = 1;
```

```c
}
//主程序
void main()
{
    _clrwdt();                  //清看门狗
    _intc = 00;                 //关所有中断
    count0 = 0;                 //变量初始化
    count1 = 0;
    secondnum = 0;
    secondp = 0;
    bj1 = 1;
    bj2 = 0;
    bjbz = 0;
    bjbz1 = 0;
    _tmr0c = 0x87;              //定时器 0 设置定时模式
    _tmr1c = 0x84;              //定时器 1 设置定时模式
    _tmr0 = 0xe1;
    _tmr1l = 0xff;
    _tmr1h = 0xfd;              //波特率为 9 600,定时时间为 1/9 600 = 104.166 6 μs
    _pac = 0x7f;                //PA7 输入,其它输出
    _pbc = 0xff;                //PB 口全为输出
    _pcc = 0xff;                //PC 口为输出
    _pa1 = 1;                   //nRF401 处于工作模式
    _pa2 = 0;                   //nRF401 处于接收模式
    _pa0 = 0;
    _pb6 = 0;
    _pb7 = 1;                   //熄灭休眠灯,点亮工作灯
    _et0i = 1;                  //开定时器中断
    _et1i = 1;
    _emi = 1;                   //中断使能
    _t0e = 1;
    _t1e = 1;
    _t0on = 1;                  //启动定时器 0
    while(1)                    //主循环
    {
        if(secondp)
        miaocl();
        if(bjbz|bjbz1)          //有报警信号
        bjsend();               //发送报警信息
```

```
        if(secondnum == 5)          //5 s 内没有报警信号
        djzt();
        if(sendbz)
        nowiresend();                //无线发送
        if(starton())
        nowirerecive();              //无线接收
    }
}
```

4.4 有害气体报警模块

4.4.1 功　能

　　随着人民生活水平的不断提高,家用燃气作为绿色能源得到大量的应用,特别在城市中得到了普及。然而伴随燃气使用的同时,近年来由于因燃气泄漏而引起的火灾、爆炸和中毒事故的发生日渐趋多,严重地威胁着人们生命财产的安全,给家庭、财产、社会造成了十分严重的影响,给人民的生产、生活带来了难以估量的后果,也给城市燃气工程的普及带来了很大的阻力。一次又一次血的教训,使得如何防止燃气泄漏给人们造成不必要的损失已成为生活中一个重要课题。

　　一般民用燃气有以下3种形式:天然气、液化石油气、人工煤气。本文所讲解的有害气体就是指这3种气体。

　　天然气是蕴藏在地层内的可燃性气体,主要成分是低分子量烷烃的混合物,有些还含有氮、二氧化碳或硫化氢等,有些还含有少量的氦。天然气一般是由有机物质经生物化学作用分解而成。它或与石油共存于岩石的裂缝和空洞中,或以溶解状态存在于地下水中,由钻井开采而得,用管道输送。其密度低于空气。

　　煤气是由煤、焦炭、半焦等固体燃料和重油等液体燃料经过干馏或气化等过程所得到的气体产物的总称。按照生产方法一般可分为干馏煤气和气化煤气。干馏煤气包括高温、中温和低温干馏煤气。其主要成分是烷烃、烯烃、芳烃、一氧化碳和氢等可燃气体,并含有少量的二氧化碳和氮等不可燃气体。

　　液化石油气是指在常温下加压而液化的石油气,主要成分是碳三和碳四烃类。液化石油气来自炼厂的气、湿性天然气或油田伴生气。由天然气和油电伴生气所得到的液化石油气的主要成分是丙烷、丁烷和少量戊烷。

　　家用燃气给人们带来了方便,但也带来不少危害。主要危害如下:

　　① 以上所说的3种气体由于各种原因泄漏后,当室内燃气浓度超过爆炸下限时,遇打火

机、电器开关、静电等火种都会发生爆炸。

② 我国人工煤气成分虽然各不相同,但都内含有对人们身体有害的气体,尤其是含有较多的一氧化碳,众所周知,一氧化碳为剧毒气体,健康人在含一氧化碳1%浓度的空气中,10 min则产生痉挛,半个小时就会死亡。

近年来,政府也高度重视燃气安全工作,采取了一系列措施加强安全管理,但燃气安全管理工作涉及诸多因素,除了燃气供应企业加强安全宣传、安全检查,用户正确使用和选择燃气用具外,还需要通过技术手段,最大限度地减少燃气事故发生。

燃气发生爆炸也好,发生中毒也好,都与燃气的泄漏有关,如果燃气没有泄漏,或人们在使用燃气时特别注意或能提前知道,则这些事故也许不会发生。但到底人们在使用燃气的时候,燃气又是怎样泄漏的呢?据人们观察与事故后的经验总结,燃气发生泄漏主要有以下几方面:

① 点火失误。只听到"咔"的一声,实际并没有点着火,致使燃气泄漏;对于自动点火炉灶,虽然把旋钮打开,却没有把火点着。

② 冒锅或风吹灭。煮有水的食物,冒锅把火浇灭,而此时煤气又大开着,造成燃气泄漏。还有在用火过程中,突然来风把火吹灭,人不在场,造成泄漏。

③ 中途熄火。用火过程中,因燃气压力变化,中途熄火后造成燃气泄漏。

④ 总阀未关严。用火后,总阀未关严,产生小漏,时间一长,浓度增大。

⑤ 燃具使用错误。因小孩玩耍,或因围裙挂动造成燃气旋钮误开而泄漏。关火时虽然火灭了,实际上燃气旋钮并没有关到底,从而造成燃气泄漏。

⑥ 胶管故障或燃气管道损坏。燃气胶管老化或者软化,致使胶管漏气。燃气管道生锈腐蚀或出现裂缝造成漏气。

除了人为注意以上情况防止燃气泄漏外,利用仪器进行有效地检验、监测也是十分必要的。本文介绍的有害气体报警模块的主要作用是对燃气浓度进行监测,当达到一定浓度时进行报警,从而作为人们监测燃气泄漏的工具。它也是家庭防盗报警系统的一部分,通常与防盗报警主机配合使用。根据家庭防盗报警要求,有害气体报警模块主要应具有以下功能:

◆ 能监测到空气泄漏的燃气,并把燃气泄漏报警信息报给报警主机;
◆ 能根据需要检测室内任一处燃气管道,模块采用无线通信方式,便于安装;
◆ 模块能自动最大程度地降低能耗,使用低功耗设计,能够自动进入和退出休眠状态。

4.4.2 外观设计

根据家庭防盗系统结构整体规划,本模块外观设计需要考虑以下几部分:

① 外观设计符合人的审美观。

② 本模块探测器采用气敏传感器,外壳设计上应留有透气孔,能感受到流动的气体。

③ 模块设计成后,应方便模块不同位置的安装,如燃气管道上,厨房墙壁上等,以满足不

同位置对燃气泄漏的监测。

④ 此模块一般安装在厨房,所以还要考虑厨房内油烟的侵扰,防止长时间的污渍堆积糊住透气孔使模块感受不到流动的气体,造成漏报。

⑤ 本模块采用电池供电,所以电池的安装与更换也得方便。

根据以上外观设计要求,其外壳设计示意图如图 4.59 所示。

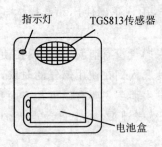

图 4.59　外壳设计示意图

本图只是作为外壳设计的参照图,其外壳的设计的没有强行定义,可以根据实际情况选择外壳,但要注意以下几点:

① 传感器所处的位置应是气流流通较顺畅的位置,并注意传感器的外罩,多使用金属网状。

② 电池最好安装在前方,方便电池的更换,无须把整个模块在拿下来。

③ 外壳后应留有挂钩或其他安装固定用的孔,如果安装在燃气管道上,则还可采用环状锁扣。

4.4.3　主要电路设计[*]

燃气探测模块主要有传感器模块、主机电路、无线收发和电源模块。其结构框图如图 4.60 所示。

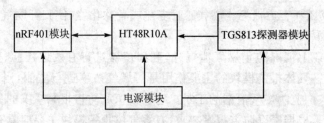

图 4.60　硬件电路结构图

1. 电路设计说明

由于此模块设计与家庭防盗系统报警模块设计整体结构一样,所以有关主机电路和无线收发模块、电源模块的详细设计见 4.3.3 小节。图 4.61 只给出了部分电路,其中无线收发模块未画出,图中只给出了连接符号。

2. 探测传感器电路设计

目前,气敏材料的发展使得气体传感器的灵敏度高,性能稳定,结构简单,体积小,价格便宜,并提高了传感器的选择性和敏感性。现有的燃气报警器,多采用氧化锡加贵金属催化剂气

---

[*] 本小节资料引自《HT48R10A-1 数据手册》。

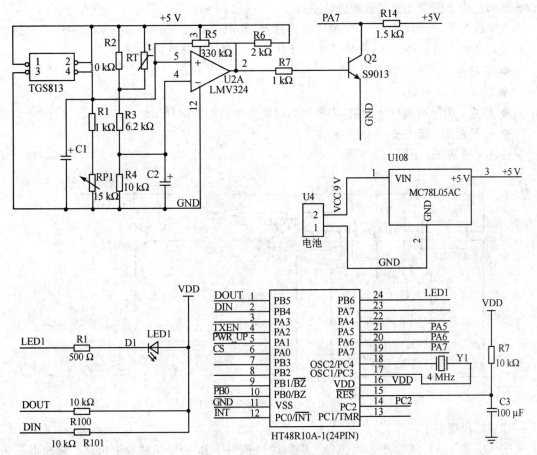

图 4.61 部分电路原理图

敏元件,选择性差,并且因催化剂中毒*而影响报警的准确性。半导体气敏材料对气体的敏感性与温度有关,常温下敏感度较低,随着温度的升高,敏感度增加,在一定温度下达到峰值。由于这些气敏材料在较高温度下(一般大于 100 ℃)的敏感度最好,这不仅要消耗额外的加热功率,还会引发火灾,因此这些气敏材料并不实用。

气体传感器的发展解决了这一问题。例如,用氧化铁系气敏陶瓷制作的气体传感器,不需要添加贵金属催化剂就可造成灵敏度高,稳定性好,具有一定选择性的气体传感器,并降低半导体气敏材料的工作温度,大大提高它们在常温下的灵敏度,使其能在常温下工作。目前,除了常用的单一金属氧化物气敏陶瓷传感器外,又开发了一些复合金属氧化物半导体气敏陶瓷

---

* 催化剂在活性稳定期间往往会因接触少量杂质而使活性显著下降,这种现象称为催化剂中毒。

传感器和混合金属氧化物气敏陶瓷传感器。

在本设计中,采用 TGS813 气敏陶瓷传感器,其由 Figaro Engineeing 公司制造。它适合在较大范围内检测各种气体,例如天然气、LP 气体和煤气。其性能如下:

- 工作电压:DC 5 V;
- 功耗:835 mW;
- 用途:用于可燃气体检测,主要检测对象为甲烷和丙烷异丁烷;
- 检测范围:$(500 \sim 10\,000) \times 10^{-6}$;

传感器原理图如图 4.62 所示。

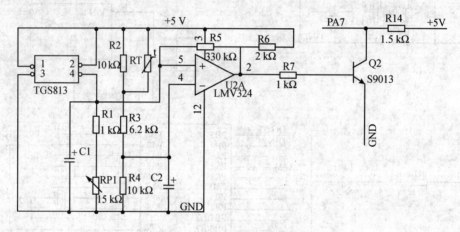

图 4.62 探测器部分原理图

原理图说明如下:

① 1、3 脚是 TGS813 供电电源输入引脚,2、4 脚、R1 和 RP1 组成检测电路。输出电压为 V_{RL},它是 R1 和 RP1 电阻两端的压降输出,此电压进入比较器的同相输入。

② R4 两端压降为比较器的基准电压,它由 R4 上的压降决定。元件 R4 也是温度补偿电路的一部分,补偿电路的其他部分还有 R2、R3 和 RT(热敏电阻)。电路的 R4 压降设计为 20 ℃时为 2.5 V。

③ 当天然气等易燃气体与传感器相接触时,如果检测电路的输出 V_{RL} 超过 R4 的上压降,则比较器的输出进入高电平,随后三极管 Q2 将起作用,并输出低电平。

④ 传感器电阻(R2)与环境温度和湿度有关,由于这个原因,将导致报警极限值的波动。为了补偿温度和湿度造成的变化,使用 NTC 热敏电阻(RT)。

4.4.4 软件设计

在软件设计方面,程序工作过程为:在平时,以 50 ms 的采样时间对 PA7 口采样,采样数据与上一次数据相"与"(第一次的数据位为1)和相"或"(第一次的数据位为0),每秒钟对采样数据处理一次。如果在 1 s 内采样到有效信号(在程序中对应采样到低电平,说明有报警信息),则启动无线发送,将报警信息发送给报警主机。如果在连续 5 s 内没有监测到报警信息,则程序首先将 nRF401 置入低功耗运行状态,然后再将单片机置入休眠状态。此种方式能降低能耗,延长电池使用时间。程序休眠后,由于 PA 口具有唤醒功能,所以通过报警信息程序又能自动运行起来。

1. 主程序

主程序主要用来检测一些标志位,如有无报警信息,有无报警信息需要发送,有无秒标志置位,有无无线接收标志等,并通过检测这些标志位,去调用相关的子程序,执行相关的功能。主程序流程图参见 4.3.4 小节中的图 4.58。

2. 重要程序

由于发送程序与红外探测报警模块一样,都采用 I/O 口模拟串口程序,所以有关这部分的程序将不再叙述,下面只写出有关采集部分程序。

采样部分程序如下:

```c
//秒处理程序,每秒处理一次报警信息
void miaocl()
{
    unsigned char temp1,temp2;
    secondp = 0;
    bj11 = bj1;
    bj22 = bj2;
    bj1 = 1;
    bj2 = 0;
    temp1 = bj11&bj22;
    temp2 = bj11|bj22;
    if(! temp1)                    //有报警信号
    {
        bjbz = 1;                  //置报警标志
        bjword = 0x01;
    }
    else                           //没有报警信号
    secondnum ++ ;
    if(temp2)                      //在这 1 s 内曾产生过报警信号
    {
        bjbz1 - 1;
        bjword = 0x01;
    }
```

```
}
//定时器 T0 程序
void timer0()
{
    count0 ++ ;
    if(count0 == 25)                //50 ms 采集一次
    {
        bj1 = bj1&_pa7;
        bj2 = bj2|_pa7;
    }
    if(count0 == 500)
    secondp = 1;                    //置秒标志
}
```

4.5 门窗磁报警模块

4.5.1 功　能

无线门窗磁传感器是一种在保安监控、安全防范系统中常用的器件。它工作可靠，体积小巧，尤其是通过无线的方式工作，使得其安装和使用非常方便、灵活。无线门窗磁传感器用来监控门或窗的开关状态，当门或窗不管何种原因被打开后，无线门窗磁传感器立即发射特定的无线电波，远距离向主机报警。主机接收到报警信息后，驱动报警电路，产生能使人发现的报警信号。

无线门窗磁报警模块采用省电设计，当门关闭时，它不发射无线电信号，此时耗电只有几个微安；当门被打开的瞬间，立即发射无线报警信号，然后自行停止，这时就算门一直打开也不会再发射信号了。这是为了防止发射机连续发射造成内部电池电量耗尽而影响报警。

无线门窗磁模块适用于居民住宅、办公室、商店柜台等的防盗。

无线门窗磁传感器是家庭防盗系统的一部分，根据其所起的作用，要设计的无线门磁报警模块应具有以下功能：

① 当处于被监测的门或窗在被打开后，模块能自动将此报警信息发送给监控主机。
② 无线门窗磁报警模块能与报警主机进行无线通信，省去布线的麻烦。
③ 采用干电池供电，使用起来极为方便。
④ 由于安装在门或窗的上面，更换电池比较麻烦，所以必须降低整个模块的功耗。

本模块设计有休眠功能，可以更大程度地降低功耗，从而延长了电池的使用寿命。

4.5.2 外观设计

无线门窗磁报警模块由两部分组成:一部分是安装在门上的磁条;另一部分是门窗磁模块。如图4.63所示,磁条与门窗磁模块的安装位置是在门的上方,也可根据屋内实际情况将磁条与磁窗安装在门的右方(门可以打开的一边)。但安装时一定要注意,门闭合时磁条与门窗磁模块之间的距离要小于5 mm。

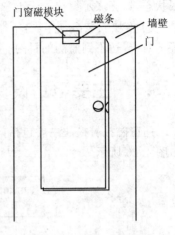

图4.63 模块安装示意图

根据其监测原理和实现的功能要求,在外观设计上有如下几点要求:

① 由于模块是安装在家里的门或窗户上,所以要注意模块外形应符合人的审美观,还要注意模块的掩蔽性,使非法入侵者不易发现,避免人为损坏。

② 由于模块放置在墙壁上或门上,所以还应使其安装方便。

③ 由于模块采用电池供电,所以应方便电池的安装与更换。

外壳面膜形状如图4.64所示。

关于外壳实体形状,可以采用长方体通用塑料盒封装(示意图见图4.65),在此不再叙述,但其设计要注意以下几点:

① 由于门窗磁模块由监测模块与磁条两部分组成,所以在安装完后模块内干簧管的位置与磁条的位置必须相对应,一般把干簧管的位置设计在外壳内四周,并在安装后与磁条相对应。

图4.64 外壳面膜图

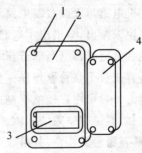

1:安装用螺丝孔;2:门窗磁模块;3:电池盒;4:磁条。

图4.65 外壳形状示意图

② 电池采用 9 V 的干电池,外壳前方应留有电池盒,方便电池的更换。
③ 发射天线在模块的顶端(图中并未画出)。
④ 指示灯用于指示模块的工作状态:闪烁表示模块正在发送信息;灯灭表示模块处于休眠状态;灯亮表示模块处于正常运行状态。
⑤ 模块安装必须牢固,不能随着门的活动而松动或位置移动,致使门窗磁模块与磁条位置不对应,达不到监测的目的。可以用螺丝将模块固定在门或墙上。

4.5.3 主要电路设计*

门窗磁报警模块主要包括门窗磁传感器、无线收发模块、主机电路和电源模块。其结构图如图 4.66 所示。

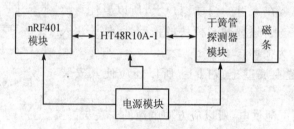

图 4.66 硬件结构框图

无线门窗磁传感器一般安装在门内侧的上方。它由两部分组成:较小的部件为永磁体,内部有一块永久磁铁,用来产生恒定的磁场;另一个部件为常开式的干簧管,当永磁体和干簧管靠得很近(小于 5 mm)时,无线门窗磁传感器处于工作守候状态,当永磁体离开干簧管一定距离后,干簧管断开,将驱使电路发送报警信息。

关于主机电路与无线收发电路详细设计见 4.3.3 小节。图 4.67 只给出了部分电路,其中无线收发模块未画出,只给出了电路连接符号。

下面就有关传感器电路部分作详细介绍。作为门窗磁传感器电路,其主要部分就是其干簧管。下面首先对干簧管原理作一介绍。

干簧管由一对采用磁性材料制造的弹性磁簧组成,磁簧密封于充有惰性气体的玻璃管中,磁簧端面互叠,但留有一条细间隙(见图 4.68)。磁簧端面触点镀有一层贵金属,例如铑或者钌,使开关具有稳定的特性,并可以延长使用寿命。

当由恒磁铁或线圈产生的磁场施加于开关上时,使干簧管两个磁簧磁化,并使一个磁簧在触点位置上生成一个 N 级,另一个磁簧的触点位置上生成一个 S 级,如图 4.69 所示。若生成

---

* 本小节资料引自《HT48R10A-1 数据手册》。

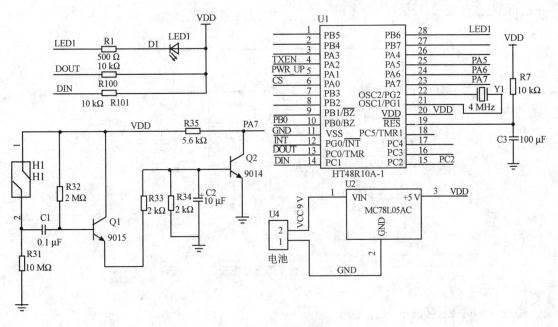

图 4.67 部分电路原理图

的磁场吸引力克服了磁簧的弹性产生的阻力,则磁簧在吸引力的作用下接触、导通,即电路闭合;一旦磁场力消除,磁簧因弹力作用又重新分开,即电路断开。

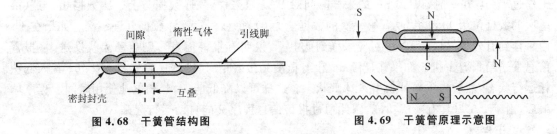

图 4.68 干簧管结构图　　　　　图 4.69 干簧管原理示意图

传感器电路设计如图 4.70 所示,电路中的 H1 是一个干簧管。当门关闭时,H1 吸合,C1 两端的电位相同,Q1 截止,Q2 也截止;当门被打开时,干簧管触点打开,有一个电流通过 Q1 的发射极、R32(和 H12 并联)→C1→R31→地,而流过 Q2 发射极的电流使得 Q2 导通,其集电极的电流通过 R33 流入 R34 和 Q2 的基极。由于流进 Q2 基极的电流较大,加之集电极电阻较大,Q2 饱和导通。PA7 输出低电平。

当门被打开后,流过 C1 的电流给 C1 充电,当 C1 充电结束后,Q1 又恢复截止状态,Q2 也随之恢复截止状态,PA7 输出高电平。由此看来,平时不论门是开还是关,Q1、Q2 均是截止的,PA7 口输出低电平只在门被打开一瞬间产生。由此看来,调整 C1 的大小能调整 PA7 输出低电平的时间。

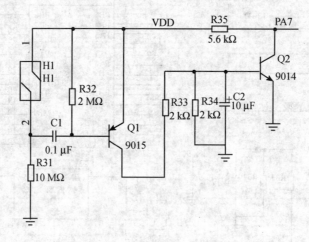

图 4.70 传感器电路原理图

4.5.4 软件设计

当无线门窗磁报警模块监测门或窗被非法打开后,立即将门或窗被打开的信息用无线的方式传递给报警主机,报警主机根据报警信息发出报警给人们以警示。在软件设计方面,程序工作过程为:在平时,以 50 ms 的采样时间对 PA7 口采样,采样数据与上一次数据相"与"(第一次的数据位为 1)和相"或"(第一次的数据位为 0),每秒钟对采样数据处理一次。如果在 1 s 内采样到有效信号(在程序中对应采样到低电平,说明有报警信息),则启动无线发送,将报警信息发送给报警主机。如果在连续 5 s 没有监测到报警信息,则程序首先将 nRF401 置入低功耗运行状态,然后再将单片机置入休眠状态。这样可以降低能耗,延长电池使用时间。程序休眠后,由于 PA 口具有唤醒功能,因此通过报警信息程序又能自动运行起来。

1. 主程序

主程序主要用来检测一些标志位,如有无报警信息,有无报警信息需要发送,有无秒标志置位,有无无线接收标志等,并通过检测这些标志位,去调用相关的子程序,执行相关的功能。主程序流程图参见 4.3.4 小节中的图 4.58。

2. 重要程序

由于发送程序与红外探测报警模块一样,都采用 I/O 口模拟串口程序,所以有关这部分程序将不再叙述。

4.6 无线声光报警模块

4.6.1 功能与原理

一个好的防盗报警系统,不但需要完善准确的报警输入信号,同时对于报警输出也不能忽视。报警输出有很多种方式:利用电信线路拨打电话将信息送出;就地声光报警;远程声光报警等。远方声光报警就是利用无线声光报警模块来实现的。前两种报警方式前面已经讲述了,不需要重复。远程声光报警的作用如下:

① 控制家里的灯光;

② 能够发出 100 dB 的报警信号;

③ 能够闪烁 LED 灯光,并与警车上的闪光灯使用同样的频率闪烁。

有了第①种功能,假设小偷夜间入侵,无线声光报警模块在接到报警主机的信号后控制房间里的灯突然亮起,肯定能够吓退小偷。这有一点像唱"空城计"的味道,根据人们的心里,小偷可能也会抱着"宁可信其有,不可信其无"的想法停止正在偷窃的行为。

有了第②、③种功能,在强大的声音干扰及灯光闪烁的环境中,小偷的心里防线很快会崩溃,即使想偷也是草草了事,不会翻箱倒柜将能偷的全偷走。另外,这种强大的 100 dB 的报警,足以传出几百米,路过的保安、邻居、过路人员可能都会来查看或报警,这对小偷的心里是一大"杀招",说不定还能将小偷就地擒获。

无线声光报警模块的实现原理是:接到报警主机发送的启动报警信号或有线触发信号,开始启动 LED 等闪烁报警,同时启动 100 dB 的声音报警,过一段时间停止,再接着报警,这样反复几次即可达到最好的报警效果。

远程声光报警与就地声光报警的区别如下:

① 远程声光报警外壳小,易于和灯光开关放在一块,便于控制灯的开关。

② 远程声光报警可以作为可选配件,为家庭防盗报警系统价格可高、可低提供了条件,能够根据客户的情况灵活配置。

③ 由于对频率控制比较严格,因此需要单独的 CPU 来控制,编程方便,可靠。

本节设计了一个 100 dB 的报警信号。什么是"dB(分贝)"? 120 dB 是个什么概念?

在不同的生活环境中,噪声的强弱是不同的。例如,在医院里,噪声弱些;在市场上,噪声强些;在织布车间里,噪声更强。为了表示声音的强弱程度,人们引入了"声强"的概念,并用 1 s 内垂直穿过单位面积的声能多少来量度它的大小。声强用字母 I 表示,它的单位是"W/m^2"。根据规定可知,如果 1 s 内垂直穿过单位面积的声能加倍,那么声强的值也变为原来的 2 倍。所以说声强是不随人们感觉而转移的客观物理量。

虽然声强是个客观物理量，但是声强的大小和人们主观感觉到的声音强弱却有非常大的差异。为了符合人们对声音强弱的主观感觉，物理学里又引入了"声强级"的概念，dB 就是声强级的一个单位，它是 B(贝尔)的 1/10。

声强级又是怎样规定的呢？它和声强有什么关系呢？

测量证明，人耳对不同频率的声波，敏感程度是不同的。经试验，人们对于 3 000 Hz 的声波最敏感，只要这个频率的声强达到 10^{-12} W/m² ，就能引起人耳的听觉。声强级就是以人耳能听到的这个最小声强(I_0)为基准规定的，并把 $I_0=10^{-12}$ W/m² 的声强规定为零级声强，也就是说这时的声强级为零贝尔(也是零分贝)。当声强由 I_0 加倍为 $2I_0$ 时，人耳感到的声音强弱并没有加倍。只有当声强达到 $10I_0$ 时，人耳感到的声音强弱才增大了 1 倍，这个声强对应的声强级为 1 B=10 dB；当声强变为 $100I_0$ 时，人耳感到的声音强弱增大了 2 倍，对应的声强级为 2 B=20 dB；当声强变为 $1 000I_0$ 时，人耳感到的声音强弱增大了 3 倍，对应的声强级为 3 B=30 dB，以此类推。人耳能承受的最大声强为 1 W/m² $=10^{12}I_0$，它对应的声强级为 12 B=120 dB。

明白了 dB 的概念，那么 120 dB 到底会是什么样呢，下面给出一个感性的概念。按普通人的听觉 0~20 dB 很静，几乎感觉不到；20~40 dB 安静，犹如轻声絮语；40~60 dB 一般，普通室内谈话；60~70 dB 吵闹，有损神经；70~90 dB 很吵，神经细胞受到破坏；90~100 dB，吵闹加剧，听力受损；100~120 dB 难以忍受，呆 1 min 即暂时致聋。就所在的场合来说：30 dB 很安静，如切切私语；60 dB 吵杂，如学校操场；90 dB 吵闹，如迪吧；120 dB 痛苦，如垃圾车鸣喇叭；180 dB 以上，可以"享受"生不如死的感觉了！

因此，无线声光报警模块设计成 100 dB 的报警间断提示，可以实现报警功能，又不至于扰邻。

4.6.2 外观设计

由于模块设计完成后自身相当于一个独立的产品，所以其应满足如下要求：

① 其外观设计应符合人的审美观念。

② 由于模块需要放置在某一位置，如挂在墙壁上，所以应方便安装。

③ 由于模块需要控制灯光，因此需要一个简便的端子，将控制灯的电线从原来的控制开关两端并过来两根线，接到这个端子上即可，这样不影响灯的正常使用。

④ 由于模块需要发出声光报警，而且延续时间长，是一个特别耗电的智能模块，因此它与别的模块不同，需要设计充电和市电供电部分电路，并且外部需要接口。

⑤ 由于模块在停电时还要可靠报警，这就需要自带充电电池供电，所以外观设计还应方便电池的安装及更换。

根据以上要求设计的立体外壳图形如图 4.71 所示。

需要说明的是,外壳的边角最好设计成椭圆型,不能设计成方的,这样即美观,又不会因棱角太硬发生伤人的情况。

其外壳正面视图如图4.72所示。

外壳正面设计说明:

① 上面1处标注产品型号、名称。2处绿色指示灯亮代表工作正常。

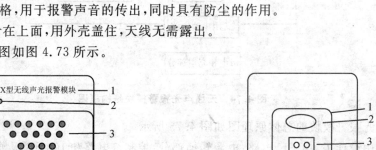

图4.71 立体外壳示意图

② 3区外壳需要设计成透明色,用于透光。里面设计的是电路板,电路板上装报警灯,指示灯按照"6,5,4"顺序排列,平时不亮。报警时红、蓝光闪烁,模仿警用车灯报警。图中第一排蓝,第二排红,第三排蓝,内部用红、蓝发光二极管。

③ 4区为窗格,用于报警声音的传出,同时具有防尘的作用。

④ 天线设计在上面,用外壳盖住,天线无需露出。

外壳背面视图如图4.73所示。

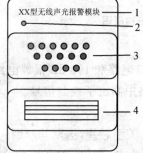
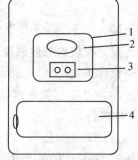

图4.72 无线声光报警模块外壳正面　　图4.73 声光报警模块外壳背面

外壳背面设计说明:

① 1区方形必须凹进去,目的是装完后外壳与墙面平。2区是挂钩或者是用于固定的螺丝,3区是两个绝缘接线端子,用于并接灯控制线。

② 4区是电池仓的后盖。这样设计的目的是更换电池容易。

另外,在外壳正面设计有天线露头部分,在下方应设计一个圆形充电接口,便于接AC 220 V转DC 9 V的电源输出插头,这里就不再画出图形。

4.6.3 主要电路设计*

无线声光报警模块主要有主CPU电路、无线收发电路、电源转换部分、灯光控制电路和100 dB报警电路。其原理结构框图如图4.74所示。

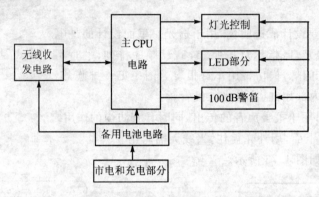

图4.74 无线声光报警模块结构框图

无线声光报警模块的总体原理图如图4.75所示。

原理图中设计了主CPU电路、电源转换部分、控制灯电路和100 dB报警电路。对于无线收发电路，4.2.3.5小节已叙述过，这里只在主CPU电路中画出了控制信号。

1. 主CPU电路

主CPU选择Holtek公司HT48系列HT48R50A-1型芯片，选取其原因：

① HT48R50A-1有多个I/O口，设计起来十分方便，特别是本控制电路中有多个LED灯。

② HT48R50A-1提供了一对蜂鸣器输出引脚，可以放大后直接控制警笛。**注意**，需要在掩膜选择时选择蜂鸣器的输出频率，输出频率一旦在掩膜时设定后，就不需要再改变。程序就像开关一样，控制十分方便。

③ HT48R50A-1的蜂鸣器频率输出范围为(时钟源/2^2)~(时钟源/2^9)，完全可以满足设计3 kHz的频率输出。例如：选择1.532 MHz的晶振，掩膜选择时设计为9倍，那么就可以出现3 kHz的频率输出。

对于主CPU模块，需要注意的是复位电路，需要加R1和C2进行滤波，防止干扰引起复位。具体内容可参照《HT48R50A-1数据手册》。

本设计选用晶振作为振荡器，频率比较准确。晶振周围电容的选取也可参照

---

* 本小节资料引自《HT48R50A-1数据手册》。

第 4 章　家庭防盗报警系统

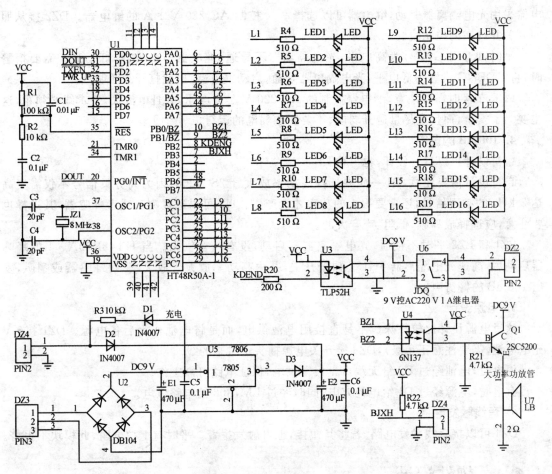

图 4.75　无线声光报警模块原理图

《HT48R50A-1 数据手册》。

制作印制板时,注意晶振应离 CPU 近些。由于 3 kHz 的外部报警频率也属于高频,所以尽量不要影响别的电路,布线应选择粗线。

2. 指示灯和灯光报警

参照电路图,LED1 作为指示灯,CPU 在循环时点亮此灯,出故障时熄灭此灯。

LED2~LED7 作为第 1 组,LED8~LED12 作为第 2 组,LED13~LED16 作为第 3 组,闪烁时,利用 1 组亮→2 组亮→3 组亮→1、2 组亮→2、3 组亮→1、2 和 3 组亮,接着再循环的方式亮灯,可以达到警灯闪烁的效果。

3. 家庭照明灯控制电路

家庭照明灯一般使用 AC 220 V,电流不会大于 1 A,根据这个特点,选择继电器控制。继电器采用光电隔离器驱动,继电器可以选择 9 V 控制 AC 220 V 1 A 的继电器。DZ2 接从照明开关并过来的控制线。

平时,KDENG 信号为高电平,光电隔离器不导通,继电器不会吸合,灯不亮。需要报警时,将 KDENG 设置为低电平,光电隔离器导通,启动继电器,也就打开了照明灯。

PCB 布板时需要注意,继电器控制的 AC 220 V 是高电压,并且电流大,要求线必须粗,这主要为了安全,而且应尽量避开弱电,不要影响弱电的运行。

4. 100 dB 的警笛

警笛设计可以自行设计,也可购买。

自行设计需要注意,Q1 一定要选择高功率放大管 2SC5200,因为高分贝信号不仅需要高达 3 kHz 的频率信号,还需要很大的功率才能产生。U7 可以选择喇叭或者蜂鸣器,其选择也要注意,应选择成高频、低阻、声音大的。

BZ1 和 BZ2 平时不接通,光电隔离器不启动,没有声音输出。当 HT48R70A-1 的蜂鸣器启动后,高速光电隔离器 6N137 频繁开关,并由高功率放大管放大,驱动蜂鸣器或喇叭,发出 100 dB 的警笛声。

5. 电源设计

这里电源设计比较特殊。不是直接用电池供电,而是将电池作为后备电源。DZ1 接 6 V 充电电池(需要注意正负极),DZ3 接开关电源插头送过来的线。

停电时,电池经过 D2 给无线声光报警供电,保证电路可靠工作。

有电时,电源经过 D1 给电池充电,同时经过 LM7806 给电路供电。

6. 有线触发电路

DZ4 可以接有线触发电路,若将其短接,也可触发报警。平时有上拉电阻,此模块不报警。

4.6.4 软件设计

1. 流程图设计

无线声光报警模块在两种情况下会产生报警:一是接收到报警主机发送的无线信号;二是得到有线的触发信号。报警启动后,需要启动继电器,按照顺序闪烁 LED 灯,并启动蜂鸣器电路(即启动警笛);同时监测报警主机发给的停止信号和有线的停止信号。如果接收到停止信号,则停止报警,恢复以前状态。

无线声光报警模块的程序可分为 3 部分:外部中断、定时器 0 中断和主程序。外部中断和定时器 0 中断程序配合接收报警主机发送的信号。这两部分的程序框图与报警主机中的有关程序相同,不再重复。主循环程序流程图如图 4.76 所示。

另外,单片机在检测到没有信号时,应进入休眠状态,这样可以节省电能;时间长度可以选择 2 min 等。这些均可编写在程序中。

第4章 家庭防盗报警系统

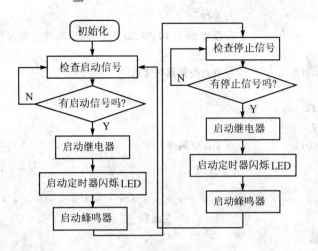

图 4.76 主循环程序流程图

2. 程序设计

下面给出主循环程序。由于每个函数和语句几乎都给出了注释，所以这里不再重复解释。

```c
#include <ht48r50a-1.h>
//#include <nrf401.h>


#define uchar unsigned char
#define uint unsigned int
#define ulong unsigned int

#pragma vector timer1_isr   @ 0x0c


bit      baojing;       //报警标志,由中断接收置入和清除
bit      gongzuoled;    //工作灯闪烁
uint     timelag;       //延时
uchar    ledtype;       //LED 闪烁类型
uchar    gztime;        //定时器 1 进中断的次数,用于计算工作灯闪烁时间

void init_ht48()
{
    _pac = 0x00;        //设置 PA 口输出控制灯
    _pa = 0xff;         //灭灯
    _pbc = 0xfb;        //设置 PB 口 3 脚输出控制继电器,4 脚作为断线输入
    _pb = 0x04;         //继电器关闭
    _pcc = 0x00;        //设置 PC 口输出控制灯
```

```c
        _pc = 0xff;                  //灭灯
        _pdc = 0xfd;                 //设置 PD 口 D0、D2、D3 作为输出,D1 作为输入与无线模块通信
        _pd = 0x0f;
        timelag = 0xffff;            //声光报警延时常数
        ledtype = 0;
        _tmr1h = 0xff;
        _tmr1l = 0xff;
        gongzuoled = 0;              //工作灯闪烁
        gztime = 0;
}
/* * * * * * * * * * * * * * * * * * * * * * * * * * * * * * * * * * * *
*                            主函数
每个程序不可或缺
* * * * * * * * * * * * * * * * * * * * * * * * * * * * * * * * * * * */
void main()
{
    uint i;
    init_ht48();
    while((baojing == 1)||(_pb3 == 0))    //判断有无无线报警信号
    {
        _pb = 0x00;                  //启动继电器,打开照明灯
        _pb0 = 1;                    //启动蜂鸣器
        _pb1 = 1;
        for(i = 0;i<timelag;i++)
        {
            if((i%10) == 0)          //循环 10 次,作一次切换
            {
                if(ledtype++ >5)
                {
                    ledtype = 0;     //循环回来
                }
                switch(ledtype){
                case 00:
                    _pa = 0x81;      //1 组亮
                    _pc = 0xff;
                    break;
                case 01:
                    _pa = 0x7f;      //2 组亮
                    _pc = 0xf0;
```

```c
            break;
        case 02:
            _pa = 0xff;              //3 组亮
            _pc = 0x0f;
            break;
        case 03:
            _pa = 0x01;              //1、2 组亮
            _pc = 0xf0;
            break;
        case 04:
            _pa = 0x7f;              //2、3 组亮
            _pc = 0x00;
            break;
        case 05:
            _pa = 0x01;              //1、2、3 组亮
            _pc = 0x00;
            break;
        default:
            break;}
        }
    }
    if((baojing == 0)||(_pb3 == 1))
    {
        _pb = 0x00;                  //关闭继电器,关闭照明灯
        _pb0 = 0;                    //关闭蜂鸣器
        _pb1 = 0;
        _pa = 0xff;                  //灯全灭
        _pc = 0xff;
    }
  }
}
/*************************************************
                    定时器 1 中断
256 次进中断后,将灯的亮、灭转换一次,根据人眼辨别设计,如果太快,则感觉不出来
*************************************************/
void timer1_isr()                    //定时闪工作灯
{
    _tmr1h = 0xff;
    _tmr1l = 0xff;
```

```
        if(gztime++>0xff)
        {
            gztime = 0;
            gongzuoled = ~gongzuoled;        //灯亮、灭取反
            _pa0 = gongzuoled;
        }
}
```

4.7 无线紧急按钮报警模块

4.7.1 功　能

家庭防盗报警系统的一个重要功能是紧急报警。紧急报警不受撤防、设防等影响,属于最高级别报警,只要有警情会立即触发报警,拨打预先设置的报警电话,并启动就地声光报警和远方声光报警。

设置这一功能有以下几点作用:

① 给身体虚弱的老人和儿童提供方便的求助通道。当那些身体虚弱的病人独自在家时,紧急按钮可以为他们提供额外的安全保障。此外,儿童或年长的病人也可以从这种便携式紧急按钮中获益,当他们需要帮助时可以触发报警,报警主机收到信号可以随时向报警主机里存储的主人、邻居或报警接收中心发送警报信息。

② 胁迫情况下报警。当置身于歹徒的枪口、刀口等具有威胁性的环境时,拨打报警电话或向人求救可能会招来意想不到的悲剧后果。但是如果在隐蔽处有一个紧急按钮,那么此时只要轻轻触发,就可以十分方便、快捷、有效地报警,而且不至于引起劫匪的怀疑。

③ 特殊、紧急情况下报警。人心里上都有弱点,在特别紧张害怕的情况下,做什么事可能都会手足无措,忙中出乱,干什么事可能都没有平时那么快捷、准确。假设此时遇到紧急情况想拨打电话,会出现连续拨错号码的情况,这就会耽误宝贵的时间。在这种情形下,要是设置了紧急按钮就十分方便了。

例如:当突发病变、地震等,可能会危及屋主的人身安全时,都会很紧张,这时只要触发紧急按钮,就可实现快速报警,从而减少危害。

要实现以上功能,无线紧急按钮模块应具有以下特点:

◆ 使用电池供电,便于随身携带或固定安装。

◆ 按压时应该很方便,但是还要保证平时的误碰不能产生报警。

◆ 报警必须准确,不能按下后发不出报警信号。

◆ 为了方便老年人紧急情况下按压,紧急按钮可做成一种特殊形式的,即可以固定在地

上,当老人遇到紧急情况时卧倒就能触发报警。

根据以上这些特点,紧急按钮的设计应满足以下要求:

① 做成比较小巧的外形,为了便于携带,固定部分不做在上面,单独设计,需要时将此模块插入固定体中。

② 按压方便,又不误报。将按钮设成凹进方式,手指按压方便,而别的物体碰撞时不会产生误报。

③ 为了达到准确报警,在硬件上将其接到 PA 口,利用 PA 口具有的唤醒功能,即使在低功耗状态也能激活单片机,确保采集准确;程序编制时采取"一次触发,多次发送"的原则,即只要触发一次按钮,就能连续发送多次报警信息,确保报警信息被报警主机收到。

④ 可以另外设计一个外壳将报警器固定在里面,上面的突出按钮与报警模块的按钮相连,确保卧倒时可以立即触发报警。

4.7.2　外观设计

无线紧急按钮模块外观设计的要求与无线声光报警模块相同(详见 4.6.1 小节),这里不再赘述。

根据以上要求设计 3 个外壳,外壳 1 是主体部分,里面装电路和电池;外壳 2 是墙壁固定部分,将其固定在墙上后,可以将外壳 1 插入;外壳 3 是将外壳 1 固定在地上,当卧倒时可以触发报警。外壳 1 和外壳 2 的设计可以参考图 4.77、图 4.78。外壳 3 的设计没有画出,但是只要将外壳 1 包围,能够固定在地上,另外有一个突出的按钮,卧倒时确保可以触发内部报警器的按钮即可。

为了掩人耳目,还可以设计一个与照明开关一样的开关作为紧急按钮使用,这样按下紧急按钮时可以避免非法入侵者的怀疑。这是因为按钮按下可以同时启动报警和打开照明灯,而非法入侵者可能只注意到了灯的亮、灭。照明开关外壳如图 4.79 所示。

图 4.77　外壳 1

图 4.78　外壳 2

图 4.79　照明开关式按钮

4.7.3 主要电路设计*

无线紧急按钮模块主要有主CPU电路、无线收发电路等。其原理结构框图如图4.80所示。

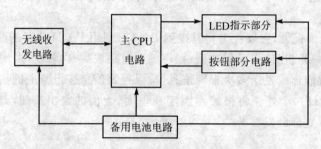

图4.80 无线紧急按钮模块原理结构框图

至于无线紧急按钮模块的原理图,由于无线收发模块的电路与报警主机中的相同,电源转换模块与红外探测报警模块中的相同,这两部分省略,读者可以参考前面的电路自行设计。其余部分的原理如图4.81所示。

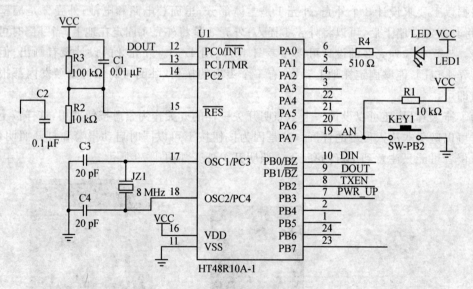

图4.81 无线紧急按钮模块原理图

---

* 本小节资料引自《HT48R10A-1数据手册》。

图 4.81 所示电路中的复位和振荡电路与前面一些模块的电路类似,这里不再作介绍,读者可参照前面的知识自行理解。下面只对主 CPU 电路和指示灯电路进行介绍。

1. 主 CPU 电路

主 CPU 采用 Holtek 公司的 HT48R10A-1 型单片机,选取其作为主 CPU 主要有以下原因:

① 该 CPU 体积小,只有 24 脚,并且是贴片型,能够减小空间,便于设计小巧的紧急报警按钮。

② 该 CPU 是多 I/O 口单片机最精简的单片机,不光是引脚少,内部寄存器、程序存储器、数据存储器、堆栈、定时器等都是最小配置。配置减少,成本肯定会下降,整个芯片的价格就会大幅下降,这样为降低成本提供了可能的条件。

③ 可以设置成低功耗模式,当长期无按钮按下时,单片机先编程将外部电路无线模块进入休眠状态,然后自身进入休眠状态;当按钮按下时,将单片机唤醒,十分方便。这样就能满足的功耗的要求。如果设计合理,一节 500 mAh 的电池可以使用 5 年。

2. 指示灯设计

指示灯的作用是为了指示装置工作正常,但是也要考虑低功耗的要求,电阻不能选择太小,但也不能选择太大;否则指示灯不亮,易造成误认为模块工作不正常。根据 HT48R10A-1 的特点,设计电阻为 510 Ω。

4.7.4 软件设计

1. 流程图设计

无线紧急按钮报警模块在两种情况下会产生报警:一是接收到报警主机发送的无线信号;二是得到有线的触发信号。报警启动后,需要启动继电器;按照顺序闪烁 LED 灯,并启动蜂鸣器电路(即启动警笛);同时监测报警主机发给的停止信号和有线的停止信号。如果接收到停止信号,停止报警,恢复以前状态。

程序可分为 3 部分:外部中断、定时器中断和主程序。前两部分主要用于接收报警主机发送的信息,与报警主机中的有关流程图相同,这里不再重复介绍,可以参照报警主机部分自行设计。而主程序流程图如图 4.82 所示。

当单片机没有检测到信号时,进入低功耗休眠状态,

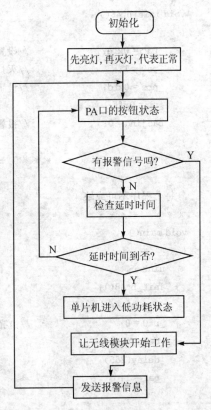

图 4.82 主程序流程图

第4章 家庭防盗报警系统

这样可以节省电能。其时间长度可以选择 2 min 等,这只需要在程序中设置一个固定时间即可,无须更改。

2. 程序设计

下面给出主程序的设计,程序中对于报警使用了一个标志。具体的报警还需要与无线接收配合,配合部分已预留位置,但未写出具体程序。

```c
#include <ht48r10a-1.h>
#include <nrf401.h>

#define uchar unsigned char
#define uint unsigned int
#define ulong unsigned int

bit baojing;                    //报警标志,报警后置入,由中断发出报警

void init_ht48()
{
    _pac = 0xfe;                //设置 PA0 口为输出,PA7 口为输入
    _pa0 = 1;                   //灭灯
    _pbc = 0xfd;                //设置 PD 口 D0、D2、D3 作为输出,D1 作为输入,与无线模块通信
    _pb = 0xff;
    baojing = 0;                //报警
}
/* * * * * * * * * * * * * * * * * * * * * * * * * * * * * * * * * * * * * *
                                主函数
    每个程序不可或缺
* * * * * * * * * * * * * * * * * * * * * * * * * * * * * * * * * * * * * */
void main()
{
    uint i;
    init_ht48();

    _pa0 = 0;                   //由亮到灭表示模块工作正常
    _delay(255);
    _delay(255);
    _pa1 = 1;

    while(! _pa7)               //判断紧急按钮是否按下
    {
```

```
    _pa0 = 0;              //点灯表示按钮按下
    baojing = 1;
    for(i = 0;i<65530;i++)
    {
        ;                  //此处查询是否有无线接收到标志,如果有则发报警信息
    }
    baojing = 0;
    _pa1 = 0;              //灭灯表示发送完毕
    #asm                   //停止程序的执行,并且关闭系统时钟,等待唤醒
    halt
    #endasm
    }
}
```

4.8 无线遥控设防与撤防模块

4.8.1 功 能

无线遥控设防与撤防模块就是家庭防盗报警系统中的遥控器,简称遥控器。其操作与家用的电视、空调遥控器一样,大小形状与汽车门锁遥控器类似,需用户随身携带。其作用是对主机进行设防、撤防、紧急求救的。

将紧急求救功能集成到无线设防与撤防模块中是十分有用的,因为遥控器随身携带,可以在紧急情况下立即报警。

怎样用遥控器进行设防、撤防或紧急求救操作呢?

遥控器上可设置"设防"键(印锁头闭合标志)、"撤防"键(印锁头开启标志)和"紧急求救"键(印警钟标志和关闭喇叭标志)。

① 设防:当用户外出已在门外或夜间休息不再出入门时使用。其操作为:按压遥控器"设防"键一下,听见主机内发出"B"一声鸣响,即完成"设防"操作,这时主机上液晶显示设防状态。

② 撤防:当用户回家进门前,或者夜间已进行设防操作,清晨起床出门前使用。其操作为:按压遥控器"撤防"键一下,听见主机内发出"B"一声长鸣音,即完成撤防操作,这时主机上液晶显示撤防状态。

③ 紧急求救:当用户遇到入室偷窃、抢劫或急病而屋内无其他人可施救时,可直接按"紧急求救"键(印警钟标志和关闭喇叭标志)。设置两个按键同时按下的目的是,防止人为误操作

或装在口袋里被别的物体碰撞导致误操作,用户同时按压这两个键时主机将立即鸣响现场警号(当用户选择闭警号时无现场警号报警)并同时进行自动拨号报警。这一点与紧急按钮的功能类似。

有了遥控器后,报警主机的工作方式是怎样的呢?

① 主机在设防状态时,任何触发门磁、红外线防卫栏杆及其他传感器的行动均会引起主机报警,主机立即鸣响警号,同时按报警电话排序自动向用户预设的电话、自动传呼机或手机拨号,并播出用户预录关于示警地址的语音信息或联网报警码。

② 主机无论在设防或撤防状态下,当发生火灾或燃气泄漏时,都将触发现场警号报警,同时自动拨打电话报警。

③ 主人接到报警电话后若不接听或接听后不按"♯"键,则报警主机不断拨打主人所预设的报警电话,直到接听电话并按"♯"键以示确认,这时主机则自动又进入设防状态。

4.8.2 外观设计

图 4.83 遥控器外壳图形

由于模块设计完成后自身相当于一个独立的产品,所以该模块应满足如下要求:

① 其外观设计应符合人的审美观念。

② 必须小巧,便于携带。

遥控器外壳可以选用已经制作好的,而印制板则按要求制作即可。推荐选用的外壳图形如图 4.83 所示。

外壳上可以露出"锁"、"开锁"、"警钟"、"关闭喇叭"4 个按键和 1 个指示灯。尾部设置一个挂钩,可以方便地挂在钥匙链上。

4.8.3 主要电路设计[*]

无线遥控设防与撤防模块主要有主 CPU 电路、无线收发电路、指示电路、电源电路。其原理结构框图如图 4.84 所示。

至于无线遥控设防与撤防模块遥控器的原理图,由于无线收发模块的电路与报警主机中的相同,这里省略,读者可以参考前面的电路自行设计。其余部分的原理如图 4.85 所示。

本电路中的复位和振荡电路与前面一些模块的电路类似,这里不再作介绍,读者可参照前面的知识自行理解。下面只对主 CPU 电路、指示灯电路和电源电路进行介绍。

---

[*] 本小节资料引自《HT48R10A-1 数据手册》。

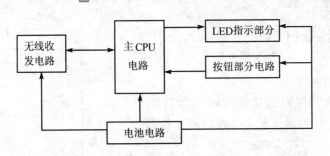

图 4.84 无线遥控设防与撤防模块原理结构框图

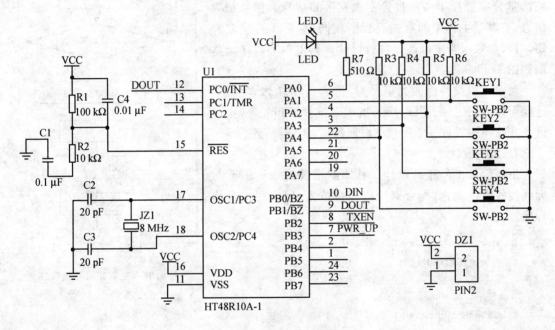

图 4.85 遥控器原理图

1. 主 CPU 电路

设计与 4.7.3 节 1 部分相同。

2. 指示灯电路

设计与 4.7.3 节 2 部分相同。

3. 电源电路

这里供电功率小,根据单片机的电源要求,只需要 1 节 3.3~6 V 的钮扣电池接上即可,不需要再作电源的转换。

4.8.4 软件设计

1. 流程图设计

无线遥控设防与撤防模块平时处于低功耗状态,当 PA 口有键按下时唤醒,进入正常工作状态。检测按键,然后发出报警信息。

程序可分为 3 部分:外部中断、定时器中断和主程序。前两部分主要用于接收报警主机发送的信息和回复报警信息,与报警主机中的有关流程图相同,这里不再重复介绍,可以参照报警主机部分自行设计。其主循环程序流程图如图 4.86 所示。

当单片机没有检测到信号时,进入低功耗休眠状态,这样可以节省电能。其时间长度可以选择 2 min 等,这只需要在程序中设置一个固定的时间即可,不需要更改。

2. 程序设计

下面给出主程序的设计。具体的报警发送还需要与无线接收模块配合,配合部分已预留位置,但未写出具体程序。

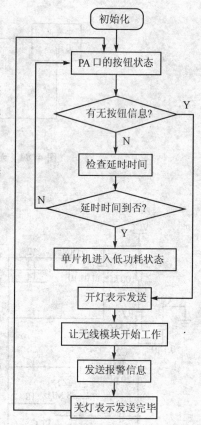

图 4.86 主循环程序流程图

```
#include <ht48r10a-1.h>
#include <nrf401.h>

#define uchar unsigned char
#define uint unsigned int
#define ulong unsigned int

uchar key;                      //按键值

void init_ht48()
{
    _pac = 0xfe;                //设置 PA0 口为输出,PA1~PA4 为输入
    _pa0 = 1;                   //灭灯
    _pbc = 0xfd;                //设置 PD 口 D0、D2、D3 作为输出,D1 作为输入,与无线模块通信
    _pb = 0xff;
    key = 0;                    //按键值
}
```

```
/******************************************
*                主函数
* 每个程序不可或缺
******************************************/
void main()
{
    uint i;
    init_ht48();
    #asm                        //停止程序的执行,并且关闭系统时钟,等待唤醒
    halt
    #endasm

    _pa0 = 0;                   //由亮到灭表示模块工作正常
    _delay(255);
    _delay(255);
    _pa1 = 1;

    while(!(_pa&0x1e))          //判断有无按键按下
    {
        if(_pa1 == 0)
        {
            key = 1;
        }
        if(_pa2 == 0)
        {
            key = 2;
        }
        if(_pa3 == 0)
        {
            key = 3;
        }
        if(_pa4 == 0)
        {
            key = 4;
        }
        if(key)
        {
            _pa0 = 0;           //灯亮表示按钮按下
            for(i = 0;i<65530;i++)
```

```
        {
            ;                    //此处查询是否有无线接收到标志,有发信息
        }
        _pa0 = 1;                //灭灯表示发送完毕
        #asm                     //停止程序的执行,并且关闭系统时钟,等待唤醒
        halt
        #endasm
    }
}
```

4.9 智能防盗报警锁模块

4.9.1 功　能

现在的防盗门能防盗吗?

提出这么一个问题,可能会令人感到莫名其妙,防盗门自然能防盗!其实不然,现在市场上很多防盗门并没有真正做到防盗。在人们眼里,防盗门无非是一道铁门装上一把锁,越是高档次的防盗门只是其外观越漂亮、越华贵,而防盗门的核心部分——"锁",却往往被人们所忽略。

事实上,防盗门之所以防盗,是因为"锁"锁住了门,而不是漂亮和华贵的门防住了什么。我国防盗门行业的发展历史并不太长,提出"防盗门"这一概念还是在 20 世纪 90 年代初。近十多年来,随着我国改革开放步伐的进一步加快,房地产热潮一浪接一浪,大大推动了我国防盗门行业的迅速发展,其技术、制造工艺也渐渐接近并赶超世界先进水平。纵观全国,各大防盗门厂家纷纷采用新材料、新技术,从普通防盗门到豪华住宅的电控门,再到银行金库门,各种档次、各种门类、各种款式一应俱全,防盗门已成为人们家装的首选,一道好的防盗门已成为人们生命财产的保护神。

然而,就在人们还陶醉在一些广告宣传的动人口号声中时,在我们的身边却屡屡发生入室盗窃、抢劫案。在北京、上海、深圳、广州等全国各大中城市,破门而入的犯罪案件令人防不胜防,厚厚的钢板门在不法分子手中如同门帘,其最主要的原因在于:"锁"不防盗。据公安部门统计,在很多大城市,有将近 50% 的入室盗窃案,均是不法分子采用技术性开启房门,从而进行犯罪活动,而 20% 多采用暴力破坏,这些人都十分一致地针对"锁"这一部分来实施犯罪。锁是用来锁门的,锁打开,门自然也就开了,这是最基本的道理。人们在购买防盗门时往往被天花乱坠的广告和低廉的价格所蒙蔽,只注意到防盗门的外观、材料和价格,而"锁"这一最关

键部位却常常会被忽略。于是,防盗门不防盗也就不足为怪了。在近十年的时间里,世界锁具行业发展虽然十分迅速,但还仅延伸到电子锁具,而世界上最为普及、最为大众化的还是机械锁。近几十年来,锁的技术、工艺上一直没有太大突破,其结构、机理早已被人们所熟悉,被研究得十分透彻了,盗贼很容易不用钥匙就能将其打开。

这一现状促进了电子锁等新型锁具的迅速发展。这些用高新电子科技武装起来的锁具可在一定程度上防止技术性开启,但经受不起暴力性破坏,且价格不菲。这些弱点决定了其产品市场的狭窄。无奈中,落后的机械锁具不得不继续承担着把守家门的责任,这也就成了那些不法之徒的突破口,形成了人们心中的一大隐患。

人们要安居乐业,自然离不开一扇牢不可破的防盗门,而性能优良的防盗门当然离不开坚固防盗的锁具。

只要稍稍留心一下近日媒体的报道就可发现,如今,开锁业的发展可谓异常迅速,开锁公司做的广告时常现于报端,只要循着广告留下的电话打过去,对方会很肯定地打保票:"我们开防盗门的锁用不了 1 min!"但是,为数不少的锁匠上门服务时却并不查验主人身份,只管开了锁收钱,这不由得让人揪起心来。而某些五金商店甚至地摊上公然出售的万能钥匙等技术性开锁工具,只要购得拿来开锁,相当多的锁具少则几十秒,多则两三分钟就能轻松打开。这些都不得不使人们对防盗门的防盗功能起了疑心。

更可怕的是,一支专开防盗门锁具的"专业队伍"也随着防盗门的普及滋生出来。据公安部门统计,近年来在很多大中城市,采用技术性开启锁具入室盗窃的案件呈现明显的上升趋势,如《贵州商报》报道,在贵阳市乌当区连续发生了数十起入室盗窃案,被盗的住户安装的都是全封闭式防盗门,窃贼竟能够不破坏门窗登堂入室,原来是用了一张专用于盗窃的特殊"插片",在那张"插片"面前,防盗门最快只需几秒钟便可破解。

一些防盗门防不了盗,令人们忧心忡忡。那么,怎样的锁具才能保证安全呢?

本文提出一种全新的智能防盗报警锁,将其作为家庭安防的一部分。它是利用电子技术、机械技术、网络技术,将电子锁与机械锁的优点巧妙结合起来的一种智能防盗报警锁。

智能防盗报警锁由以下 3 部分组成:

① 原有机械锁和钥匙机构;

② 内置单片机检测、报警电路;

③ 集成到机械钥匙上的电子钥匙。

智能防盗报警锁的工作原理是,使用钥匙像开机械锁一样,打开机械的锁轴,但是这时锁未全开,单片机启动自动扫描程序,判断钥匙臂上的 RFID 码是否与内置的一致,如果不一致,则拒绝开门;如果一致,就将另外由电磁闭锁机构控制的锁轴打开,此时可以开门。而且如果钥匙臂上的 RFID 码不对,并且探测到钥匙在锁芯内超过一定的时间,则自动向报警主机发送报警信息,由其拨打报警电话,启动声光报警实现报警功能。另外,它除了可以对非法破锁发出报警外,对非法破门也可以发出报警。具体做法是在防盗门内较薄弱之处布上漆包线之类的导线,如在门栅栏的钢管内穿上漆包线,把导线的两端接到锁体的断线报警插口上,智能防盗报警锁再监视该插口的导线。窃贼破坏防盗门时,必然会弄断导线,数码锁一经检测到导线断了,就立即报警。

此智能防盗报警锁的先进性表现在以下几方面:

① 该锁的核心是利用电磁闭锁机构和具有 RFID 码的钥匙,加上原有的机械锁钥匙构成的,使它同时具有机械锁的使用方便性和电子锁的安全性,起到电子密码和机械齿形双重保险作用;由于 RFID 号码具有世界唯一性,这就断绝了造出万能钥匙及仿造钥匙的可能性。

② 电磁闭锁机构是有别于现有电子锁的一种逆向思维式新型机构,在保持传统电子锁有效防止技术(如用万能钥匙)开锁的特点的基础上,还克服了传统电子锁由于电源或电路出故障而无法开锁的缺点。

③ 联动报警机制使日常的开锁和上锁与防盗报警系统的撤防和设防成为一个动作,不仅使报警系统具有操作简单的特点,更重要的是彻底解决了由于操作失误引起误报的问题。

④ 能检测非法开锁,能自动报警。当窃贼非法开锁或破锁时,可发出报警信息。实现了拒窃贼于门外的防盗报警理念,即在窃贼未入室前即可发出报警。

⑤ 双重认证,识别合法钥匙。RFID 密码钥匙中嵌入了 64 位全球唯一码 ID 芯片,有 7 亿亿种组合,几乎无法破译。机械齿形和电子 ID 码都符合的钥匙才是合法钥匙,只有合法钥匙才能打开本数码锁。

⑥ 电子闭锁,防窃贼开锁。窃贼用非法钥匙开锁(技术性开锁),数码锁将启动电子闭锁机构阻止开锁;非法开锁 3 次后,数码锁将启动现场声音报警或远程报警。

⑦ 内设多种传感器,防撬门、破门。数码锁内部设置了门磁、断线检测等传感器,在检测到撬门、破门等情况时,将启动现场声音报警或远程报警。

⑧ 配制管理方便,钥匙丢失无需换锁。使用 RFID 钥匙坏,可以同普通钥匙一样配制钥匙;通过简单的操作,可以将钥匙的 RFID 码记忆到数码锁中,使之成为合法钥匙;钥匙丢失后,可以将丢失钥匙的 RFID 码从数码锁中删除,使之成为非法钥匙,无法再开锁,当然也无需换锁。

⑨ 先进的节电技术,超长的工作时间。数码锁采用先进的节电技术,使用高性能锂电池供电,正常使用可达 2 年以上,解决了用户频繁更换电池的烦恼。当电池使用寿命快到时,由红色发光管提示用户更换。

4.9.2 外观设计

由于模块设计完成后自身相当于一个独立的产品,所以该模块应满足如下要求:

① 外观设计应符合人们的审美观念。

② 必须安装方便,便于集成到防盗门中。

③ 可以做成多种形式的,例如有无拉手、长方形或长条形的等。

④ 便于维护,例如更换电池等。

外壳应能装下设计的印制板和锁轴及机械锁体。外形与普通锁最好一样,这样便于用户接受。推荐选用图 4.87、图 4.88 所示的外壳。钥匙可以选择顶部能放 RFID 的,例如本防盗报警锁钥匙。其外形如图 4.89 所示。

图 4.87　防盗报警锁外壳 1 外形　　　图 4.88　防盗报警锁外壳 2 外形　　　图 4.89　防盗报警锁钥匙外形

4.9.3　主要电路设计*

智能防盗报警锁的电路设计较前几种模块要复杂一些,主要包括:主 CPU 电路、无线收发电路、RFID 号码读取部分、RFID 号码存储部分、断线监测部分、钥匙扭动监测部分、电池供电电路、电机控制电路。其原理结构框图如图 4.90 所示。

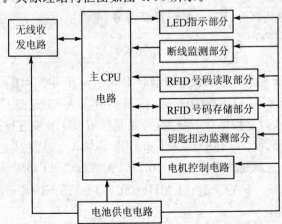

图 4.90　智能防盗报警锁模块原理结构框图

* 本小节资料引自《HT4R50A-1 数据手册》。

智能防盗报警锁电路中,由于无线收发模块的电路与报警主机中的相同,这里省略,读者可以参考前面的电路自行设计。其余部分的原理图如图 4.91 所示。

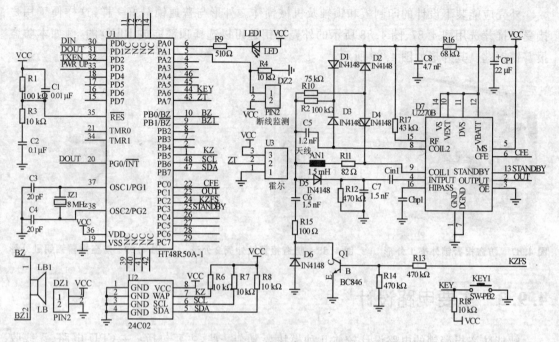

图 4.91 智能防盗报警锁原理图

本原理图需要着重说明的有 7 部分:主 CPU 部分、霍尔传感器部分、U2270B 组成的读卡模块部分、RFID 号码存储部分、RFID 号码更新部分、电源供电部分和电机控制部分。下面就几部分的工作原理作一下介绍。

1. 主 CPU 部分

主 CPU 部分的设计与前几节的设计没有什么区别。看到原理图可能会想到这里只用了几个 I/O 引脚。为什么不用 HT48R10A-1 和 HT48R30A-1 这些 CPU 呢?其原因是:虽然这个电路用的引脚少,但是程序却十分大,特别是对 RFID 卡号进行操作时;另外还需要精确定时,这就需要定时器,而 HT48R10A-1 和 HT48R30A-1 这些 CPU 只有一个定时器,还需要作模拟串口使用。这就是选择 HT48R50A-1 的原因。HT48R50A-1 具有以下特点:

◆ 工作电压为 2.2~5.5 V(f_{sys} = 4 MHz) 或 3.3~5.5 V(f_{sys} = 8 MHz);

◆ 低电压复位功能;

◆ 最多 35 个双向输入/输出口;

◆ 1 个与输入/输出共用引脚的外部中断输入;

◆ 8 位可编程定时/计数器,具有溢出中断及 8 级预分频器;

- ◆ 16 位可编程定时/计数器，具有溢出中断；
- ◆ 内置晶振和 RC 振荡电路、内置 RC 振荡；
- ◆ 32 768 Hz 的晶振用于计时；
- ◆ 看门狗定时器；
- ◆ 4 096×15 bit 的程序存储器 ROM；
- ◆ 160×8 bit 的数据存储器 RAM；
- ◆ 一对蜂鸣器驱动并支持 PFD；
- ◆ 通过暂停和唤醒功能来降低功耗；
- ◆ 6 层硬件堆栈；
- ◆ 当 $V_{DD}=5\ V$，系统频率为 8 MHz 时，指令周期为 0.5 μs；
- ◆ 位操作指令；
- ◆ 查表指令，表格内容为 15 bit；
- ◆ 63 条指令；
- ◆ 所有指令可在 1 或 2 个指令周期内完成；
- ◆ 28 引脚 SKDIP/SOP 封装和 48 引脚 SSOP 封装。

2. 霍尔传感器部分

集成霍尔传感器分为线性型、开关型和锁键型等多种，其主要元件均是利用霍尔效应原理制成的。所谓霍尔效应，指的是这样一种物理现象：如果把通有电流 I 的导体放在垂直于它的磁场中，则在导体的两侧 P1、P2 会产生一电势差 U_H，它与电流 I 及磁感应强度 B 成正比，与导体厚度 d 成反比，即

$$U_H = K(IB/d)$$

式中：K 为霍尔系数。霍尔系数越大，表明霍尔效应越显著。

智能防盗报警锁的霍尔原理是：电路中设计一个开关型霍尔传感器 U3，在智能钥匙中集成一块永久磁铁，当钥匙的磁铁部分经过霍尔传感器前端时，引起磁场变化，霍尔元件检测到磁场变化，并转换成一个交变电信号。传感器内置电路对该信号进行放大、整形，使输出信号更加精确、稳定。该信号作为 CPU 检测信号，当 CPU 检测到此信号后，开始启动 RFID 电路，并检查钥匙的 RFID，当 RFID 号码正确时，即打开电控锁轴。

3. U2270B 组成的读卡模块 *

俗话说，"一把钥匙开一把锁"，可是如今某些五金商店甚至地摊上公然出售的万能钥匙等技术性开锁工具，只要购得拿来开锁，相当多的锁具少则几十秒，多则两三分钟就能轻松打开。这情况让这句俗话变成了无稽之谈，同时也给锁的实用性带来了隐患。

本设计采用了世界上先进的 RFID 技术，利用其唯一性，实现"一把钥匙开一把锁"，让伪

---

* 本条内资料引自《U2270B 数据手册》。

造的钥匙和万能钥匙成为历史。RFID 是 Radio Frequency Identification 的缩写，即射频识别，俗称电子标签 RFID。射频识别是一种非接触式的自动识别技术，它通过射频信号自动识别目标对象并获取相关数据。识别工作无须人工干预，可工作于各种恶劣环境。最基本的 RFID 系统由以下 3 部分组成：

① 标签（Tag）：由耦合元件及芯片组成，每个标签具有唯一的电子编码，附着在物体上，用以标识目标对象；可以做成卡片形式，也可以做成别的形式。由于它总体体积十分小，所以集成到别的物体中十分方便。

② 阅读器（Reader）：读取（有时还可以写入）标签信息的设备，可设计为手持式或固定式。

③ 天线（Antenna）：在标签和阅读器间传递射频信号。

当前实际应用中，RFID 主要采用的是以 ATMEL 公司的 TEMIC 系列为主的 125 kHz 射频产品和以 PHILIPS 公司的 MIFARE 技术为核心的 13.56 MHz 射频产品。ATMEL 公司的 TEMIC 系列射频产品开发比较方便，本设计基于 TEMIC 系列产品进行开发。

TEMIC 系列射频产品包括 E4100、E5550、E5560 标签和 U2270B 基站芯片。由于 U2270B 基站芯片只需少量的驱动电路，并且具有多种供电模式，因此简便、灵活。用户可以根据不同的应用要求、快速、简便地设计出不同特点的基站电路。用户需要绕制基站天线，一般使用铜制漆包线绕制成直径 3 cm、100 圈的线圈即可。

由于 U2270B 不能完成曼彻斯特码的解调，因此解调工作必须由微处理器来完成，这也是 U2270B 的不足之处。

TEMIC 系列射频标签特点如下：
◆ 低功耗、低电压的 CMOS 结构；
◆ 无线电源供给，无线数据传输；
◆ 射频频率为 100～150 kHz；
◆ 每个射频标签有唯一的号码。

U2270B 组成的读卡模块设计电路可以参照 U2270B 数据手册推荐电路。U2270B 支持两种供电方式：一种为 +5 V 直流电源供电；另一种为汽车用 +12 V 电池供电。另外，U2270B 还具有电压输出功能，可以给微处理器或其他外围电路供电。此外，U2270B 还有省电模式和备用模式可选。因此，设计基站电路时应综合考虑以上功能的不同要求，来设计基站的外围电路。这里只对省电模式常用控制功能的实现加以说明。

当信号发射时，射频读卡电路功耗是远远大于接触式 IC 卡的，为了有效地降低能耗，延长内置电池的寿命，在电路中设计了检测电路，即利用 U3 霍尔传感器的检测功能，当钥匙插入扭动后，才开始进行信号发射，检测 RFID 号；平时为了降低功耗在无操作时关闭射频输出（E2270B 的 CFE 脚）；也可以使卡处于 STANDBY 模式（控制 U2270B 的 STANDBY 脚）。这样可以极大地降低基站的功耗。

第4章 家庭防盗报警系统

4. RFID 号码存储

为了准确地存储 RFID 号码,选用 ATMEL 公司的 AT24C02 作为存储介质。AT24C02 的特点如下:

- ◆ AT24C02 是 CMOS 型 2 048 位串行 EPROM,在内部组织成 256×8 位;
- ◆ AT24C02 允许在简单的两线总线上工作的串行接口和软件协议;
- ◆ AT24C02 是为需要长时间工作的应用而设计的,其固有的数据保存期限为 100 年;
- ◆ 具有 DIP 和 SOIC 两种形式的封装;
- ◆ 与 400 kHz I^2C 总线兼容;
- ◆ 1.8~6.0 V 的工作电压范围;
- ◆ 低功耗 CMOS 技术;
- ◆ 当 WP 为高电平时,进入写保护状态;
- ◆ 具有写保护功能;
- ◆ 具有页写缓冲器;
- ◆ 自定时擦/写周期;
- ◆ 可擦/写 1 000 000 次;
- ◆ 使用温度范围分商业级、工业级和汽车级。

数据 AT24C02 掉电时不丢失,数据存储只需两线,给开发带来了方便。已有很多应用案例,可参照 AT24C02 的数据手册和案例开发。

5. RFID 号码更新

RFID 号码的更新是为了防止钥匙丢失和增加钥匙而设计的。RFID 号码的更新部分电路包括 KEY1 按钮、LB1 蜂鸣器和 RFID 读卡模块。

智能防盗编码锁出厂时,将自身带的钥匙都进行了注册,这样用户无须另行注册即可使用。经过注册授权的密码钥匙为合法钥匙,未经过注册授权的密码钥匙均为非法钥匙。只有合法钥匙才能把数码锁打开。

但是客户将钥匙丢失或需要增加钥匙时,就必须将配好机械部分的钥匙再进行 RFID 注册,才能正常使用,成为注册钥匙。钥匙的注册是通过按键和蜂鸣器的配合完成的,无论是钥匙的注册或注销,都要先让数码锁进入到钥匙注册/注销状态,才能做相应的注册或注销操作。

6. 电源供电

智能防盗报警锁采用低功耗技术,不用时整个电路几乎处于"零功耗"状态,工作时时间很短,并且电路耗电也很小,因此供电的电源功率不需要很大。根据这些特点,采用 1 节 4.5~6 V 的钮扣电池即可。

7. 电机控制

原理图中未画出电机控制部分电路,这与选择电机及锁型有很大的关系。最好能选择只用一根线就能控制的电机。在程序中,将 PB2 作为控制线,高电平启动,低电平停止。设计时最好能有行程开关,当锁轴到位后,停止电机运转。

4.9.4 软件设计

1. 流程图设计

智能防盗报警锁平时处于低功耗状态,当 PA 口的霍尔电路监测到有钥匙插入时,开始启动射频信息发送、接收。当认为有正确的 RFID 码时,启动电控机构打开锁轴,此时门即可打开。但是当检测不到 RFID 码或 RFID 码不是锁里注册的号码,且钥匙一直插入时,过 1 min 后,立即启动报警程序,向报警主机发送报警信息,完成报警。

程序在完成上述功能的同时,还要对断线进行检测。即 PA 口的断线检测启动时,智能防盗报警锁自动启动报警程序,向报警主机发送报警信息,完成报警。

程序可分为 3 部分:外部中断、定时器中断和主程序。前两部分主要用于接收报警主机发送的信息和回复报警信息,报警主机中的有关流程图相同,这里不再重复介绍,可以参照报警主机部分自行设计。其主程序流程图如图 4.92 所示。

在检测没有信号时,单片机进入低功耗休眠状态,这样可以节省电能。其时间长度可以选择 2 min 等,这只需要在程序中编写一个固定的时间即可,不需要更改。

2. 程序设计

主程序主要是对射频信息的处理。其实射频的读/写是比较麻烦的。下面先给出主程序文件 main.c,然后再给出射频的程序文件 u2270b.c。

(1) main.c

main.c 文件中还有一段是读出 24C02 里存储的 RFID 卡号,这里也省略,只用一个数组存储已经存好的卡号。至于 24C02 的存、取程序可以参考报警主机程序自行完成。

下面是 main.c 文件:

```
#include <main.h>
#include <nrf401.h>          //为编译需要,应先不要
#include <temic.h>

#define uchar unsigned char
#define uint unsigned int
#define ulong unsigned int

/*************************************
*                          全局变量
*************************************/
uchar Read_RF_Data[11];      //暂存从 U2270B 上接收的数据
```

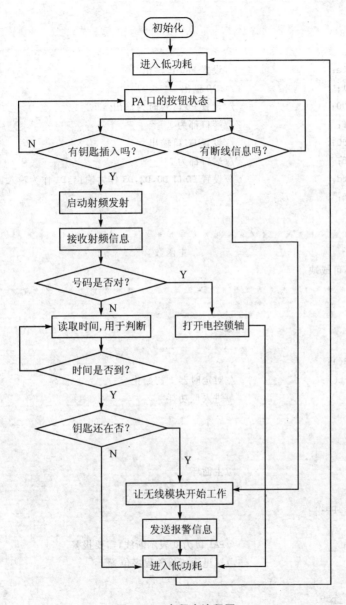

图 4.92 主程序流程图

```
uchar ID_Data[6];              //暂存经校验后的正确数据
uint TIMER_1;                  //存定时器时间寄存器
bit Check_Data_bit;            //校验请求标志位
bit rfid_out_yes;              //RFID 号输出正确
uchar rfid24c02[4];            //从 24C02 中读出的 RFID 号
```

```
void init_ht48()
{
    _pac = 0xfe;              //设置 PA0 口输出
    _pa = 0x01;               //PA0 输出 1
    _pbc = 0x00;              //设置 PB 口暂时为输出
    _pb = 0xff;               //端口都为 1
    _pcc = 0x00;              //设置 PC 口输出
    _pc = 0xff;               //端口都为 1
    _pdc = 0xfd;              //设置 PD 口 D0,D2,D3 作为输出,D1 作为输入,与无线模块通讯
    _pd = 0x0f;
}
/****************************************************************
*                          主函数
* 每个程序不可或缺
****************************************************************/
void main()
{
    uint i;
    init_ht48();
    Data_start();             //对定时器 1 初始化
    #asm                      //进入低功耗
    halt
    #endasm

    while(1)                  //主循环
    {
        if(! _pa1)
        {
            ;                 //PA1 口为 0 表示断线,需要报警
                              //这里预留报警程序位置
        }
        if(! _pa6)
        {
            ;                 //PA6 口为 0 表示紧急按钮按下,需要报警
                              //这里预留报警程序位置
        }
        if(! _pa7)
        {
```

```
            dkhs();                              //PA7 口为 0 表示检测到钥匙插入
            if(rfid_out_yes)                     //发送射频信息,同时读取 RFID 号
            {
                rfid_out_yes = 0;
                //du24c02rfid();                 //此函数省略
                if(ID_Data[0] == rfid24c02[0]&&  //换行符,下面的一行需放在这一行后面。
ID_Data[1] == rfid24c02[1]&&ID_Data[2] == rfid24c02[2]&&ID_Data[3] == rfid24c02[3])
                {
                    _pb2 = 1;                    //启动电机
                    /* * * * *检测锁轴是否到位 * * * * */
                    _pb2 = 0;                    //停止电机
                }
            }
            else
            {
                for(i = 0;i<244;i++)
                {
                    _delay(255);
                }
                if(! _pa7)
                {
                    ;                            //发出报警信息
                                                 //这里预留报警程序位置
                }
            }
        }
    }
}
```

同时给出 main.h 文件。

```
#include <ht48r50a-1.h>

#define uchar unsigned char
#define uint unsigned int


/* * * * * * * * * * * * * * * * * * * * * * * * * * * * * * * * * *
 *                          全局变量
 * * * * * * * * * * * * * * * * * * * * * * * * * * * * * * * * */
```

```
extern uchar Read_RF_Data[11];      //暂存从 U2270B 上接收的数据
extern uchar ID_Data[6];            //暂存经校验后的正确数据
extern uint TIMER_1;                //存定时器时间寄存器
extern bit Check_Data_bit;          //校验请求标志位
extern bit rfid_out_yes;            //RFID 号输出正确
extern uchar rfid24c02[4];          //从 24C02 中读出的 RFID 号
```

(2) u2270b.c

在进行 U2270B 的软件设计之前,首先应明确钥匙上 RFID 芯片的选择。本设计选择 TK4100 芯片。TK4100 芯片是在射频感应卡片上广泛使用的一种 CMOS 集成微芯片。TK4100 芯片电路以被放在一个交变磁场上的外部天线线圈为电能驱动,并且经由线圈终端之一从该磁场得到它的时钟频率。另一线圈终端受芯片内部调制器影响,转变为电流型开关调制,以便向读卡机传送包含制造商预先程序排列的 64 位信息和指令。TK4100 全部兼容 TEICK 公司的 EM4100 芯片格式。

TK4100 有一些被用来定义代码类型和数据传输速率的基本选项。例如每位的数据传输速率可为载波频率的 64、32 和 16 倍周期,其数据能作为 Manchester(曼彻斯特)、Biphase(双相)或 PSK(相位调制)调制格式来编码。芯片在多晶硅片连接状态时实施激光烧写编程,以便在每块芯片上存储唯一的代码。连续的输出数据字符串包含 9 个开始位(其值均为"1")、40 位的数据、14 位奇偶校验以及 1 位停止位。由于逻辑控制中心微电量的消耗,所以无须提供缓冲电容。芯片运行的能量靠外部天线线圈获得。芯片内整合有一个与外部线圈并联的电容,可获得谐振能量吸收。

TK4100 的主要特点如下:
◆ 由激光编程烧写的 64 位内存组织;
◆ 具有一些数据传输速率及译码选择项;
◆ 在芯片缓冲区上具有宽的动态选项;
◆ 具有电量/电压限制器;
◆ 具有全波整流变换器;
◆ 使用一个调制深度大的低阻抗调制驱动器;
◆ 非常小的芯片尺寸,方便移植应用;
◆ 芯片内部整合有 480 pF 谐振电容;
◆ 芯片内部有储能缓冲电容;
◆ 工作频率为 100~150 kHz;
◆ 非常低的电能消耗。

数据格式:TK4100 全部的数据位为 64 bit,它包含 9 个开始位(其值均为"1")、40 个数据位(8 个厂商信息位+32 个数据位)、14 个行列校验位(10 个行校验+4 个列校验)和 1 个结束停止位。TK4100 在向读卡机传送信息时,首先传送 9 个开始位,接着再传送 8 个芯片厂商信息或版本代码,然后再传送 32 个数据位。其中 15 个校验及结束位用以跟踪包含厂商信息在内的 40 位数据(见表 4.16)。例如:TK4100 芯片中各个位的二进制值如表 4.17 所列,那么,读卡机获得该芯片的 10 位十六进制代码是 84C2A6E195。

需要说明的是:该芯片内部完全整合了高达 480 pF 的谐振电容,因此,外部的感应天线的电感量可以大幅度减小,天线线圈的匝数可以成倍减少,这意味着在 125 kHz 的只读 ID 卡系列中,使用 TK4100 芯片可以制造出非常轻小、超薄的标签卡或体态轻盈、方便携带的钥匙卡。

表 4.16 只读卡数据格式

1	1	1	1	1	1	9 个起始位
8 个版本代码或厂商信息位	D00	D10	D01	D11	P0	
	D02	D12	D03	D13	P1	
32 个数据位	D20	D30	D40	D50	P2	10 个行校验位
	D60	D70	D80	D90	P3	
	D21	D31	D41	D51	P4	
	D61	D71	D81	D91	P5	
	D22	D32	D42	D52	P6	
	D62	D72	D82	D92	P7	
	D23	D33	D43	D53	P8	
	D63	D73	D83	D93	P9	
4 个列校验位	PC0	PC1	PC2	PC3	S0	停止位

表 4.17 只读卡数据格式实例

1	1	1	1	1	1	9 个头
8 个版本代码或厂商信息位	1	0	0	0		
	0	1	0	0	1	
32 个数据位	1	1	0	0	0	10 个行校验位
	0	0	1	0	1	
	1	0	0	0	1	
	0	1	1	0	0	
	1	1	1	1	1	
	0	0	0	0	1	
	1	1	0	1	0	
	0	0	0	0	0	
4 个列校验位	1	1	0	1	0	停止位

软件设计要求设计程序完成对射频卡的读操作。读卡程序要求用软件模拟信号时序,自动检测同步信号,同步后要根据选择的编码方式进行软件解码,最后将解码得到的数据流按合理顺序存入指定存储区。设计 TK4100 的输出为曼彻斯特码,U2270B 对曼彻斯特码解码即可。

U2270B 和微处理器的职责:微处理器芯片承担数据的接收和数据曼彻斯特解码任务,发射数据由微处理器控制 CFE 端实现,基站处理接收后的数据通过基站的 OUTPUT 引脚输出给微处理器。这里基站只完成信号的接收和整流的工作,而信号的解调、解码的工作要由微处理器来完成。微处理器要根据输入信号在高电平、低电平的持续时间来模拟时序进行解码操作。

TEMIC 系列射频卡的读卡过程为:射频卡先发送 Sequences Terminator 同步信号,接着依次发送经过 Manchester 编码后的 blockl~block6 的数据,发送完 block6 数据的最后一位后(bitt32),又重新开始,不断循环发送。Manchester 编码采用由低电平向高电平的跳变表示数据位为 1,而用由高电平向低电平的跳变表示数据位为 0。结合 Manchester 编码的这个特点可以这样进行解码:在位时钟周期的下降沿(即半周期)处检测电平的变化情况,如果检测到电平变化发生,则继续判断变化后的电平情况。如果是高电平,则该位解码为 1;如果是低电平,则解码为 0;如果没有跳变发生,则视为信号异常,进行出错处理。

下面给出 u2270b.c 文件。

```c
#include <u2270b.h>

/* * * * * * * * * * * * * * * * * * * * * * * * * * * * * * * * * * * * * *
 * 曼彻斯特码调制的非接触 ID 卡通用读卡程序编制
 * C 语言代码程序如下
 * H4001 只读卡读码程序
 * * * * * * * * * * * * * * * * * * * * * * * * * * * * * * * * * * * * * */
#define uchar unsigned char
#define uint unsigned int

#define     RF_DATA_IN _pc1        //接收来自 U2270B 的数据"Output"
#define     CFE _pc0               //控制射频输出
#define     KZFS _pc2              //控制写发送
#define     STANDBY_pc3            //低功耗、标准控制引脚

/* * * * * * * * * * * * * * * * * * * * * * * * * * * * * * * * * * * * * *
 *                              函数列表
 * * * * * * * * * * * * * * * * * * * * * * * * * * * * * * * * * * * * * */
void Recive_RF_Data(void);
void Check_Data(void);
void Clern_Number(void);
void delay0_2ms(uint count);
void delay1ms(uint count);


/* * * * * * * * * * * * * * * * * * * * * * * * * * * * * * * * * * * * * *
 *                              初始化程序
 * 利用定时器 1 对 U2270B 输出的曼彻斯特码进行解码
 * 本段是对定时器 1 的初始化
 * * * * * * * * * * * * * * * * * * * * * * * * * * * * * * * * * * * * * */
void Data_start(void)
{
    _t1f = 0;                      //清除定时器 1 中断请求
    _tmr1c = 0x80;                 //定时器 1 处于计时器状态
```

```c
    _t1on = 0;                         //关闭定时器1
    _tmr1l = 0x00;
    _tmr1h = 0x04;
    _emi = 1;                          //开放总中断
    TIMER_1 = 0;
}

/* * * * * * * * * * * * * * * * * * * * * * * * * * * * * * * * * * * * *
 *                              读卡函数
 * 主函数可以调用的读卡函数
 * RFID号存储于ID_Data[]中
 * * * * * * * * * * * * * * * * * * * * * * * * * * * * * * * * * * * */
void dkhs(void)
{
    CFE = 0;                           //天线发射信息
    Recive_RF_Data();                  //调用接收RF数据函数
    if(Check_Data_bit == 1)            //如果此位为1,则有一组数据申请校验
    {
        Check_Data();                  //调用数据校验函数
        Check_Data_bit = 0;
    }
}
/* * * * * * * * * * * * * * * * * * * * * * * * * * * * * * * * * * * * */
/*接收RF数据*/
/* * * * * * * * * * * * * * * * * * * * * * * * * * * * * * * * * * * * */
void Recive_RF_Data(void)
{
// ////////////////////定义局部变量
    uchar header,pc;
    uchar temp;
    uchar temp1;
    uint temp2;
    uchar ByteCounter;                 //字节计数器
    uchar * PData;
    uchar BitCounter;                  //位计数器
// ////////////////////初始化变量值
    header = 0;pc = 4;
    PData = Read_RF_Data;
    temp = 0;
```

```c
    temp1 = 0;
    ByteCounter = 0;
    BitCounter = 5;
// ///////////////////检测一个稳定的低电平
str:
    if(RF_DATA_IN == 0)
    if(RF_DATA_IN == 0)
    if(RF_DATA_IN == 0)
    if(RF_DATA_IN == 0)
    if(RF_DATA_IN == 0)
    {
        _nop();
        _nop();
        _nop();
        _nop();
        _nop();
        _nop();
        _nop();
        _nop();
        _nop();
        _nop();
// ///////////////////检测一个起始位电平
    while(RF_DATA_IN == 0);              //当电平由低向高跳变时,启动计时器
    _t1on = 1;
    _nop();
    _nop();
    _nop();
    _nop();
    _nop();
    _nop();
    _nop();
    _nop();
    _nop();
// ///////////////////检测 9 个 "header"
    while(RF_DATA_IN == 1);
    _t1on = 0;
    _t1f = 0;
    TIMER_1 = _tmr1h;
```

第 4 章 家庭防盗报警系统

```
TIMER_1 = TIMER_1 * 256 + _tmr1l;
_tmr1h = 0x00;
_tmr1l = 0x04;
temp2 = 0x108;
if(TIMER_1>temp2)                    // >520 μs
{
    goto str;
}
temp2 = 0xf9;
if(TIMER_1<temp2)                    // <490 μs
{
    goto str;
}
do
{
    TIMER_1 = 0;
    while(RF_DATA_IN == 0);
    _t1on = 1;
    _nop();
    _nop();
    _nop();
    _nop();
    _nop();
    _nop();
    _nop();
    _nop();
    _nop();
    while(RF_DATA_IN == 1);
    _t1on = 0;
    _t1f = 0;
    TIMER_1 = _tmr1h;
    TIMER_1 = TIMER_1 * 256 + _tmr1l;
    _tmr1h = 0x00;
    _tmr1l = 0x04;
    temp2 = 0x90;
    if(TIMER_1>temp2)                // >280 μs
    {
        header = 0;
```

第4章 家庭防盗报警系统

```
                goto str;
            }
            temp2 = 0x77;
            if(TIMER_1<temp2)                  // <230 μs
            {
                header = 0;
                goto str;
            }
            header ++ ;
        }while(header<8);
        _t1on = 0;
        _t1f = 0;
///////////////////如果9个"header"都对,则开始接收卡内数据
        _tmr1h = 0xff;                          //时间：300 μs
        _tmr1l = 0x6a;
        _t1on = 1;
        if(header == 8)
        {
            do
            {
                do
                {
                    while(_t1f == 0);           //等待1个位周期
                    _t1f = 0;
                    if(RF_DATA_IN == 1) temp = 1;
                    else temp = 0;
                    while(RF_DATA_IN == temp)   //检测电平跳变否
                    {
                        if(_t1f == 1)           //如果300 μs计时到还未跳变,则视为非法电平
                        {
                            _t1on = 0;
                            _t1f = 0;
                            goto str;
                        }
                    }
                    _tmr1h = 0xff; //time:300us
                    _tmr1l = 0x6a;
                    temp = ~RF_DATA_IN;
                    temp1 = (temp1<<1)|temp;
```

```c
        BitCounter--;
    }while(BitCounter);            //1字节完否
    *(PData+ByteCounter) = temp1;  //将1字节数据存入缓存数组
    temp1 = 0;
    BitCounter = 5;
    ByteCounter++;
}while(ByteCounter<10);
do
{
    while(_t1f == 0);              //等待1个位周期
    _t1f = 0;
    if(RF_DATA_IN == 1) temp = 1;
    else temp = 0;
    while(RF_DATA_IN == temp)      //检测电平跳变否
    {
        if(_t1f == 1)              //如果300μs计时到还未跳变,则视为非法电平
        {
            _t1on = 0;
            _t1f = 0;
            goto str;
        }
    }
    _tmr1h = 0xff;                 //时间:300μs
    _tmr1l = 0x6a;
    temp = ~RF_DATA_IN;
    temp1 = (temp1<<1)|temp;
    pc--;
}while(pc);                        //1字节完否
Read_RF_Data[10] = temp1;          //将1字节数据存入缓存数组
//////////////////检测最后一个停止位
while(_t1f == 0);
_t1on = 0;
_t1f = 0;
if(RF_DATA_IN == 1) temp = 1;
else temp = 0;
while(RF_DATA_IN == temp)          //检测电平跳变否
{
    if(_t1f == 1)                  //如果300μs计时到还未跳变,则视为非法电平
    {
```

```c
            _t1on = 0;
            _t1f = 0;
            goto str;
        }
    }
    temp = ~RF_DATA_IN;
    if(temp == 0)                       //如果停止位正确
    {
        Check_Data_bit = 1;             //置校验请求标志
    }
    else                                //如果停止位不正确
    {
        Clern_Number();                 //清除
    }
    }
   }
}
/*******************************************/
/*校验数据*/
/*******************************************/
void Check_Data(void)
{
/////////////////////定义局部变量
    uchar temp;
    uchar temp1;
    uchar ByteCounter;                  //数组计数器
    uchar ByteCounter1;
    uchar *PData;
    uchar *PData1;
/////////////////////初始化变量值
    PData = Read_RF_Data;
    PData1 = ID_Data;
    temp = 0;
    temp1 = 0;
    ByteCounter = 0;
    ByteCounter1 = 0;
/////////////////////循环效验

/////////////////////行校验
```

```
for(ByteCounter1 = 0;ByteCounter1<5;ByteCounter1 ++ )      //有5字节数据
{
    temp = ((( * (PData + ByteCounter))&0x10) >> 4) + ((( * (PData + ByteCounter))&0x08) >> 3)
    + ((( * (PData + ByteCounter))&0x04) >> 2) + ((( * (PData + ByteCounter))&0x02) >> 1);
    if((temp&0x01) == (( * (PData + ByteCounter))&0x01))   //校验高4位
    {
        temp1 = ( * (PData + ByteCounter)&0xfe) << 3;
        ByteCounter ++ ;
        temp = ((( * (PData + ByteCounter))&0x10) >> 4) + ((( * (PData + ByteCounter))&0x08)
        >> 3) + ((( * (PData + ByteCounter))&0x04) >> 2) + ((( * (PData + ByteCounter))&0x02)
        >> 1);
        if((temp&0x01) == (( * (PData + ByteCounter))&0x01))   //校验高4位
        {
            * (PData1 + ByteCounter1) = temp1|(( * (PData + ByteCounter)&0xfe) >> 1);
                                        //高、低位生成1字节数据存入数组
            ByteCounter ++ ;
        }
        else
        {
            ByteCounter1 = 5;                      //只要有一组不对,则退出校验
            Clern_Number();                        //并清所有数据
        }
    }
    else
    {
        ByteCounter1 = 5;                          //只要有一组不对,则退出校验
        Clern_Number();                            //并清所有数据
    }
}
// ///////////////////列校验
// ……因没有必要,所以先省略此处………//
// ///////////////////生成校验和,置卡号正确标志
    if(ByteCounter == 10)
    {
        ID_Data[5] = ID_Data[0] + ID_Data[1] + ID_Data[2] + ID_Data[3] + ID_Data[4];
                                                    //生成校验和
        rfid_out_yes = 1;
    }
    else
    {
        rfid_out_yes = 0;
```

第4章 家庭防盗报警系统

```c
        }
    }

// ************************************************
/*清暂存器*/
// ************************************************
void Clern_Number(void)
{
    Read_RF_Data[0] = 0;
    Read_RF_Data[1] = 0;
    Read_RF_Data[2] = 0;
    Read_RF_Data[3] = 0;
    Read_RF_Data[4] = 0;
    Read_RF_Data[5] = 0;
    Read_RF_Data[6] = 0;
    Read_RF_Data[7] = 0;
    Read_RF_Data[8] = 0;
    Read_RF_Data[9] = 0;
    Read_RF_Data[10] = 0;
    ID_Data[0] = 0;
    ID_Data[1] = 0;
    ID_Data[2] = 0;
    ID_Data[3] = 0;
    ID_Data[4] = 0;
    ID_Data[5] = 0;
}
// ************************************************
/*延时 0.2 ms * count 是输入的 0.2 ms 延时数量*/
// ************************************************
void delay0_2ms(uint count)
{
    uint k;
    while(count -- ! = 0)
    {
        for(k = 0;k<50;k ++ )
        {
            ;
        }
    }
}
void delay1ms(uint count)
{
```

```
    uint k;
    while(count -- ! = 0)
    {
        for(k = 0;k<250;k ++ )
        {
            ;
        }
    }
}
```

下面给出 u2270b.h 文件：

```
# include <main.h>

# define uchar unsigned char
# define uint unsigned int

/ * * * * * * * * * * * * * * * * * * * * * * * * * * * * * * * * * * * * * * * * * *
 * 函数列表
 * * * * * * * * * * * * * * * * * * * * * * * * * * * * * * * * * * * * * * * * * * /
void Recive_RF_Data(void);
void Check_Data(void);
void Clern_Number(void);
void delay0_2ms(uint count);
void delay1ms(uint count);
```

4.10 红外对射报警模块[*]

4.10.1 功能和原理

1. 功　能

红外对射报警模块是利用光束遮断报警方式的探测器，以下称红外对射探测器。当有人横跨过红外对射探测器监控防护区时，遮断不可见的红外线光束而引发警报。它常用于室外围墙报警，并总是成对使用：一个发射，一个接收。发射机发出一束或多束人眼无法看到的红外光，形成警戒线，有物体通过，光线被遮挡，接收机信号发生变化，放大处理后报警。

---

[*] 本节内图片和部分资料引自家庭防盗监控基础与应用网站 www.pa360.net.cn。

第4章 家庭防盗报警系统

红外对射利用不可见的红外光对射为原理,其中一端为投光器,另一端为受光器。两端之间为多束红外光(二光束、三光束、四光束),形成一个看不见的封锁面。只要两相邻光束被挡断,探测器立即发射经数字编码的报警信号。该信号由防盗报警器主机接收,处于警戒状态的报警主机接收信号后,立即发出刺耳的警报声,吓退盗贼,并同时拨打事先设定好的手机、固话等,将警情传递出去。

红外对射探测器主要应用于距离比较远的围墙、楼体等建筑物。它的防雨、防尘、抗干扰等能力更强,在家庭防盗系统中主要应用于别墅和独院。

2. 组成和安装

红外对射探测器全名叫"光束遮断式感应器(Photoelectric Beam Detector)",其基本的构造包括瞄准孔、光束强度指示灯、球面镜片、LED指示灯等。其探测原理乃是利用红外线经LED红外光发射二极体,再经光学镜面做聚焦处理使光线传至很远距离,并由受光器接受,当光线被遮断时,就会发出警报。红外线是一种不可见光,而且会扩散,投射出去会形成圆锥体光束。红外光不间歇1 s发1 000光束,所以是脉动式红外光束。由此这些对射无法传输很远距离,一般在600 m内。

红外对射探测器组成如图4.93所示,主要由瞄准镜、调整螺丝、镜片、激光引导孔、指示灯、防拆开关、水平调整架、接线端子、指示灯和锁定螺丝等部件组成。红外对射探测器除特殊情况外,应该选用有线传输方式。它一般是连续工作,对电源适配器的要求很高。

红外对射探测器的安装一般选在窗外和围墙上,参见图4.94和图4.95,每个图中用圈画出的部分就是一对探测器。

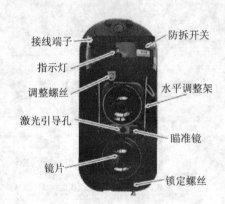

图4.93 红外对射内部结构图

图4.94 红外对射探测器安装1示意图

图4.95 红外对射探测器安装2示意图

红外对射探测器在日常工作中,由于长期工作在室外,因此不可避免地受到大气中粉尘、微生物以及雪、霜、雾的作用,长久以往,在探测器的外壁上往往会堆积一层粉尘样的硬壳,在比较潮湿的地方还会长出一层厚厚的苔藓,有时候小鸟也会把排泄物拉到探测器上,这些东西会阻碍红外射线的发射和接收,造成误报警。因此通常是在一个月左右蘸上清洁剂清洗干净每一个探测器的外壳,然后擦干。除了清洁探测器外壳,每隔一个月要做一次发/报实验,检验防盗系统的报警性能。

3. 原 理

红外对射探测器的发射机发射出一束红外光或激光,经反射或直射到接收器上,如光束被遮断,则发出报警信号。下面介绍其原理。

从物理学角度讲,电磁场是物质存在的一种形式,电磁场的运动规律是由麦克斯韦方程组来描述的,根据麦克斯韦的电磁场理论,如果在空间的某区域内有变化的电场(或磁场),那么在邻近区域内将引起变化的磁场(或电场),而这变化的磁场或电场又在更远的区域引起新的变化电场或磁场。这种由近到远,以有限的速度在空间内传播的过程称电磁波。平时所熟悉的光波,无线电波都是不同波长的电磁波。表 4.18 列出了不同电磁波的波长范围。

红外光是电磁波,它同样具有向外辐射的能力,它的波长介于无线电波的微波和可见光之间。从物理学角度讲,凡是温度高于绝对零度的物体都能产生热辐射,而温度低于 1 725 ℃ 的物体产生的热辐射光谱集中在红外光区域,因而自然界的物体都能向外辐射红外光。对某种物体来说,由于其本身的物理和化学性质不同,物体本身温度不同,所产生的红外辐射的波长和距离也不同,通常分为 3 个波段:

近红外:波长为 0.75~3 μm;

中红外:波长为 3~25 μm;

远红外:波长为 25~1 000 μm。

表 4.18 电磁波的波长划分表

名 称	波长范围/μm	频率范围/MHz
无线电波	$>1\times 10^3$	$<3\times 10^5$
红外光	$0.78\sim 1\times 10^3$	$3\times 10^5\sim 3.84\times 10^8$
可见光	$0.39\sim 0.78$	$3.84\times 10^8\sim 7.7\times 10^8$
紫外光	$0.01\sim 0.39$	$7.7\times 10^8\sim 3\times 10^{10}$
X 射线	$10^{-5}\sim 10^{-2}$	$3\times 10^{10}\sim 3\times 10^{13}$

红外光在大气中辐射时会产生衰减现象,主要是由于大气中各种气体对辐射的吸收(如水气、二氧化碳)和大气中悬浮微粒(如雨、雾、云、尘埃等微粒)对红外光造成的散射。

大气中红外辐射的衰减是随着波长不同而变化的,对某些波长的红外辐射衰减较少,这些波长区称为红外的"大气窗口"。能通过大气的红外辐射基本上分为 3 个波段:1~2.5 μm;3~5 μm;8~14 μm。这 3 个红外大气窗口为使用提供了方便。

主动红外探测器的发射光源通常为红外发光二极管。其特点是体积小;重量轻;寿命长;功耗小;交、直流供电都能工作;晶体管、集成电路都能直接驱动。而砷镓铝双异质结半导体激光器也工作在红外波段,故也是一种主动红外探测器。主动红外探测器的光源通常为脉冲调制的脉冲波形,发射机采用自激多谐振荡器作为调制电源,它能产生很高占空比的脉冲波形,去调制红外发光二极管发光,发射出红外脉冲调制光谱。这样大大降低了电源的功耗,又增加了系统抗杂散光干扰的能力。

对光束遮挡型的探测器,要适当选取有效的报警最短遮光时间。遮光时间选得太短,会引起不必要的噪声干扰,如小鸟飞过及小动物穿过都会引起报警;而遮光时间太长,则可能导致漏报。通常以 10 m/s 的速度通过镜头的遮光时间来定最短遮光时间。若人的宽度为 20 cm,则最短遮光时间为 20 cm/(10 m/s)=20 ms。当大于 20 ms 时,系统报警;小于 20 ms,则不报警。主动红外探测器体积小,重量轻,便于隐蔽,采用双光路甚至四光路的主动红外探测器可大大提高其抗噪防误报的能力以及加大防范的垂直面,另外,主动红外探测器寿命长,价格低,易调整,因此被广泛使用在安全防范工程中。

然而当主动红外探测器用在室外自然环境时,比如无星光和月亮的夜晚,以及夏日中午太阳光背景辐射的强度比超过 100 dB 时,会使接收机的光电传感器工作环境相差太大。通常采用截止滤光片,滤去背景光中的极大部分能量(主要为可见光的能量),使接收机的光电传感器在各种户外光照条件下的使用条件基本相似。

另外,室外的大雾会引起传输中红外光的散射,大大缩短了主动红外探测器的有效探测距离。虽然大部份应用在室外的主动红外探测器在出厂时已考虑到了上述因素,但在使用中还是应该充分注意到大雾天造成的影响。某些经常有大雾的地区,甚至不适合采用室外安装这种探测器。

4.10.2 外观设计

图 4.96 主动红外对射探测器外形图

由于主动红外对射探测器设计完成后自身相当于一个独立的产品,所以该模块应满足如下要求:

① 其外观设计应符合人的审美观念。

② 安装于室外,要求具有防雨、防拆功能。

③ 民用产品一般都是自行安装,因此该产品应便于安装,至少根据说明书能够准确安装。

④ 便于维护,不能有太多的不光滑处,便于清理灰尘、污垢。

⑤ 长期工作于室外,必须具有低功耗、防雷功能,提供室外生存能力。

外壳可以选用如图 4.96 所示的推荐样式,可以符合上述特点。

4.10.3 主要电路设计[*]

主动红外对射探测器的电路设计比较简单，主要包括主CPU电路、无线收发电路、红外光束发送电路、红外光束接收电路和电源转换电路。其复杂的部分是外部机械结构，设计的好坏将直接影响探测器的性能，包括光放大及对射角度调整部分等。由于这不属于单片机方面的知识，这里不做介绍。图4.97是红外对射探测器的电路结构框图，注意虚线以下是外围电路，不做在这个模块内部。

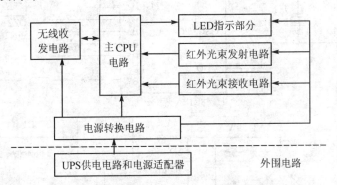

图4.97 主动红外对射探测器的电路结构框图

主动红外对射探测器原理图如图4.98所示。

本原理图需要着重说明有3部分：红外发射、接收部分；防拆部分和电源转换供电部分。

1. 红外发射、接收部分

设计时将红外发射接收部分设计成一块板，将LED2换成红外发射或红外接收头即可。本电路图中只设计了一对红外发射、接收管，实际需要设计几对。红外发射、接收的原理十分简单，但是元器件选择及安装应注意很多事项。

主动红外发射机通常采用红外发光二极管作光源，其主要优点是体积小；重量轻；寿命长；交、直流均可使用；并可用晶体管和集成电路直接驱动。现在的主动红外入侵探测器多数是采用互补型自激多谐振荡电路作驱动电源，直接加在红外发光二级管两端，使其发出经脉冲调制的、占空比很高的红外光束。这既降低了电源的功耗，又增强了主动红外入侵探测器的抗干扰能力。

主动红外接收机中的光电传感器通常采用光电二极管、光电三极管、硅光电池、硅雪崩二极管等，按GBl0408.4—2000《入侵探测器第4部分：主动红外入侵探测器》规定："探测器在制造厂商规定的探测距离工作时，辐射信号被完全或按给定百分比遮光的持续时间大于40

---

[*] 本小节资料引自《HT48R10A-1数据手册》。

第4章 家庭防盗报警系统

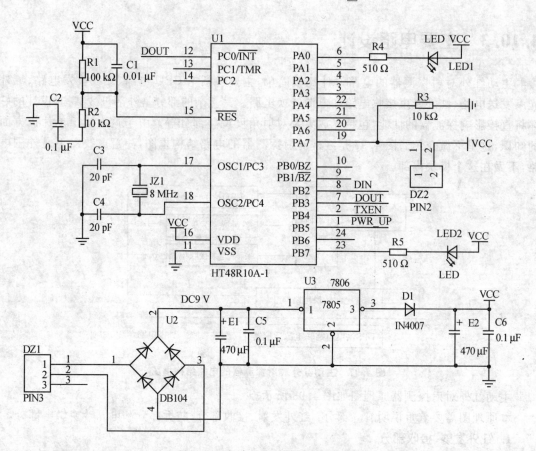

图 4.98 主动红外对射探测器原理图

ms 时,探测器应产生报警状态。"目前市售的主动红外入侵探测器均给出最短遮光时间范围,例如:某品牌的主动红外入侵探测器最短遮光时间范围是 30～600 ms。为什么要给出一个范围呢?原因是不同的使用部位可以设定(调节)不同的最短遮光时间,这有益于减少系统的误报警。例如:将主动红外入侵探测器构成电子篱笆警戒时,就应将最短遮光时间调至 30 ms 附近;用在围墙上或围墙内侧警戒时,就应将最短遮光时间调至 600 ms 附近。具体数值使用者可通过试验确定。

主动红外发射机所发红外光束决定发散角,在 GBl0408.4—2000 标准中规定:"室内使用时,发射机与接收机经正确安装和对准,并工作在制造厂商规定的探测距离,辐射能量有 75%。被持久地遮挡时,接收机不应产生报警状态。"从另一角度理解这句话的意思就是:当接收机接收的能量小于 25% 时,系统就要产生误报警。为了减少由此引起的误报警,安装使用中应让发射机与接收机轴线重合。红外发射发散角如图 4.99 所示。

其工作原理(见图 4.100):发射端发出多束有效宽度为 100 mm 的人视觉不可见的防卫

射束构成网状,接收端在收到防卫射束时,进入防卫状态,如图 4.100 所示。

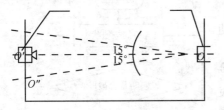

图 4.99 红外发射发散角

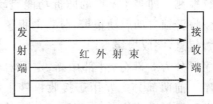

图 4.100 戒备状态红外光束

当任两条防卫射束被完全遮断超过 40 ms 时,接收端的蜂鸣器会产生现场提示音,报警信号输出电路立即向主机发出无线报警信号,如图 4.101 所示。

当有飞禽(如小鸟、鸽子)飞过被保护区域时(见图 4.102),由于其体积小于被保护区域,仅能遮挡一条红外射线,则发射端认为正常,不向报警主机报警。

2. 防拆部分

防拆部分即 DZ2 端子,一端连到红外对射的固定体上,另一端连接到红外对射探头上。当探头与固定体相连时,完全短路,证明工作正常,当探头从固定体上拆下来时,断开,单片机检测到后,立即发送报警信息进行报警。

图 4.101 报警状态的图形

图 4.102 非报警状态的图形

3. 电源转换供电部分

由于红外对射模块一直处于工作状态,所以需要用市电供电。另外,当市电供电停止时,必须转为可靠的蓄电池供电。

本设计采用 AC 220 V 市电给 UPS 供电,UPS 经过电源适配器变成 9 V 或 12 V 直流后给红外对射模块供电。当市电正常时,由市电供电;当市电停电时,UPS 自动切换到蓄电池供电。使用大容量的蓄电池能够坚持很长时间。

4.10.4 软件设计

1. 流程图设计

主动红外对射探测器发射机平时一直发射一定频率的红外光束;接收机一直接收红外光束,当接收红外光束不正常时,启动报警电路。

程序在完成上述功能的同时，还要对防拆功能线进行检测。即当 PA 口的防拆功能启动时，智能防盗报警锁自动启动报警程序，向报警主机发送报警信息，完成报警。

程序可分为 3 部分：外部中断、定时器中断和主程序。前两部分主要用于接收报警主机发送的信息和回复报警信息，与报警主机中的有关流程图相同，这里不再重复介绍，可以参照报警主机自行设计。其发射机的主程序框图如图 4.103 所示。

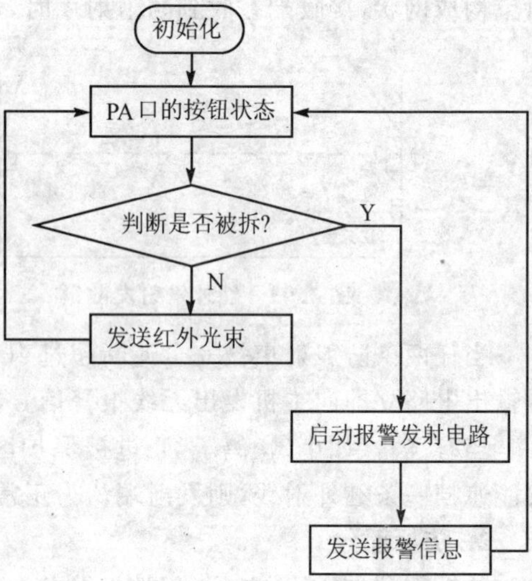

当单片机检测到没有信号时，进入低功耗休眠状态，这样可以节省电能。其时间长度可以选择 2 min 等，这只需要在程序里中设置一个固定的时间即可，无须更改。

2. 程序设计

主动红外对射探测器发射机和接收机的程序十分简单，没有什么特别之处，为了防止书中重复部分的出现，不再给出。请参阅其余模块自行编制。

图 4.103　发射机的主程序框图

4.11　火灾报警模块

4.11.1　功　能

火在人类生活中是不可缺少的。但火灾也给人类带来了巨大的灾难。众所周知的湖南衡阳"11·3"特大火灾中，共造成 20 名消防官兵殉职，包括 4 名新闻记者在内的 16 人受伤。特别是自 20 世纪 80 年代开始，随着电子产品在人类生活中的使用越来越广泛，由此引起的火灾也越来越多，在我们生活的四周到处潜伏着火灾隐患。为了避免火灾，一方面要减少引起火灾的因素；另一方面要在发生火灾时及时报警，并采取有效措施控制火情的发展，将火灾消灭在萌芽状态，确保人身安全，最大限度地减少社会财富的损失。

火灾报警模块主要用来对火灾发生的先知或火灾发生第一时间的获知，并把监测信息在最早的时间传送给报警主机，然后报警主机通过报警信号产生报警或通过电话直接通知消防中心、屋主、保安，使人们在火灾还未扩大之前将其扑灭并尽早撤离，从而减少火灾给人和财产造成的损失。由此可知，火灾报警模块是应用于家庭、办公室、超市和商场等地方对火灾的预警模块。之所以称为预警模块,是由于本模块所采用的传感器既能对空气中泄漏的一定量可燃气体监测,在可燃气体产生燃烧前对人们发出警告,达到预防火灾的发生,也能通过对火灾发生后监测空气中的烟雾来对人们发出警报。

本节所讲述的火灾报警模块是家庭防盗报警系统中的一个监测模块,它与报警主机采用无线通信的方式进行通信。采用无线收发方式使模块的使用变得非常灵活,并且监测区域与覆盖面也变得很容易。例如,可以把模块随意安装在某一监测区域,而不用考虑布线引起的麻烦。

根据家庭防盗报警系统的要求,本模块主要是对家庭发生火灾的监测与报警,其完成的功能如下:

① 能够完成对屋内出现火灾的发现,如果在探测模块监测区域发生火灾,则模块能及时将报警信息发送给报警主机,由报警主机来完成对火灾的预告,例如发出声光报警,或者在屋内没人时通过电话方式通知主人或直接通知消防中心,使人们可以在第一时间内获知,从而减少灾害。

② 由于模块采用无线通信方式,在屋内的模块能自由放置,因此能根据需要监控屋内的任何区域。

③ 模块能自动进入和退出休眠状态,采用休眠能最大程度地降低能耗,延长电池使用寿命。

4.11.2 外观设计

根据家庭防盗系统结构整体规划,本模块外观设计应考虑以下几方面:

① 外观设计符合人的审美观。

② 本模块探测器采用烟雾传感器,所以放置位置可以根据需要随时更改,这就需要模块能适应不同位置的拆卸和安装。

③ 本模块采用电池供电,所以电池的安装与更换也得方便。

④ 要求外壳材料自身能耐火,不能火灾一发生,自身先烧毁,又怎能起监测与警报作用。

根据以上要求,外观正面图形设计如图4.104所示。

外观设计说明如下:

① 图中左上角突出部分为安装传感器的位置。由于传感器为烟雾传感器,其外壳应为网状,这样能让网内与网外气流流通,使探测器能真正发挥作用。另外,外壳应能耐火,可以把外壳设计成金属壳。

② 指示灯为模块正常运行时的工作指示灯。

图 4.104 火灾探测模块外观正面图

③ 电池盒在外壳的后面,用于装 9 V 的叠层电池。
④ 天线在顶端右上角(图中未画出)。
⑤ 外壳后还有挂钩或螺丝孔,用于安装、固定用。

4.11.3 主要电路设计*

火灾报警模块主要有探测器模块、主 CPU 电路,无线收发模块和电源模块。其结构图如图 4.105 所示。

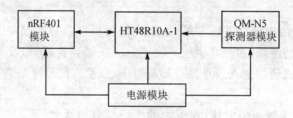

图 4.105 硬件电路结构图

1. 电路设计说明

由于此模块设计与家庭防盗系统报警模块设计中整体结构一样,所以在此有关无线通信模块电路部分未画出(见图 4.106),图中只给出了连接信号。图中画出了主 CPU 电路、探测器电路和电源电路。

2. 电源电路

在本电路设计中,需要用到两种类型的电源:5 V 直流和 9 V 直流。5 V 主要给 IC 芯片供电,如 HT48R50A - 1、nRF401 等,9 V 用于给传感器 QN - N5 供电。那么采用什么样的电源,既能满足模块的供电,也能实现模块设计的要求。根据查阅资料,HT48R50A - 1 在 5 V/4 MHz 的正常工作情况下,其工作电流为 2 mA;nRF401 处于发射时的工作电流为 8 mA,待机时只有 8 μA,所以在电源的选择上,采用了 9 V 锌锰叠层电池,并选用低电流、低功耗的电源稳压芯片 MC78L05AC 来输出 5 V。MC78L05AC 通过的最大电流为 100 mA,足以满足电路中芯片的要求。9 V 锌锰叠层电池也可用 9 V 充电叠层电池替换。

3. 探测传感器电路

火灾报警产品的发展,主要依赖于火灾探测传感器的发展,应根据需要监测的建筑物与场地的不同要求来安装不同的探测报警器。火灾探测器主要分为 3 种:感烟探测器、感温探测器和光辐射探测器 3 大类。从物理作用上区分,可分为离子型和光电型。从信号方式区分,可分为开关型、模拟型和智能型。感温式探测器又可分为定温探测器、差温探测器和差定温探测

---

* 本小节资料引自《HT48R50A - 1 数据手册》。

第 4 章 家庭防盗报警系统

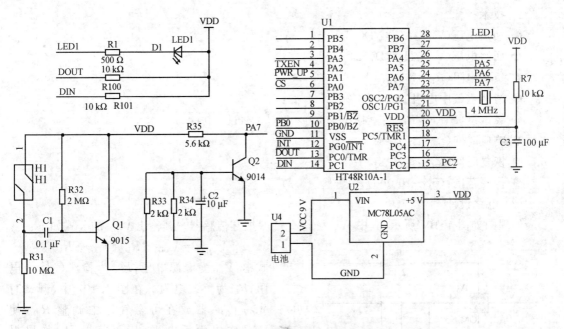

图 4.106 火灾报警模块的主要原理图

器;感烟式探测器分为离子感烟探测器和光电感烟探测器;感光式探测器分为紫外光焰探测器和红外光焰探测器等。其中离子感烟探测器具有稳定性能较好,误报率低,寿命长等优点,在火灾报警系统中被广泛使用。

一般情况下,智能建筑中应以感烟火灾探测器选用为主,个别不宜选用感烟火灾探测器的场所,应该选用感温火灾探测器。

(1) 探测器介绍

本模块采用烟雾传感器 QM-N5。QM-N5 型半导体气敏组件是以金属氧化物 SnO_2 为主体材料的 N 型半导体气敏组件,当组件接触还原性气体时,其电导率随气体浓度的增加而迅速升高。QM-N5 型气敏元件适用于天然气、煤气、氢气、烷类气体、烯类气体、汽油、煤油、乙炔、氨气和烟雾等的检测,属于 N 型半导体元件。其传感器灵敏度高,响应速度快,输出信号大,寿命长,工作稳定可靠。

1) 其主要特点

◆ 用于可燃性气体(CH_4、C_4H_{10}、H_2 等)和烟雾等的检测;

◆ 灵敏度高;

◆ 响应速度快;

◆ 输出信号大;

◆ 寿命长,工作稳定可靠。

2) 技术指标
- 加热电压(V_H):AC 或 DC 5 V±0.5 V;
- 回路电压(V_C):最大 DC 24 V;
- 负载电阻(R_L):2 kΩ;
- 清洁空气中电阻(R_a):≤4 000 kΩ;
- 灵敏度($S=R_a/R_{DG}$):≥4(在 1 000×10^{-6} C4H10 中);
- 响应时间(t_{res}):≤10 s;
- 恢复时间(t_{rec}):≤30 s;
- 检测范围:(50~10 000)×10^{-6}。

(2) 电路设计

原理图如图 4.107 所示,其中 A1 为 QM-N5 烟雾传感器。其输出 V_{OUT} 的公式如下:

$$V_{OUT} = V_{DD} \times R_L/(R_{DG} + R_L)$$

式中:V_{DD} 为电源电压;R_{DG} 为检测气体中电阻;R_L 为负载电阻。在图 4.107 中,调试时先将传感器放在可燃气体中调整 R_{P1},使 PA7 输出为低电平,从而获得 R_{P1} 临界报警点。

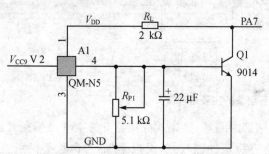

图 4.107 探测器原理图

(3) 模块安装说明

如果只有一个好的火灾报警器、好的探测器并不能降低误报、漏报的发生率,它还与探测器安装位置与安装个数有关。安装位置不好或探测器个数不合适,都直接影响到报警模块的监控质量。以下是火灾探测器的安装标准:

① 火灾探测区域一般以独立的房间划分,探测区域内的每个房间内至少应设置一只探测器。

② 在敞开或封闭的楼梯间、消防电梯前室、走道、坡道、管道井、闷顶和夹层等场所都应单独划分探测区域,并设置相应探测器。内部空间开阔且门口有灯光显示装置的大房间可划分一个的探测区域,但其最大面积不能超过 1 000 m^2。

③ 探测器的设置一般按保护面积确定,每只探测器保护面积和保护半径确定,要考虑房间高度、屋顶坡度和探测器自身灵敏度这 3 个主要因素的影响,但在有梁的顶棚上设置探测器时必须考虑到梁突出顶棚的影响。

④ 在设置火灾探测器时,还要考虑智能建筑内部走道宽度、至端墙的距离、至墙壁梁边距离、空调通风口距离以及房间隔情况等的影响。

⑤ 确定一个探测区域所需设置的探测器数量,其计算公式如下:

$$N = S/KA$$

式中，N 为探测器数量（只），取整数；S 为该探测区域的面积（m^2）；A 为探测器的保护面积（m^2）；K 为修正系数，特级保护对象取 0.7~0.8，一级保护对象取 0.8~0.9，二级保护对象取 0.9~1.0。一般家庭按一级或二级修正系数即可。

4.11.4 软件设计

模块工作过程为模块上电后，以 50 ms 的采样时间对 PA7 口采样，采样数据与上一次数据相"与"（第一次的数据位为 1）和相"或"（第一次的数据位为 0），每秒种对采样数据处理一次。如果在 1 s 内采样到有效信号（在程序中对应采样到低电平，说明有报警信息），则启动无线发送，将报警信息发送给报警主机。如果在连续 5 s 内没有监测到报警信息，则程序首先将 nRF401 置入低功耗运行状态，然后再将单片机置入休眠状态。此种方式能降低能耗，延长电池使用时间。程序休眠后，由于 PA 口具有唤醒功能，因此通过报警信息程序又可以自动运行起来。

1. 循环主程序

主程序流程图，参见 4.3.4 小节中的图 4.58。

主程序主要用来检测一些标志位，如有无报警信息，有无报警信息需要发送，有无秒标志置位，有无无线接收标志等。其通过检测这些标志位，去调用相关的子程序，执行相关功能。

2. 重要程序

由于发送程序与红外探测报警模块一样，都采用 I/O 口模拟串口程序，所以有关这部分的程序将不再叙述。

4.12 智能无线拍照模块

4.12.1 功能与原理

没有智能拍照模块的报警系统有一个致命的弱点："用户接到报警匆匆赶回家后，恐怕盗贼也早已逃之夭夭了！110 接警出了现场，用户大多只是失窃了一、两万元资财，各地公安部门也难于立案侦察，更谈不上侦破案件，追讨财产损失，用户只得自认倒霉！"。

如果防盗报警主机加配智能监控拍照模块，将实现报警、拍照一体化，使报警系统更加完善。配合有线、无线报警系统，对非法入室、紧急救援、煤气泄漏等各类紧急情况进行自动拍照报警。报警主机接警后通过无线发射模块开启灯光，自动触发智能拍照模块拍照，实现与报警主机联动，为警方侦察破案提供了有力的图像证据。图像移动侦测自动拍照功能为防盗系统

第4章 家庭防盗报警系统

提供了双重保护。

智能拍照模块将监控拍照和电话报警功能有机的结合起来,一机多用;白天作监控拍照使用,晚上设防报警后可自动拍照,功能不闲置,资源充分用。

智能拍照模块的特点及功能如下:

◆ 家庭盗贼侵入主要是通过门和窗。如果有盗贼非法侵入,则门窗磁感应器就会即刻将此信息传输给家庭报警主机(主机报警后将此信息传输到用户或控制中心),同时通过发射机传输给智能拍照模块,智能拍照模块接警后立即对现场进行拍照。

◆ 智能拍照模块还具有物体移动侦测自动拍照功能。假如盗贼侵入时没有触发报警主机,但盗贼在进入侦察范围的现场活动时,也将会自动被抓拍记录。

智能拍照模块的工作过程:报警主机接到报警信息触发报警时,发送信息给智能拍照模块,智能拍照模块内部有无线接收器,收到信号后立即打开灯光,启动拍照主机连续拍摄 16 幅图片(间隔时间为 3 s/幅)。

智能拍照模块自身应具有以下功能:

1) 图像抓拍和存储功能

◆ 集抓拍和存储功能于一体;手动抓拍,每次 1 幅;想拍就能拍;配合别的设备能够随时回放。

◆ 夜间会自动打开灯光,配合灯光进行抓拍,效果佳。

◆ 应能循环存储多幅图像,并显示拍照存储图像的日期、时间和顺序。

2) 盗情发生时自动抓拍图像

◆ 可配套家庭防盗报警系统,在电话报警时联动抓拍并存储多幅现场监控的图像照片。

◆ 发现盗贼入侵时,按下遥控器的"紧急"按钮,可抓拍并存储多幅现场图像。

◆ 有日期时间显示的存储图像资料,因此可作为 110 报警或在法庭举证的重要证据。

下面介绍智能拍照模块相对于监控录像机的优势:

分析市场上的监控录像机,作为第一代防盗设备,为防盗事业立下了汗马功劳。当设置监控录像的地方发生案情后,能够为 110 巡警接警搜捕案犯提供嫌疑人直观的图像照片,便于搜捕;为法庭审查立案,迅速破案及定罪提供了详细的现场、作案、嫌疑犯资料,并作为直接证据。其主要应用场合:银行、政府机构、重要企业。其构成为摄像头、监控主机、监视器。这就决定了其价格非常昂贵,安装需要专业知识,走线需要现场开槽等。尽管其也可以和家庭防盗系统联网实现报警、抓拍图像功能,但由于以上原因决定了其不适合用于家庭防盗这种场合。

本文提出的智能拍照模块具有监控录像设备无可比拟的优越性,其表现在:

① 模块可以做的很小,且结构简单,只由 CMOS 和 CDD 镜头和存储设备组成。

② 模块集无线通信、拍照、控制照明灯和图像输出于一体,配合家用电视就可完成放像功能。

③ 循环存储多幅图像,可显示拍照存储图像的日期、时间和顺序。

④ 价格低廉,一个模块的成本可以压缩到百元以内。

⑤ 提出思路先进,功能先进,市场前景广阔。

4.12.2　外观设计

智能无线拍照模块的外观设计需要考虑以下几个问题:

① 模块必须设计小巧,符合民用产品的特点,外观设计应符合人性化的特点;

② 模块的固定必须方便,可以使用挂钩、磁铁等多种固定方式;

③ 模块的摄像头必须能够保证不被划伤,不容易进水、进灰。

根据以上要求,可以设计成如图 4.108 和图 4.109 两种模式的外壳:一种是立方体,可以贴在墙上;另一种与摄像头差不多,可以放置在一个平面上。

图 4.108　智能无线拍照模块的外壳 1

图 4.109　智能无线拍照模块的外壳 2

4.12.3　主要电路设计*

智能拍照模块的设计是比较复杂的,需要熟悉复杂的视频处理过程,涉及摄像、视频捕捉、数字压缩、数据编码等知识。如果全部自行开发,则将是一个十分漫长的过程。

随着拍照手机的流行,一些手机生产厂商看到了其巨大的市场和丰厚的利润,很多有技术实力的厂家纷纷投资研发生产拍照模块。据报道,夏普已经上市的 LZ0P3731 拍照模块具备 200 万像素和自动对焦功能,但是为了增加产品的功能,夏普又开发成功了能够在普通对焦和两倍光学变焦之间进行转换的 LZ0P3738。松下已经为手机开发了 300 万像素的拍照模块,该模块具有图像稳定和自动对焦功能。高级装备以及图像处理术,超小对焦制动器和纤薄镜头,这些都为松下开发 v Maicovicon 图像传感器并减小其尺寸提供了支持。这个模块的对焦距离为 8 cm 到无限远。松下同时宣称推出两款具有自动对焦功能的 130 万像素的模块,并且这

---

* 本小节内资料引自《HT48R50A-1 数据手册》。

两款模块具有内置微距变焦功能。这两款模块在1月份已开始生产,300万像素的那款模块也已在3月份开始生产。FX2和FX7为松下已发布且仅具有光学图像稳定器的便携数码相机。这些厂家只发现了其手机市场的巨大前景,下面提出了其另一个巨大的市场及其具体用法。

为了减少智能拍照模块的设计难度,利用成熟的拍照模块,像上面提到的手机拍照模块,这样设计时就不用考虑上述那些复杂的视频处理过程,只设计其控制、通信部分电路,减少了开发失败的风险,加快了产品上市的速度。

在介绍智能拍照无线模块的主要电路设计之前,先来看一款成熟的拍照模块,熟悉其功能及二次开发方法,然后再介绍智能拍照无线模块的主要电路。这款拍照模块的名称是560MK数码拍摄模块。

1. 外 形

首先熟悉560MK数码拍摄模块的外形、尺寸。其外观图如图4.110所示。

各相关尺寸如下:

◆ 尺寸:70 mm×60 mm;
◆ 四角固定螺丝距离:65 mm×55 mm;
◆ 螺丝孔大小:$\varphi 3$ mm。

图4.110 560MK数码拍摄模块外观图

2. 功能简介

560MK数码拍摄模块是一种内置JPEG压缩功能数字输出的嵌入式摄像设备。它具有以下特点:

◆ 输出完整的JPEG文件;
◆ 图像具有160×128、320×240、640×480多种分辨率;
◆ 有RS-232电平串口和TTL电平串口等多种接口方式;
◆ 多种传输速率可调,串行接口支持9 600、19 200、38 400和57 600波特率;
◆ 最优化的串行通信协议,支持分包传输,主机可以配置更小的缓存,每包数据大小512字节,方便NAND型Flash页写入;
◆ 输入电压为DC 5 V,具有极性保护功能;
◆ 具有内部忙(BUSY)和数据有效(EOC)输出指示;
◆ 可以通过串口或者两路触发信号开始图像拍摄;
◆ 具有休眠功能,在休眠状态下电流<1 mA。

3. 性能详解

560MK数码拍摄模块,集摄像头、视频捕捉单元、数字压缩单元和数据编码单元于一体对于用户的二次开发非常方便,用户无须熟悉复杂的视频处理过程,只要具有串行通信和单片机的基础知识,通过下面的介绍,就可以非常简单地将其应用在自己的设计中。

(1) 供　电

数字摄像模块可以使用两种电源,用户可以任选一种供电方式:采用+5 V供电是电源由J1接入,外部+5 V电源的电压范围为4.85～5.25 V,纹波<100 mV(峰-峰值),至少能提供100 mA的电流。

注意:虽然模块上提供了极性保护电路,短时间的电源接反不会损坏模块,但我们强烈建议,如果上电后电源指示灯不亮,请立即检查电源极性。

(2) 状态输出端口

该模口提供两条状态指示线(系统忙BUSY和有效数据EOC),均为低电平有效。BUSY输出信号总是连同BUSY指示灯一起动作。当橙色的BUSY灯点亮时,BUSY输出线变为低电平,表明模块正在进行内部操作,不能响应主机的命令。一旦主机空闲,BUSY指示立即熄灭,BUSY输出线同时变为高电平。

当模块开始输出有效的视频数据时,EOC指示点亮,EOC输出线变为低电平;当一帧有效视频数据结束后,EOC指示熄灭,EOC输出高电平。用户只要将EOC引脚在低电平期间在串口或并口上输出的数据存储起来,就是一幅完整的JPG图片。使用EOC引脚功能可以不必判断文件的结束、开始以及长度等信息,从而降低了主机软件的复杂性。

(3) 串行接口

串行端口是数字摄像模块的主要控制端口,可以通过此端口设定数据输出速率,拍摄图像的尺寸等参数。模块同时提供了TTL电平和RS-232电平两种输出,TTL电平的输出可以直接与单片机相连,RS-232电平可以传输稍远的距离。除此之外,两种输出在任何方面都完全相同,用户可以根据实际情况选择。

串行接口的数据格式是:8数据位,1停止位,无校验,默认波特率为19 200 bit/s。用户可通过初始化命令设定通信波特率为9 600 bit/s,19 200 bit/s,38 400 bit/s,57 600 bit/s 4种。

注意:模块的波特率参数是不能存储的,每次复位或者上电后,波特率都为19 200 bit/s。

(4) CMOS 传感器

模块采用了OVT公司的30万像素CMOS彩色图像传感器,型号为OV7640。它具有自动白平衡,曝光控制,色温调整等功能,最大输出640×480幅面的彩色图像。表4.19是它的主要参数。

表 4.19　型号 OV7640 的 CMOS 彩色图像传感器性能表

名　称	参　数	单　位
阵列大小	640×480	点
像素尺寸	5.6×5.6	μm
信噪比	46	dB
动态范围	62	dB
电源电压	内核为2.5; I/O为3.3	V
功耗	工作时为40 mW; 待机时为30 μW	

(5) 镜 头

模块板上提供了一个 12 mm 的镜头固定座,标准配置为一只 6 mm 焦距的镜头,用户也可以根据需要,自己选择不同焦距的镜头。

注意:调整焦距时不要把镜头旋入过深,以防碰伤传感器。

4. 连接器引脚定义

连接器引脚定义如表 4.20～表 4.22 所列。

表 4.20　状态控制连接器引脚定义表

编 号	1	2	3	4	5	6
定 义	VCC	TXD	RXD	GND	BUSY	EOC
说 明	+5 V 电源	串行输出 TTL 电平	串行输入 TTL 电平	地线	系统忙	数据有效

表 4.21　RS-232 电平输出连接器

编 号	1	2	3
定 义	RXD	GND	TXD
说 明	串行输出(RS-232 电平)	地线	串行输入(RS-232 电平)

表 4.22　+5 V 电源输入连接器

编 号	1	2
定 义	GND	VIN
说 明	地线	+5V 直流电源输入

5. 时序表

控制时序如图 4.111 所示。

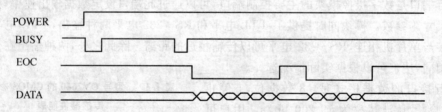

图 4.111　控制时序图

6. 通信协议

560MK 数码拍摄模块具有一个标准的 RS-232 口,可以同时提供 RS-232 电平和 TTL 电平的输出/输入信号,可以通 PC 机或其他具有 RS-232 接口的设备相连,通信速率可以是 9 600 bit/s、19 200 bit/s(默认)、38 400 bit/s 和 57 600 bit/s。

该模块能够接受单幅拍照和连续拍照的命令,输出数据使用间断帧方式,每帧数据一般为 512 字节(除了最后一帧)。数据的输出格式是 JPEG 格式,使用计算机软件和图像解压卡完全可以还原成高清晰度的 JPEG 图片。

560MK 数码拍摄模块的外部控制电路十分简单,仅有 2 电源线 VCC、GND,串行通信线 RXD、TXD 和返回信号线 BUSY、EOC 共 6 根线。设计采用 Holtek 公司的 HT48 系列单片机来开发,需要完成无线通信、数码拍照模块控制、时间读取、JPEG 图片数据和时间存储功能。

智能拍照模块电路图如图 4.112 所示。下面结合电路图进行说明智能拍照模块的硬件设计。

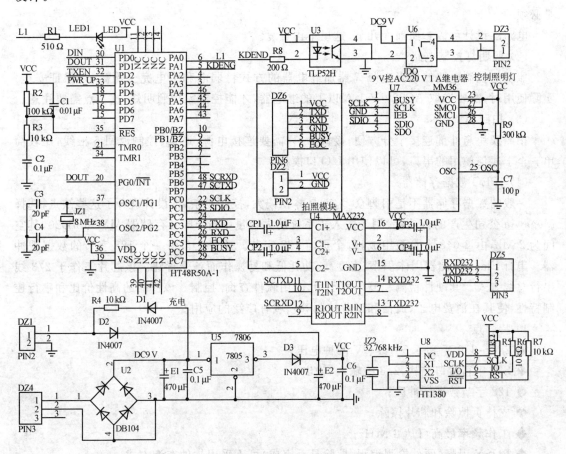

图 4.112 智能无线拍照模块

参照图 4.112 可以看出,智能拍照模块的设计分为 6 部分:主 CPU 电路、照明灯控制电路、拍照模块接口、JPEG 数据存储器、时钟读取电路和供电部分。另外,本图中省略了无线设计,无线设计可以参照报警主机的设计自行制作。下面就上面的 6 部分进行详细的说明。

(1) 主 CPU 电路

选择 HT48R50A-1 作为主 CPU 的原因如下:

① 从拍照模块的数据传输来看,每帧数据为 512 字节,这样主机就必须有一个大的缓存。本设计选用 HT48R50A-1 的目的是看中了其具有大容量的 RAM,再配合 MM36SB020 的

128字节的缓存,实现图像处理没有问题。

② HT48R50A-1有2个定时器:一个用于无线串口模拟,另一个用于与拍照模块或计算机的通信,是必须的。

③ HT48R50A-1有DIP/SOP两种封装形式,选择SOP封装可以做成小巧的结构,这也是必须的。

电路的设计可以参照前面几节,这里不再重复。

(2) 照明灯控制电路

照明灯控制电路使用光电隔离器加继电器的方式将弱电和强电完全隔离,以保证安全。实际使用时,需要选取AC220 V 1 A以上的继电器,才能控制家用照明灯,这一点需要注意。

(3) 拍照模块接口

拍照模块与外部连接十分方便,接口少,只需要连接电源、通信、控制返回6根线,比较简单。至于通信使用的串口,可以使用I/O口模拟。

(4) JPEG数据存储器

一般的数据存储器不是引脚众多,就是体积偏大,控制复杂,本设计避开了这些缺点,选择Megawin公司生产的低功耗、用于嵌入式系统的大容量串行Flash存储器MM36SB020,其空间为2 Mb,由2 048个页面组成,每个页面128字节。片子上自带一个128字节的数据缓冲器。串行Flash存储器因体积小、密度高、功耗低和易操作而备受青睐。该芯片工作于2/3线串行总线方式。其硬件检测和复位可不用,改用软件查询/控制。该产品的高性价比和串行控制特性,使其在消费电子、通信和工业控制等领域有广泛的应用。

1) 特　点

◆ 2.4～3.6 V和4.5～5.5 V两种电压;

◆ SPI串行接口结构,2/3线输入、输出;

◆ 128字节数据缓冲区;

◆ 支持页擦除和芯片擦除;

◆ 工作频率最高可达8 MHz;

◆ BUSY引脚(硬件检测编程/擦除是否完成)可不采用软件查询方式;

◆ 硬件复位(可自上电复位,若用软件复位,则不用此引脚);

◆ 低功耗:4 mA典型编程/擦除电流,1 mA典型读/写电流,0.5 μA典型Standby电流。

2) 芯片控制

芯片上电后,当选通信号IEB保持低电平时,可向存储器传送指令、地址,写入或读出数据。所有指令、地址和数据的传送都是从低位(LSB)开始的。有2个特殊指令:RMEC指令不输入地址,由RME的地址自动递增;WEBC指令也一样,必须在WEB指令执行之后执行。

对于HT48R50A-1与MM36SB020的接口电路,由于MM36SB020使用的是SPI通信,单片机没有,因此决定使用2线制模拟方式实现,一个是时钟SCLK;另一个是数据输入输出线 SDIO。软件采用符合 SPI 的方式模拟。

存储方式可以是先存字节数,后图像内容,最后存时间。用计算机串口读出后,集成到一幅 JPEG 图上。

(5) 时钟读取电路

时钟芯片选用 Holtek 公司的 HT1380。本芯片使用方便,只需 3 根线控制。报警主机中已经使用过,具体的控制可以参照前面报警主机电路和程序。

(6) 供电部分

智能拍照模块平时虽然工作于低功耗模式,但是拍照时十分耗电,因此需要使用外部电路供电,而电池作为后备电源。本设计采用与无线声光报警模块相同的供电电路。

4.12.4 软件设计

1. 流程图设计

智能拍照模块的主程序流程图如图 4.113 所示。

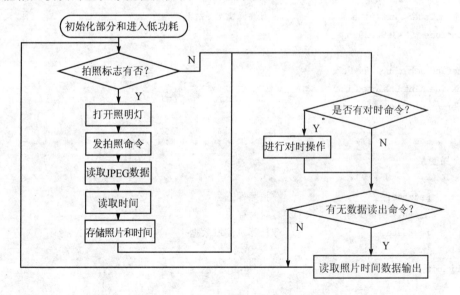

图 4.113 智能拍照模块主流程图

智能拍照模块的工作流程是:接到报警主机的拍照命令,启动拍照程序,开始拍照,接着将 JPEG 图片数据和当时时间进行存储。

不进行拍照程序时,程序还要完成两项工作:通过与计算机串口进行对时;通过与计算机串口通信进行图片的传输、删除。

该模块与报警主机的通信使用无线方式,还需要使用外部中断和定时器 0 这些与报警主机的收发程序相同,这里不再描述。

2. 程序设计

程序设计可分为 4 个文件:main.c、main.h、MM36SBO20.h 和 MM36SB020.c。

main.c 主要完成发出拍照命令,读取拍照数据,保存数据,与外部 RS-232 通信,并将数据远传;还有无线通信部分。

MM36SB020.c 主要完成对 MM36SB020 的操作,包括数据的存储与读取。至于完整的存储数据格式并未定义。

(1) main.c

程序中将与无线模块的通信和与 RS-232 的通信省略,这些都是前面涉及到的或者是比较简单的部分,主要保留了发出拍照命令,读取拍照数据,保存数据等功能。下面给出 main.c 程序。

说明:程序中关于拍照命令,读取拍照数据,保存数据等这些子程序,并未编制,读者可以参照数据手册和通信协议自行编制。

```
#include <main.h>
//#include <nrf401.h>                //为编译需要,先不要
#include <MM36SB020.h>

#define uchar unsigned char
#define uint unsigned int
#define ulong unsigned int

/* * * * * * * * * * * * * * * * * * * * * * * * * * * * * * * * * * * * *
 * 全局变量
 * * * * * * * * * * * * * * * * * * * * * * * * * * * * * * * * * * * * */
bit     paizhao;                     //拍照标志
bit     duishi;                      //对时标志
bit     readdata;                    //计算机读取数据

void init_ht48()
{
    _pac = 0xfe;                     //设置 PA0 口为输出
    _pa = 0x01;                      //PA0 输出 1
    _pbc = 0x40;                     //设置 PB7 口为输出,PB6 口为输入
    _pb = 0xff;                      //端口都为 1
    _pcc = 0x20;                     //设置 PC4 口为输入
    _pc = 0xff;                      //端口都为 1
    _pdc = 0xfd;                     //设置 PD 口 D0、D2、D3 作为输出,D1 作为输入,与无线模块通讯
```

```c
    _pd = 0x0f;
}
/**************************************************
                      主函数
    每个程序不可或缺
**************************************************/
void main()
{
    uint i;
    init_ht48();
    #asm                        //进入低功耗
    halt
    #endasm

    while(1)                    //主循环
    {
        if(paizhao)
        {
            _pa1 = 0;           //打开照明灯
            sendpaizhao();      //发送拍照命令
            readjpeg();         //读取 JPEG 数据
            readtime();         //读取时间
            keepdata();         //保存 JPEG 数据和时间
        }
        if(duishi)
        {
            jiaodui();          //对时程序
        }
        if(readdata)
        {
            dudata();           //读取数据
            senddata();         //发送数据给计算机
        }
    }
}
void sendpaizhao()              //发送拍照命令
{
    _nop();
}
```

```c
void readjpeg()              //读取JPEG数据
{
    _nop();
}
void readtime()              //读取时间
{
    _nop();
}
void keepdata()              //保存JPEG数据和时间
{
    _nop();
}
void jiaodui()               //对时程序
{
    _nop();
}
void dudata()                //读取数据
{
    _nop();
}
void senddata()              //发送数据给计算机
{
    _nop();
}
```

(2) main.h 文件

```c
#include <ht48r50a-1.h>

#define uchar unsigned char
#define uint unsigned int
#define ulong unsigned int

/*******************************************
 *              全局变量
 *******************************************/
extern bit paizhao;          //拍照标志
extern bit duishi;           //对时标志
extern bit readdata;         //计算机读取数据
```

(3) MM36SB020.c

MM36SB020.c 主要完成对 MM36SB020 的操作,这是整个程序的关键部分。本文先给出具体的程序,具体的解释在每个语句和函数前都加了注释。下面给出 MM36SB020.c。

```c
/* IEB(片选信号)可固定接到地,也可以由 I/O 来片选 */
/* SDO、SDIO、SCLK 各接 1 只 100 kΩ 电阻到地 */
/* MM36SB020 OSC 端接 1 只 300 kΩ 电阻到 VCC,1 只 100 pF 电容到 GND,加快速度。*/
/* MM36SB020 SMC0 和 SMC1 端: SMC0 = 1,SMC1 = 0,为二线制; SMC0 = 0,SMC1 = 0,为三线制 */

#include <mm36sb020.h>

#define uchar unsigned char
#define uint unsigned int
#define ulong unsigned int

#define USE_MM_1

void delay_time(uint k)
{
    uint j;
    for(j = 0;j<k;j++)
    {
        ;
    }
}

void send_reset_com()
{
    send_one_byte(0xfe);
    send_one_byte(0xff);
    send_one_byte(0xff);
    send_one_byte(0xff);
}

uchar read_one_byte()
{
    uchar i;
    uchar temp;
    uchar one_data;
    temp = 0;
    one_data = 0;
```

```
        SDO = HIGH;
        for(i = 0; i < 8; i ++)
        {
            SCLK = LOW;
            one_data = one_data >> 1;
#ifdef DEBUG_MM36SB020
            _nop();
            _nop();

#endif
            SCLK = HIGH;
#ifdef DEBUG_MM36SB020
            _nop();
            _nop();


#endif
            if(temp = SDO)
                one_data = one_data | 0x80;
        }

    SCLK = LOW;
    return (one_data);
}

void send_one_byte(uchar one_data)
{
    uchar i = 0;
//   SCLK = LOW;
    for(i = 0;i < 8;i ++)
    {
        SCLK = LOW;
        SDI = one_data & 0x01;
#ifdef DEBUG_MM36SB020
        _nop();
        _nop();

#endif
```

```
            SCLK = HIGH;
            one_data = one_data >> 1;
# ifdef DEBUG_MM36SB020
            _nop();
            _nop();


# endif

        }
//      SDI = HIGH;
        SCLK = LOW;
}

void send_two_byte(uint one_data)
{
        uchar i = 0;
        for(i = 0;i < 16;i ++)
        {
            SCLK = LOW;
            SDI = one_data & 0x01;
# ifdef DEBUG_MM36SB020
            _nop();
            _nop();
            _nop();
            _nop();
# endif
            SCLK = HIGH;
            one_data = one_data >> 1;
# ifdef DEBUG_MM36SB020
            _nop();
            _nop();
            _nop();
            _nop();
# endif
        }
//      SDI = HIGH;
        SCLK = LOW;
}
```

```c
uchar busy( )                                     /* 读状态命令 */
{
    uchar temp = 0;
    send_one_byte(RSE);                           /* 送 RSE 命令 */
    _nop();
    _nop();
    _nop();
    _nop();

    temp = read_one_byte();
    if(temp & 0x01) return 1;                     /* BUSY */
    else return 0;
}


/* 读数据从缓冲区 */
/* in_buffer_begin_addr 为缓冲区内开始地址，counter 为读多少个数，array[]为单片机内部存储空
   间 */
/* uchar read_data_from_buffer(uchar in_buffer_begin_addr, uchar counter, uchar array[])
{
    uchar i ,temp = 0;
    IEB1 = LOW;                                   // 选通 MM36SB010
    if(busy()) return BUSY;

    for(i = 0; i < counter; i ++)                 /* 连续读数据
    {
        send_one_byte(RBE);                       /* 送 RBE 指令，从缓冲区读 1 字节数据
        send_one_byte(in_buffer_begin_addr + i);  /* 送页内地址
        array[i] = read_one_byte();               /* 读数据
    }
    return OK;
} */


/* 从 Flash 存储器读数据 */
/* page_addr 为页地址，in_page_byte_addr 为页内地址，counter 为读多少个数，array[]为单片机内
   部存储空间 */
uchar read_data_from_flash(uint page_addr, uchar in_page_byte_addr, uchar counter, uchar array
[])
{
    uchar i ,temp = 0;
```

```c
    IEB1 = LOW;                         // 选通 MM36SB010
    //while(busy() == 1);

    if(busy())
    {
        for(i = 0; i < counter; i ++)   /* 连续读数据 */
        {
            array[i] = 0;
        }
        return BUSY;
    }
    send_one_byte(RME);                 /* 送 RME 指令,从 Flash 存储器读 1 字节数据 */
    send_one_byte(in_page_byte_addr);   /* 送页内地址 */
    send_two_byte(page_addr);           /* 送页地址 */
    array[0] = read_one_byte();         /* 读数据 */

    for(i = 1; i < counter; i ++)       /* 连续读数据 */
    {
        send_one_byte(RMEC);            /* 送 RMEC 指令,连续从 Flash 存储器读 1 字节数据,
                                           先自动地址增加 */
        array[i] = read_one_byte();
    }
    return OK;
}

/* 从 Flash 存储器读 1 页数据到缓冲区,page_addr 为页地址 */
uchar read_to_buffer_from_flash(uint page_addr)
{
    uchar temp = 0;
    IEB1 = LOW;                         // 选通 MM36SB010
    if(busy()) return BUSY;

    send_one_byte(RMB);                 /* 送 RMB 指令,从 Flash 存储器读 1 页数据到缓冲区, */
    send_two_byte(page_addr);           /* 送页地址 */

    delay_time(135);

    return OK;
}
```

```c
/* 写数据到缓冲区 */
/* in_buffer_begin_addr 为缓冲区内开始地址, counter 为写多少个数, send_array[]为单片机内部
   存储空间 */
uchar write_data_to_buffer(uchar in_buffer_begin_addr, uchar counter, uchar send_array[])
{
    uchar i = 0;
    IEB1 = LOW;                              //选通 MM36SB010
    if(busy()) return BUSY;

    send_one_byte(WEB);                      /* 送 WEB 指令,写1个字节数据到缓冲区 */
    send_one_byte(in_buffer_begin_addr);     /* 送缓冲区内首地址 */
    send_one_byte(send_array[0]);            /* 送第1字节数据 */

    for(i = 1; i < counter; i ++)
    {
        send_one_byte(WEBC);                 /* 连续写1字节数据到缓冲区,先自动地址增加 */
        send_one_byte(send_array[i]);        /* 送第 i 字节数据 */
    }

    return OK;
}

/* 写数据到 Flash 存储器 */
/* page_addr 为页地址, in_page_begin_addr 为页内地址, counter 为写多少个数, send_array[]为单
   片机内部存储空间 */
uchar write_data_to_flash(uint page_addr, uchar in_page_begin_addr, uchar counter, uchar * send
_array)
{
    uchar i = 0;
    IEB1 = LOW;                              //选通 MM36SB010
    if(busy()) return BUSY;

    read_to_buffer_from_flash(page_addr);    /* 将整页数据读进缓冲区进行保护 */

    write_data_to_buffer(in_page_begin_addr, counter, send_array);
        /* in_buffer_begin_addr = in_page_begin_addr, 在缓冲区中修改相应的数据 */

    send_one_byte(WBMEP);                    /* 送 WBMEP 指令,写缓冲区数据到 Flash 存储器,先
                                                自动页擦除 */
```

```c
        send_two_byte(page_addr);           /* 送页字节地址 */

        return OK;
}

/* 把缓冲区中的数据写入 Flash 存储器，page_addr 为页地址 */
uchar write_buffer_to_flash(uint page_addr)
{
        IEB1 = LOW;                          //选通 MM36SB010
        if(busy()) return BUSY;
        send_one_byte(WBMEP);                /* 送 WBMEP 指令，写缓冲区数据到 Flash 存储器，先
                                                自动页擦除 */
        send_two_byte(page_addr);            /* 送页字节地址 */

        return OK;
}
```

(4) mmsb36020.h 文件

```c
#include <ht48r50a-1.h>

#define DEBUG_MM36SB020 1

/* 定义命令 */
#define ERSC 0x90f6                /* 擦除整个芯片 */
#define SRC     0xfffffffe         /* 软件复位芯片 */
#define RSE     0x94               /* 读状态寄存器 */
#define RBE     0x98               /* 从缓冲区读 1 字节数据 */

#define RME     0x9c               /* 从 Flash 存储器读 1 字节数据 */
#define RMEC    0xa0               /* 从 Flash 存储器连续读 1 字节数据，先自动地址增加 */

#define RMB     0xa4               /* 从 Flash 存储器读 1 页数据(128 字节)到缓冲区 */

#define WEB     0xa8               /* 写 1 字节数据到缓冲区 */
#define WEBC    0xac               /* 连续写 1 字节数据到缓冲区，先自动地址增加 */

#define WBMEP   0xb0               /* 写缓冲区数据到 Flash 存储器，先自动页擦除 */
#define WBME    0xb4               /* 写缓冲区数据到 Flash 存储器，没有自动页擦除 */
```

```
/* 定义常量 */
#define     LOW         0
#define     HIGH        1
#define     BUSY        2
#define     OK          3
#define     ARRAY_SIZE  128
#define     COUNTER     128

/* 调试控制项 */
#define DEBUG_2_WIRE 1

#define     SCLK _pc0
#define     SDO _pc1
#define     SDI _pc1
#define     IEB1 _pc2
```

4.13 其他智能模块

为使人身不受侵犯家庭财产不受损失,智能报警器也层出不穷,例如:儿童防丢器、贵重物品防丢器、电动车防盗报警器等。本节挑选电动车防盗报警器进行阐述,比较各种防盗设备的优缺点,自行设计一款电动车防盗器。

由于电动车防盗器不属于家庭防盗报警系统中的一个组成部分,不与家庭防盗报警主机通信,但是它又属于家庭防盗报警的范畴,所以放在家庭防盗报警系统中,作为其他智能模块加以说明。

4.13.1 电动车防盗器的功能

电动自行车作为一种新型的交通工具,以它经济、环保、节能、轻便等优点,随着人们生活水平的日益提高和电动自行车业的迅猛发展,被越来越多的人所喜爱和广泛骑用,但是,随着其数量的与日俱增,与之而来的偷盗问题,让广大的电动自行车主和公安民警颇费脑筋。

在已知的防盗技术中,有以下几种。

1. 各种锁具

为了防盗与偷盗,锁具制作厂家与小偷的偷盗水平一直都在进行着"生死存亡"的"搏杀"。锁具厂家从最开始的锁具制作开始,经过了固定锁、钢缆锁(软锁)、U型锁、接地锁的历程。但是,俗话说"道高一尺,魔高一丈",小偷的方法十分高明,甚至出现了"专业队伍"。对于固定锁,由于其结构非常简单,且固定在车上,就算没有钥匙,这些小偷用万能钥匙或别的工具很容易打开,只要时间允许甚至把整个锁拆下来也很容易。

对于软锁,就是钢缆锁,它的作用主要是对固定锁起辅助作用。电动自行车主可以把自行车停在路边,与一些固定物,像大树、灯柱、电线杆等锁在一起,心想总算放心了。但是辛辛苦苦地操作之后,回来时发现电动自行车还是不见踪影。什么原因呢?这就是小偷使用了专门的剪子,这种剪子不论钢缆看起来有多粗,只要用就可轻易地把钢缆剪断。

对于 U 型锁,使用起来十分灵活方便,其牢固程度是远远高于软锁的。U 型部分的材质是钢,锁头的机构比固定锁复杂。但是它毕竟还要用锁。据报道,对于这种锁,有偷盗技术的小偷,使用口香糖、铁丝在几秒中内就能将锁打开。

对于接地锁,使用的是在地上装上地桩,留出电动自行车后轮的位置,电动自行车停进去后,利用钢筋做成的一体接地锁将后轮锁住。这种锁确实起了一定的作用,但是有一定的缺陷,不可能所有地方都能装上接地锁,这就迫使电动自行车像公交车一样只能去固定的地点锁车。而且,随着开锁工具的升级,这种锁在小偷的眼里还是不值一提。

2. 震动报警器

为了在小偷偷车时给其制造恐惧心理,又发明了震动报警器。其设计原理是:它结合锁具使用,当小偷准备开锁或者接触电动自行车时,它检测到震动,就以高分贝的声音开始报警,持续几秒钟停止,当小偷再次作案时又重新报警,目的是给小偷以惊吓,使其心里防线崩溃,放弃偷车的念头。

震动报警器的局限性:由于电动车太多了,且震动报警器的制作良莠不齐,走在大街上就会发现电动车报警器的警报声此起彼伏,人们渐渐地对这种报警习以为常了,出现了听而不闻的情况,这给小偷带来了机会,报警没人管,那就偷呗,反响也没问题,即使有一两个负有责任心的人问,小偷会说"自己的车,钥匙丢了。"如果有人查看证件,则小偷会堂而皇之地说"没办"。电动自行车不上牌已经成了常事,敷衍和为逃离找借口十分方便。这就是震动报警器不防盗的原因。

震动报警器以只有提醒作为报警,逐渐失去了其防盗功能,给人们提供的只是一种"心里保险"。据上海普陀区的一家派出所统计,整个电动车丢失案件中,装了这种锁的电动自行车在整个丢电动自行车报案中已上升到 70%。分析结论是:人们的防盗意识上升,装震动报警器的电动自行车数增加,但是相反震动报警器的防盗作用正在逐渐下降,有的几乎不再起防盗作用。

3. 电动自行车制动式防盗报警器和防盗电源开关锁

为了对付愈演愈烈的电动车偷盗,人们又发明了电动自行车制动式防盗报警器和防盗电源开关锁,具有防盗、报警、断电、制动等多种功能。在电动自行车处于防盗状态时,如遇到轻微的震动报警器会鸣叫几声,以示警告。当遇到非法打开电源开关锁或抬起车欲强行骑走时的严重情况下,防盗报警器立即连续报警,同时电控系统自动断电,电动自行车失去动力,无法驾驶启动；又为了防止人力脚踏骑行，在切断动力的同时，ABS 制动系统自动开启，使车轮始终处于强力制动状态，无法骑走，从而真正达到了防盗的目的。

这种防盗器的优点是，当检测到偷窃行为时，立即进行报警和切断电源，锁死电动自行车，让小偷放弃偷窃。缺点是：安装复杂，不但需要剪断藏在电动车内部的电源线，还要装设 ABS 制动系统，加上自身的固定，不适合已出厂的电动车使用；从成本上分析，价格太高，不适合发展的市场。随着电动自行车生产厂家的增多，竞争的激烈，电动车的价格正逐步下滑，防盗器属于电动车的附属设备，价格本身不可能太高，并且由于这个原因，其价格也要下降才行，否则整个电动自行车就没有了市场。

综合以上各种电动车防盗、报警设备不太成功的原因，吸取以上各种电动自行车防盗设备的优点，本节设计了一款防盗报警器。这种电动车防盗器具备以下功能：

① 利用震动探测器检测电动车是否有被盗情况的发生。

② 偷盗发生时，利用高分贝喇叭，吓退小偷和提醒周围人帮助。

③ 在高分贝报警的同时，利用无线发射器发射报警信号给电动车主人。这是其显著的功能，利用告警给电动车主人，进行人为干预，不但可达到防止偷车的情况发生，甚至还可以抓获正在偷窃电动车的窃贼。

④ 使用 U 型锁结构，锁头改用可靠且不容易被破解的数码机械锁。这也是其突破性的地方，利用先进的电子设备保证只有配套的钥匙才能开锁。

⑤ 电动车防盗器预留有切断电动车电源接点，如果偷盗行为持续进行，则可以立即切断电动车供电。

另外这种电动车防盗器还具有以下特点：

◆ 安装本产品不改变原车的外观、外貌；

◆ 防盗措施先进，性能优良，开锁利用齿轮加 RFID 码的方式，破解难度大；

◆ 其造价低，易普及；

◆ 在防盗非报警状态下实现低功耗，几乎不耗电；

◆ 具有普通 U 型锁无法剪短的特点，并使用钢筋作为锁轴。

这种电动车防盗报警器由 4 部分组成，分别是报警锁主体、电源控制锁附件、室内报警器和数码钥匙。其外观分别如见图 4.114～图 4.117 所示。这 4 部分的安装位置，所完成的功能分别列举如下。

(1) 报警锁主体

报警锁主体的安装和使用与一把普通 U 型锁几乎没有区别，当将电动自行车停下不用并想将其锁住时，只要用报警锁主体将前轮或后轮锁住即可。其功能如下：

① 具备机械锁和数码锁的功能，必须由标准的数码钥匙才能打开。

② 能够与数码钥匙和报警器附件通信。

③ 具有探测非法盗窃电动自行车功能。

第4章 家庭防盗报警系统

图4.114 报警锁主体外观

图4.115 电源控制锁附件外观

图4.116 室内报警器外观

图4.117 数码钥匙外观

（2）电源控制锁附件

电源控制锁附件安装在电动车内部，靠电动车电池供电。其功能如下：

① 能够接收报警锁主机发出的报警信息。

② 必要时，能够切断电动自行车电源。

③ 能够向室内报警器发送报警信息。

（3）室内报警器

室内报警器插在室内的一般普通家用插座上即可。其功能如下：

① 能够接收报警器附件发送的报警信息，并产生报警。

② 平时处于低功耗状态。

(4) 数码钥匙

数码钥匙可以随身携带，不用时，几乎不耗电。其功能如下：

① 具备数码钥匙的功能：按下闭锁按钮，能够将主体锁的电子部分锁闭；按下开锁按钮，能将主体锁的电子部分打开。

② 具备机械齿轮钥匙的功能：只有钥匙齿轮对时，才能打开报警锁主体。

下面解释每部分外观设计成如图 4.114～图 4.117 的原因？为什么设计成 4 部分？

① 报警锁主体设计成如图原因：由于底部需要装电子电路、机械齿轮锁、电控机构、声音报警器，因此底部必须有足够的空间，并且有声音传输口；另外，还应与 U 型锁结构相同。

② 电源控制锁附件设计成如图原因：它是一个比较关键的部件，所具备的功能决定了其外观：第一，放在电动车内部，体积必须很小；第二，无线数据要求远传达到 1 000 m，必须有天线；第三，还是因为传输距离远，功耗比较大，不能使用普通电池，应使用电动车电瓶供电，并要有简捷的接口设计。

③ 室内报警器设计成如图原因：根据调查，一般电动车停靠离主人的距离小于 1 000 m，为了接收电动车传来的报警信号，要求功率大则必须由市电供电，这样外壳比较大；另外，红色对于人眼来说比较易受刺激，能首先感觉到，外壳顶部设计成红色，便于发出红光；为方便使用，室内报警器直接插在室内普通的电源插座上即可，因此底部使用了 3 脚插头；其上开孔的目的是用于传递声音。

④ 数码钥匙设计成如图原因：底部与普通钥匙应该没什么区别；顶部要封装单片机、无线发射、按钮，因此设计成塑料壳，便于封装。

设计成 4 部分的原因如下：

① 从经济因素考虑，根据购买人的能力，考虑到高端和低端两种应用。报警锁主体和数码钥匙组合，可以构成一种完全依靠电子和机械设备实现防盗功能；全套可以构成一种既依靠电子和机械设备，又依靠电动车主人人为干预的双重防盗功能。

② 从实现安装方便的角度来决定的。分成 4 部分，它们之间没有有线连接，各自完成各自的功能，安装实现比较方便。

设计中还有一点读者肯定要问，为什么报警锁主体发出的报警信号还要经过电源控制锁附件转接一下才能到室内报警机，可不可以直接由报警锁主体发出的报警信号给室内报警机？答案是可以的。但是由于报警锁主体中使用的是电池，容量小，相对于电池来说报警时需求功率很大，这样报警几下就没电池了，而频繁更换电池是件十分麻烦的事。为了借助于电动车的电池，才经过电源控制锁附件转发的。报警锁主体中的无线发射器可以设计发射功率小的，传输距离近的，而电源控制锁附件的无线发射器要设计成发射功率大的。

4.13.2 电动车防盗器原理与设计*

下面介绍电动车防盗报警器实现防盗的工作过程。

当窃贼利用非法钥匙开锁,或者用钳子开始扭断锁体,或者抬着电动车离开时,电动车报警锁主体检测到异常,启动 120 dB 声音报警,吓唬窃贼;并发送报警信息给电源控制锁附件,然后电源控制锁附件立即切断电源,发送报警信息给室内报警器;室内报警器接到信息,开始进行声光报警,同时电动车主人出去抓贼或拨打 110 报警电话请警察抓贼,从而实现防盗功能。

下面介绍电动车主人正常操作时防盗器的工作过程。

电动车主人按下数码钥匙开锁按钮,发送信号→报警锁主体收到信号,响一下代表打开→电动车主人用数码钥匙开机械锁→锁拿下,可以骑行。只要不启动闭锁功能,锁不会报警。

需要锁闭及开启防盗功能的步骤如下:

将机械锁锁上→按下数码钥匙的闭锁按钮→电动车响一声代表锁住→将室内报警器插在插座上。完成锁闭,开启防盗功能。电动车锁好后,若再有偷窃行为,会立即报警。实际操作中还可以省去将室内报警器插在插座上的操作。因为室内报警器不报警时处于低功耗状态,因此可长期插在家里或办公室的插座上。即使没有市电插座或者插入不方便,但室内报警器内部装有电池,可以完成短时间的报警。

从这个过程可以看到,只要钥匙齿不对和数码钥匙发出的信号不对都打不开电动车,从而实现依靠机械、电子防盗;并且只要非法开锁,挪动电动自行车,弄坏报警锁,拆除报警设备等非法行窃,都将被检测到,并且自身发出报警信息,同时发信息给电动自行车主人,实现人为防止行窃功能。

具有这么先进功能的电动车防盗器是如何设计实现的呢?其实其主要功能完全是由当今流行的单片机完成的。读者不禁要担心,市场上单片机的价格不是很贵吗?其实单片机分很多种,但是发展方向只有两种:一种是朝高端、集成化方面发展,价格偏高;另一种是朝民用、低价格方向发展。Holtek 公司的单片机就是顺应时代潮流,朝着民用、低价格、同系列具有不同配置等方向发展,价格已经做到十分便宜,最简单的单片机价格甚至做到不到一元的价格,功能还能十分强大。

下面就给出基于 Holtek 公司 HT48 系列中的 HT48R10A-1 为主芯片设计的这款电动车报警器的电原理图。由于设计的电动车防盗器的 4 个组成部分的电子原理结构几乎相同,因此本设计将原理图分 9 块进行具体说明。防盗器的 4 个组成部分与这 9 块电路的对应关系可以参见表 4.22 所列。

---

* 本小节内资料引自《HT48R10A-1 数据手册》。

第4章 家庭防盗报警系统

表 4.23 4 个组成部分与 9 块电路的对应关系

序号	原理图	报警锁主体	电源控制锁附件	室内报警器	数码钥匙
1	主 CPU 和天线	√	√	√	√
2	第 1 种供电	—	—	√	—
3	第 2 种供电	—	√	—	—
4	第 3 种供电	√	—	—	√
5	控制设计	√	√	—	—
6	震动探测	√	—	—	—
7	闪烁 LED 灯	—	—	√	—
8	声音报警	√	—	—	—
9	按键	—	—	—	√

下面对这 9 块电路原理图的功能和原理分别进行具体说明。

1. 主 CPU 和天线

主 CPU 和天线具有无线通信,采集按键,控制指示灯、闪烁灯、继电器,声音报警等功能。其原理图可以参见图 4.118,主 CPU 选用 HT48R10A-1,无线收发选用 nRF401。之所以选择这两款芯片,本章前几节有类似的应用,已做了大量的论述,读者可以查阅。

需要说明的是这里的天线设计,需要将其设计成一个长条型的,便于安装,具体设计可以参见《nRF401 数据手册》。

2. 第 1 种供电原理图(见图 4.119)

第 1 种供电作用:将 AC 220 V 变成 DC 9 V 和 DC 5 V 给电路供电,停电后可以改用电池供电,并且可以实现对电池充电。

电路工作原理与过程是:AC 220 V 经 DZ1 进入变压器,变成 AC 8 V,经过整流桥,变成 DC 9 V,一路经过 IN4007 后给电池充电,另一路经过 7805 后变成 DC 5 V 给整个电路供电。当然,为了后面电路电压的提高,U9 也可以选择 7806。当交流停电后,自动改为电池供电。

但是要注意的是,电池供出的是 DC 5 V,整个电路没有 DC 9 V 输出。此时,由于声音报警电路中使用了 DC 9 V,交流停电后将不能发出声音,只能通过闪烁灯光方式报警。

3. 第 2 种供电原理图(见图 4.120)

第 2 种供电和第 1 种功能相同,主要是改为用 DC 36 V 的电动车电瓶供电。

供电原理:DC 36 V 供声音报警和控制电路使用,并经过 34063 后变成 DC 5 V 给整个电路工作。34063 内部框图如图 4.121 所示。

注意:

① 声音报警和控制电路设计的是 DC 9V,由本电路供电后,需要改为 DC 36 V 供电,只需

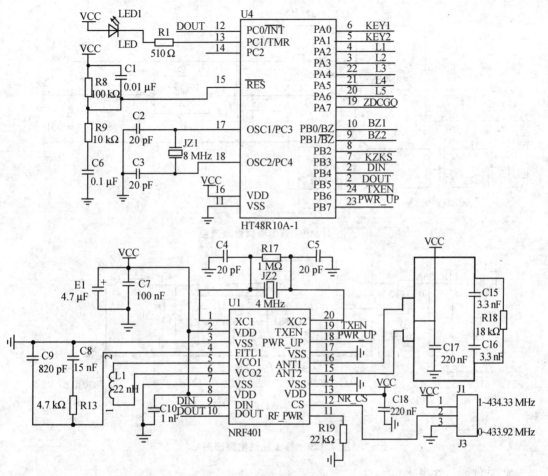

图 4.118 主 CPU 和天线原理图

将控制电路中的继电器选择电压高一些的,声音报警电路中的三极管选择耐压高一些就行了。

② 这个设计是针对 36 V 电动车的,如果电动车供电是 DC 48 V,则还需要考虑有一级降压。

之所以选择 34063 作为变换,是因为 34063 是一种用于 DC-DC 电源变换的集成电路,应用比较广泛,通用、廉价、易购,可用于电压的升压、降压以及极性的反转。其极性反转效率最高达 65%,升压效率最高达 90%,降压效率最高达 80%,变换效率与工作频率、滤波电容等成正比。它能使用最少的外接元件构成开关式升压变换器、降压式变换器和电源反向器。34063 还具有以下特点:

◆ 能在 3~40 V 的输入电压下工作;
◆ 带有短路电流限制功能;

第4章 家庭防盗报警系统

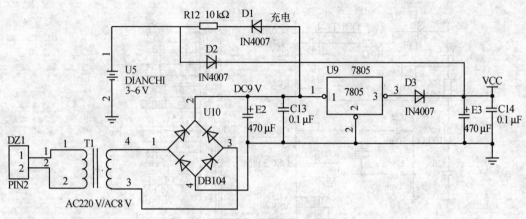

图 4.119 第 1 种供电原理图

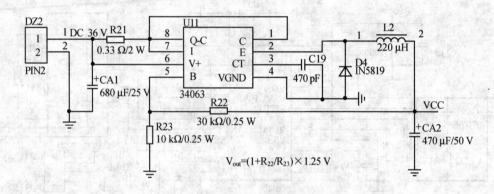

图 4.120 第 2 种供电原理图*

- ◆ 低静态工作电流；
- ◆ 输出开关电流可达 1.5 A（无外接三极管）；
- ◆ 输出电压可调；
- ◆ 工作振荡频率为 100 Hz～100 kHz；
- ◆ 可构成升压、降压或反向电源变换器。

下面介绍 34063 的工作原理（参见图 4.121）。

由于内置有大电流的电源开关，因此 34063 能够控制的开关电流达到 1.5 A；内部线路包含有参考电压源、振荡器、转换器、逻辑控制线路和开关晶体管。参考电压源是温度补偿的带隙基准源，振荡器的振荡频率由 3 脚的外接定时电容决定，开关晶体管由比较器的反向输入端和与振荡器相连的逻辑控制线路置成 ON，并由与振荡器输出同步的下一个脉冲置成 OFF。

---

* 涉及 34063 的设计资料引自《MC34063 数据手册》。

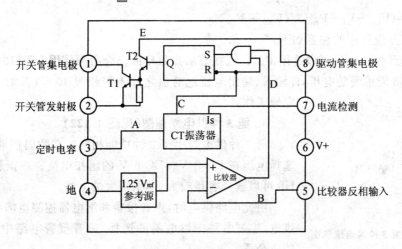

图 4.121　34063 内部框图

振荡器通过恒流源对外接在 CT 引脚（3 脚）上的定时电容不断地充电和放电，以产生振荡波形。充电和放电电流都是恒定的，所以振荡频率仅取决于外接定时电容的容量。"与"门的 C 输入端在振荡器对外充电时为高电平。D 输入端在比较器的输入电平低于阈值电平时为高电平，当 C 和 D 输入端都变成高电平时，触发器被置为高电平，输出开关管导通；反之，当振荡器在放电期间，C 输入端为低电平，触发器被复位，使得输出开关管处于关闭状态。

电流限制 SI 检测端（5 脚）通过检测连接在 V_+ 与 5 脚之间电阻上的压降来完成功能。当检测到电阻上的电压降超过 300 mV 时，电流限制电路开始工作，这时通过 CT 引脚（3 脚）对定时电容进行快速充电，以减少充电时间和输出开关管的导通时间，结果是使得输出开关管的关闭时间延长。

34063 具体用法中的一些参数和注意事项如下：

① 外围元件标称含义和它们取值的计算公式如下：

V_{out}（输出电压）$= 1.25 \text{ V}(1+R_1/R_2)$。

C_t（定时电容）：决定内部工作频率。$C_t = 0.000\,004 \times F_{on}$（工作频率）。

$I_{pk} = 2 \times I_{omax} \times T/t_{off}$。

R_{sc}（限流电阻）：决定输出电流。$R_{sc} = 0.33 \text{ Ω}/I_{pk}$。

L_{min}（电感）：$L_{min} = (V_{imin} - V_{ces}) \times T_{on}/I_{pk}$。

C_o（滤波电容）：决定输出电压波纹系数。$C_o = I_o \times t_{on}/V{p-p}$（纹波系数）。

② 固定值参数及公式如下：

$V_{ces} = 1.0 \text{ V}$。

V_{imin}：输入电压不稳定时的最小值。

$V_f = 1.2 \text{ V}$。快速开关二极管正向压降。

$t_{on}/t_{off}=(V_{out}+V_f-V_{imin})/(V_{imin}-V_{ces})$。

③ 在实际应用中的注意如下：
- 快速开关二极管可以选用 IN4148，在要求高效率的场合必须使用 IN5819 等系列。
- 34063 能承受的电压，即输入、输出电压绝对值之和不能超过 40 V；否则不能安全、稳定地工作。

4. 第 3 种供电原理图（见图 4.122）

第 3 种供电与第 1、2 种功能相同。在数码钥匙里 U6 可以选择电压在 DC 3 V～DC 6 V 的纽扣电池。在报警锁主体中，U6 可以选择容量较大、体积稍大的电池。

由此电路供电时，声音报警和继电器控制也需要用 DC 5 V 供电，控制电路中继电器的选择，声音报警电路中三极管选择的应合适。

图 4.122　第 3 种供电原理图

5. 控制设计原理图（见图 4.123）

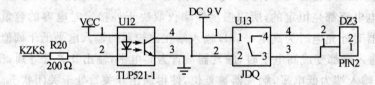

图 4.123　控制设计原理图

控制设计在报警锁主体里，用于控制锁的电控部分，打开和锁闭锁。DC 9 V 是用 DC 5 V 供电，继电器可以选择低电压、低电流的。在电源控制锁附件中用 4 于控制电源的切断和接通。DC 9 V 使用 DC 36 V 供电，继电器需要选择大电流的，与 DC 36 V 相匹配的。

其原理是：CPU 发出的高、低信号经过光电隔离器隔离/放大后，控制继电器的开/关，通过继电器再控制外围电路。

6. 震动探测原理图（见图 4.124）

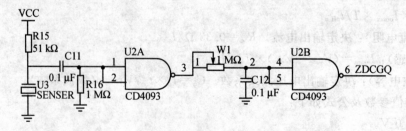

图 4.124　震动探测原理图

震动探测功能：当撞击电动车或非法开锁时，这个电路检测到报告给 CPU，用于报警。

原理：U3 是震动传感器，有震动时，发出比较弱的电压信号，再经过 U2A(CD4093)鉴别，再经过 W1 和 C12 组成的延时电路，最后通过 U2B(CD4093)整流滤波，变成方波输出。

震动探测器是以探测入侵者走动或破坏活动时产生的震动信号来触发报警探测器的，震动传感器是震动探测器的核心部件。常用的震动探测器有位移传感器（机械式）、速度传感器（电动式）、加速度传感器（压电晶体式）等，震动探测器基本上属于面控制型探测器。

机械式常见的有水银式、重锤式、刚球式。当直接或间接受到机械冲击震动时，水银珠、刚珠、重锤都会离开原来的位置而发出报警。这种传感器灵敏度低，控制范围小，只适合于小范围控制，如门窗、保险柜、局部的墙体。钢珠式虽然可以用于建筑物，但高度限制在 4.2 m 左右，因此很少使用。

速度传感器一般选用电动式传感器，由永久磁铁、线圈、弹簧、阻尼器和壳体组成。这种传感器灵敏度高，探测范围大，稳定性好，但加工工艺较高，价格较高。

加速度传感器一般是压电式加速度计，是利用压电材料因震动产生的机械形变而产生电荷，由此电荷的大小来判断震动的幅度，同时籍此电路来调整灵敏度。

本震动探测的震动传感器推荐选择 CONTIN 公司的 103 型特殊振动传感器属于专利产品，其特点如下：

◆ 宽范围震动检测；
◆ 检测没有方向性；
◆ 保证能检测 12 000 000 次；
◆ 低成本电路就能调节灵敏度。

7. 闪烁 LED 灯原理图（见图 4.125）

闪烁 LED 灯的功能：作为室内报警器的一种提醒方式，根据人们对光闪烁具有比较高的意识这一特点，设计 6 个灯在报警时由单片机控制进行有节奏的闪烁。

原理：利用单片机的 I/O 口控制，使灯通过或不通过电流，使其发光或不发光，并利用单片机的程序达到有节奏的闪烁。

8. 声音报警电路（见图 4.126）

声音报警用于报警锁主体和室内报警器中，目的是进行高分贝的报警。

工作原理：将单片机电路出来的蜂鸣器信号经过光电隔离器隔离/放大后，再经过大功率晶体管驱动喇叭或蜂鸣器进行高分贝报警。

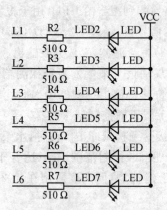

图 4.125 闪烁 LED 灯原理图

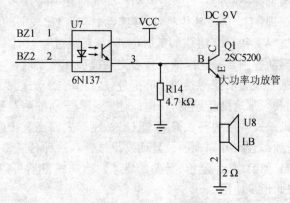

图 4.126 声音报警原理图

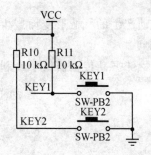

图 4.127 按键原理图

9. 按钮电路（见图 4.127）

按钮电路用于数码钥匙中开锁、闭锁。

工作原理：数码钥匙检测到按钮按下后，将存储的命令发送给报警锁主体，由其进行判断，决定开锁/闭锁，还是报警。

注意：PA 口正常输入高电平，处于低功耗状态，当按钮按下时，电平由高到低才能符合激活 HT48R70A-1 的要求。不能设计成平常输入低，按下输入高。

4.13.3 电动车防盗器程序设计

根据电动车防盗器的功能，程序设计了 4 部分：报警锁主体、电源控制锁附件、室内报警器和数码钥匙。下面给出这 4 部分的程序框图、程序和通信协议。

1. 报警锁主体

（1）主程序框图

报警锁主体的程序分为 3 部分：主循环、定时器中断和外部中断。定时器中断和外部中断主要用于与 nRF401 进行通信，与 4.2 节中的程序设计相同，不再重复。下面给出主循环程序框图，如图 4.128 所示。

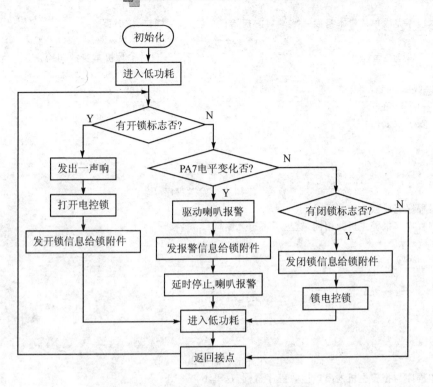

图 4.128 报警锁主体主循环程序框图

(2) 具体程序

```
#include <ht48r10a-1.h>

#define uchar unsigned char
#define uint unsigned int

#define address 0x0001

#pragma vector extern0 @ 0x4              //外部中断入口


bit kaisuo;                               //开锁标志
bit bisuo;                                //闭锁标志
uchar send_buf[10];                       //发送缓冲区
uint temp;                                //临时寄存器
uchar temp1;                              //临时寄存器1
/****************************************************
*                  单片机初始化程序
```

* 本程序完成单片机本身及一些端口的初始化功能，包括端口、定时器
* */
```
void ht48r10_init()                         //对单片机本身的初始化
{
    _pac = 0x83;                            //PA 口
    _pbc = 0xff;                            //PB 口
    _pcc = 0x0f;                            //PC 口
}
```

/* *
模拟串口发送程序
* 本程序完成数据的发送
* 本程序与报警主机的相同，这里不再重复编辑
* */
```
void send()
{
    ;
}
```

/* *
在外部中断中串口接收
* 本程序与报警主机的串口接收程序雷同，这里不再编辑
* 此段程序完成串口数据接收分析，并置 KAISUO BISUO 标志
* */
```
void extern0()
{
    ;
}

void main()
{
    ht48r10_init();
    #asm                                    //进入低功耗
    halt
    #endasm
    while(1)
    {
        if(kaisuo)
        {
            kaisuo = 0;                     //开锁标志清零
            _pb| = 0x03;                    //报警启动
            _pb& = 0xf7;                    //打开锁
```

```
        temp = address;
        send_buf[0] = temp&0xff;
        temp1 = send_buf[0];
        send_buf[1] = temp/256;
        temp1^ = send_buf[1];
        send_buf[2] = 0x01;                 //开锁命令
        temp1^ = send_buf[2];
        send_buf[3] = temp1;
        send();
        _pb& = 0xfc;                        //报警关闭
        #asm                                //进入低功耗
        halt
        #endasm
    }
    else
    {
        if((_pa&0x80) == 0x080)
        {
            _pb| = 0x03;                    //报警启动
            send_buf[0] = temp&0xff;
            temp1 = send_buf[0];
            send_buf[1] = temp/256;
            temp1^ = send_buf[1];
            send_buf[2] = 0x03;             //报警命令
            temp1^ = send_buf[2];
            send_buf[3] = temp1;
            send();
            _pb& = 0xfc;                    //报警关闭
            #asm                            //进入低功耗
            halt
            #endasm
        }
        else
        {
            if(bisuo)
            {
                kaisuo = 0;                 //开锁标志清零
                _pb| = 0x03;                //报警启动
                _pb| = 0x08;                //关闭锁
                temp = address;
                send_buf[0] = temp&0xff;
                temp1 = send_buf[0];
```

第4章 家庭防盗报警系统

```
            send_buf[1] = temp/256;
            temp1^ = send_buf[1];
            send_buf[2] = 0x02;              //闭锁命令
            temp1^ = send_buf[2];
            send_buf[3] = temp1;
            send();
            _pb& = 0xfc;                     //报警关闭
            #asm                             //进入低功耗
            halt
            #endasm
          }
        }
      }
    }
```

2. 电源控制锁附件

(1) 程序框图

电源控制锁附件的程序分为3部分：主循环、定时器中断和外部中断。定时器中断和外部中断主要用于与nRF401进行通信，与4.2节中的程序设计相同，不再重复。下面给出主循环程序框图，如图4.129所示。

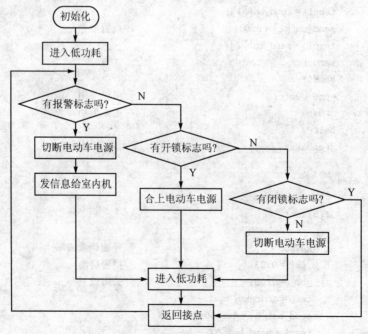

图4.129　电源控制锁附件主循环程序框图

（2）具体程序

程序与4.13.3节程序类似，这里不再编写。

3. 室内报警器

（1）程序框图

室内报警器的程序分为3部分：主循环、定时器中断和外部中断。定时器中断和外部中断主要用于与nRF401进行通信，与4.2节中的程序设计相同，不再重复。下面给出主循环程序框图，如图4.130所示。

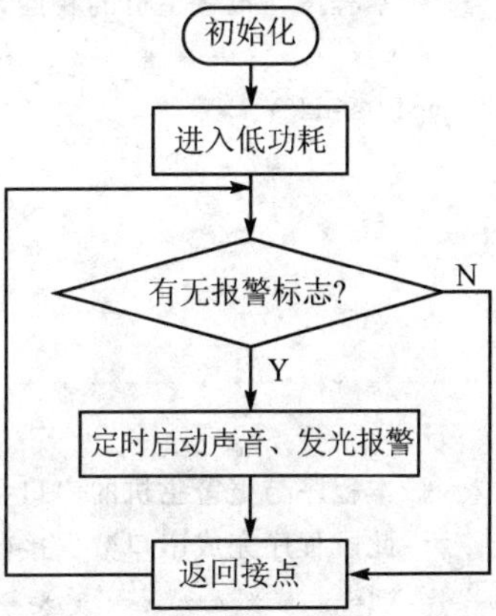

图4.130 室内报警器程序框图

（2）具体程序

```
#include <ht48r10a-1.h>

#define uchar unsigned char
#define uint unsigned int

#define address 0x0001

#pragma vector extern0 @ 0x4          //外部中断入口


bit baojing;                          //报警标志
bit dingshi;                          //定时标志
uchar send_buf[10];                   //发送缓冲区
uint temp;                            //临时寄存器
uchar temp1;                          //临时寄存器1
/***********************************************
*                 单片机初始化程序
* 本程序完成单片机本身及一些端口的初始化功能包括端口、定时器
***********************************************/
void ht48r10_init()                   //对单片机本身的初始化
{
    _pac = 0x83;                      //PA口
    _pbc = 0xff;                      //PB口
    _pcc = 0x0f;                      //PC口
}


/***********************************************
*                 模拟串口发送程序
* 本程序完成数据的发送
```

```
 *  本程序与报警主机的相同,这里不再重复编辑
 * * * * * * * * * * * * * * * * * * * * * * * * * * * * * * * * * * * * * * * * */
void send()
{
    ;
}


/* * * * * * * * * * * * * * * * * * * * * * * * * * * * * * * * * * * * * * * * *
                        在外部中断中串口接收
 *  本程序与报警主机的串口接收程序雷同,这里不再编辑
 *  此段程序完成串口数据接收分析,并置 baojing 标志
 * * * * * * * * * * * * * * * * * * * * * * * * * * * * * * * * * * * * * * * * */
void extern0()
{
    ;
}
/* * * * * * * * * * * * * * * * * * * * * * * * * * * * * * * * * * * * * * * * *
                        定时器程序
 *  定时时间到,置标志
 *  此段程序完成串口数据接收分析,并置 KAISUO BISUO 标志
 * * * * * * * * * * * * * * * * * * * * * * * * * * * * * * * * * * * * * * * * */
void t0()
{
    ;
}
/* * * * * * * * * * * * * * * * * * * * * * * * * * * * * * * * * * * * * * * * *
                        延时程序
 *  延时 0.2 s 程序
 * * * * * * * * * * * * * * * * * * * * * * * * * * * * * * * * * * * * * * * * */
void delay()
{
    uchar i;
    for(i = 0;i<255;i++)
    {
        ;
    }
}


void main()
```

```
{
    ht48r10_init();
    #asm                                    //进入低功耗
    halt
    #endasm
    while(1)
    {
        if(baojing)
        {
            baojing = 0;                    //报警标志清零
            if(dingshi)
            {
                dingshi = 0;
                _pb| = 0x03;                //报警启动
                delay();
                _pa| = 0x7c;                //警灯闪烁
                delay();
                _pa& = 0x83;
                delay();
                _pa| = 0x60;
                delay();
                _pa| = 0x18;
                delay();
                _pa& = 0x83;
            }
            #asm                            //进入低功耗
            halt
            #endasm
        }
    }
}
```

4. 数码钥匙

（1）程序框图

数码钥匙的程序分为 3 部分：主循环、定时器中断和外部中断。定时器中断和外部中断主要用于与 nRF401 进行通信，与 4.2 节中的程序设计相同，不再重复。下面给出主循环程序框图，如图 4.131 所示。

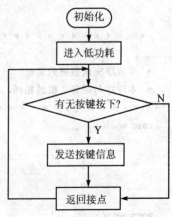

图 4.131 数码钥匙程序框图

第4章 家庭防盗报警系统

(2) 具体程序

```c
#include <ht48r10a-1.h>

#define uchar unsigned char
#define uint unsigned int

#define address 0x0001

#pragma vector extern0 @ 0x4        //外部中断入口


bit baojing;                        //报警标志
bit dingshi;                        //定时标志
uchar send_buf[10];                 //发送缓冲区
uint temp;                          //临时寄存器
uchar temp1;                        //临时寄存器1
/*******************************************
*                单片机初始化程序
* 本程序完成单片机本身及一些端口的初始化功能,包括端口、定时器
********************************************/
void ht48r10_init()                 //对单片机本身的初始化
{
    _pac = 0x83;                    //PA口
    _pbc = 0xff;                    //PB口
    _pcc = 0x0f;                    //PC口
}


/*******************************************
*                模拟串口发送程序
* 本程序完成数据的发送
* 本程序与报警主机的相同,这里不再重复编辑
********************************************/
void send()
{
    ;
}


void main()
{
```

```
ht48r10_init();
#asm                                    //进入低功耗
halt
#endasm
while(1)
{
    if((_pa&0x03)!=0x03)                //有按键按下
    {
        if((_pa&0x01)==0x00)
        {
            send_buf[3] = 0x00;
        }
        else
        {
            send_buf[3] = 0x01;
        }
        temp1 = send_buf[3];
        temp = address;
        send_buf[0] = temp&0xff;
        temp1^ = send_buf[0];
        send_buf[1] = temp/256;
        temp1^ = send_buf[1];
        send_buf[2] = temp1;
        send();
        #asm                            //进入低功耗
        halt
        #endasm
    }
}
```

5. 通信协议

一个好的通信协议是软件编程成功的可靠保证。现在流行的通信协议有很多种，例如：Modbus、亚当协议、RS-485 通信协议、主/从通信协议。本电动车报警器的 4 部分之间不但要实现可靠的传输，而且还要实现保密传输，不被破解，特别是数码钥匙与报警主机之间的传输要求采用加密方式传输。本电动车报警器的通信协议为了防止破解，是不能公开的。本节给出一个提示性的通信协议。

下面是完整的通信协议。

第4章 家庭防盗报警系统

(1) 4个组成部分的通信

下面给出4个组成部分的通信联系图,如图4.132所示。

图 4.132　4个组成部分的通信联系图

从图中可以看出,通信都是单向的。数码钥匙传输给报警锁主体是RFID编码和开、闭锁命令;报警锁主体可以同时给电源控制锁附件和室内报警器发送信息,传输报警部分的协议与电源控制锁附件传给室内报警器的相同。

(2) 基本约定

① 传送的波特率为9 600 bit/s。

② 每字节传送的位数是1位启始位、8位数据位、1位停止位、无奇偶校验位。

(3) 数码钥匙与报警锁通信

表4.24给出了推荐的通信格式。

数码钥匙与特定的电动自行车锁体有一组运作的RFID码。这些RFID码设计成长度为40位的变动串列:每次使用后,这组密码稍稍作改变;按40位计算,整个组合的数量大概有1 000亿组,这样就能有效地防止破解。例如:当用户按下"开锁"按钮时,遥控会发送40位长的RFID码与开锁的命令。如果接收器收到正确的RFID码,则电动车报警锁体就会按照命令动作;如果是错误的RFID码,则不会有任何反应;如果超过多次RFID码,则会启动报警系统。

(4) 报警锁主体与电源控制锁附件

表4.25给出了推荐的通信格式。

采取2字节地址码,是为了防止同类电动自行车放在一块时,另一电动车主操作时发生误报警。

(5) 报警锁主体与室内报警器及电源控制锁附件与室内报警器

参照上面第(4)条的通信格式,将命令02作为报警传输协议。

表4.24　数码钥匙与报警锁通信格式

RFID码	命令	校验码
40位	00/01	"异或"

注:RFID码　40位——采用长度为40位的RFID码。

　　命令　00——开锁;

　　命令　01——闭锁;

　　校验码　异或——RFID码和命令"异或"的结果。

表4.25　报警锁主体与电源控制锁附件通信格式

地址码	命　令	校验码
2字节	00/01/02	"异或"

注:地址码　2字节——采用2字节的地址码。

　　命令　00——开锁;

　　命令　01——闭锁;

　　命令　02——报警。

　　校验码　"异或"——地址码和命令"异或"的结果。

习题四

1. 简述家庭防盗报警系统的组成。
2. 家庭防盗报警系统的联网方式有哪几种?
3. 报警主机使用什么完成无线通信?这款芯片有何优点?
4. 红外探测模块的探测原理是什么?
5. 有害气体探测模块开发时需要注意什么?
6. 智能拍照使用的模块与单片机是通过什么方式连接的?
7. 电动车防盗报警锁有哪些优点?
8. 电动车报警锁由哪几部分组成?

第 5 章

家庭防盗报警系统开发体会

本章学习目标：

1. 了解单片机的一些容易混淆的基本概念。
2. 认真分析 C 语言开发时的一些常见错误。
3. 怎样对 C 代码进行优化。

5.1 硬件开发体会

随着家庭防盗报警系统的开发完毕，相信读者会对 Holtek 单片机有一个新的认识，对一些具体用法的认识会逐步加深。本节分点和面对这些硬件开发方面的体会进行概括介绍。

5.1.1 家庭防盗报警系统中可改进之处[*]

1. 报警主机改用高性能、高容量单片机

从技术角度分析，报警主机具有如下特点：

◆ 处理数据量大，还必须保证实时性；
◆ 最好具有独立的 UART 口，编程方便，能给其余程序留够处理时间；
◆ 如果想做到最好，必须考虑各种可能出现的情况，这样就必须有大的程序存储空间；

---

[*] 本小节资料引自《HT48R70A-1 数据手册》和《HR48RU80 数据手册》。

◆ I/O 口必须多。

本书中介绍了 HT48R70A-1 开发的家庭防盗报警主机,从其各种技术指标及实际使用中分析,是可以实现预定功能的。但是如果读者想进行一次 CPU 的升级,又不想做太多的改动,(包括硬件,软件),则建议使用 Holtek 公司新出的含 UART 口且具有多 I/O 口、大容量的单片机 HT48RU80。HT48RU80 具有以下特点:

- ◆ 工作电压:2.2~5.5 V(f_{sys}=4 MHz)或 3.3~5.5 V(f_{sys}=8 MHz);
- ◆ 低电压复位功能;
- ◆ 最多有 56 个双向输入/输出口;
- ◆ 2 个中断输入;
- ◆ 2 个 16 位可编程定时/计数器,具有 PFD 输出和溢出中断;
- ◆ 1 个 8 位可编程定时/计数器;
- ◆ 内置晶体和 RC 振荡电路,内置 RC 振荡;
- ◆ 可接 32 768 Hz 晶振用于计时;
- ◆ 具有看门狗定时器;
- ◆ 16K×16bit 的程序存储器 ROM;
- ◆ 576×8bit 的数据存储器 RAM;
- ◆ 通用异步接收/发送器(UART);
- ◆ 通过暂停和唤醒功能来降低功耗;
- ◆ 16 层硬件堆栈;
- ◆ 当 V_{DD}=5 V,系统频率为 8 MHz 时,指令周期为 0.5 μs;
- ◆ 位操作指令;
- ◆ 查表指令,表格内容字长 16 bit;
- ◆ 63 条指令;
- ◆ 所有指令在 1 或 2 个指令周期内完成;
- ◆ 48 脚 SSOP 和 64 脚 QFP 的封装形式。

改进使用 HT48RU80 这款单片机不但符合报警主机的特点,还可以省略外围时钟芯片;因为 HT48RU80 具有 3 个定时器,还可以接 32 768 Hz 晶振用于计时,这就为自己产生时钟带来了方便。

2. 家庭防盗报警系统的协议

设计的协议采用的是查询方式,这比较容易实现编程,可以实现双向通信。还可以改成单向协议,只有模块给主机发送信息。但改成单向发送有一个问题,就是模块发送时会发生"碰撞"情况,就是有 2 个以上模块同时发送信息。

为了防止发生"碰撞"情况,模块在发送前需要检测是否有无线数据的收发,如果没有,再进行发送。

3. 智能模块的单片机更换

为了满足低成本产品的需求，Holtek 公司推出了 HT48R05A-1/HT48C05 8 位经济型输入/输出 OTP/Mask 单片机和 HT48R06A-1/HT48C06 8 位经济型输入/输出 OTP/Mask 单片机。家庭防盗报警系统中的智能模块可以根据实际需要变换。

5.1.2 单片机中一些不易懂的概念

随着电子技术的迅速发展，计算机已深入到人们的生活中，许多电子爱好者开始学习计算机系统的另一分支——嵌入式计算机系统，也就是单片机知识。但单片机的内容比较抽象，相对电子爱好者已熟悉的模拟电路、数字电路，单片机中有一些新的概念。这些概念非常基本，教材自然也不会很深入地讲解这些概念，但这些内容又是学习中必须要理解的。另外 Holtek 的单片机与通用的 MCS-51 系列单片机又有一定的区别，本节将就这些最基本概念和区别加以说明，希望对读者有所帮助。

1. 数据、地址、指令

之所以将这三者放在一起，是因为这三者的本质都是一样的——数字，或者说都是一串 0 和 1 组成的序列。换言之，地址、指令也都是数据。

指令：由单片机芯片的设计者规定的一种数字。它与常用的指令助记符有着严格的一一对应关系，不允许由单片机的开发者自行更改。

地址：寻找单片机内部、外部的存储单元和输入/输出口的依据。内部单元的地址值已由芯片设计者规定好，不可更改。

数据：由微处理机处理的对象，在各种不同的应用电路中各不相同。一般而言，被处理的数据可能有以下几种情况：

- ◆ 方式字或控制字，如"MOV INTC,♯3"，其中 3 即是控制字。
- ◆ 常数，如"MOV TMR0L,♯10H"，其中 10H 即定时常数。
- ◆ 实际输出值"MOV PA,♯0FFH"，其中 0FFH 是实际输出值。

2. 端口某些位的第 2 功能用法

初次使用 Holtek 单片机时，往往会与 MCS-51 单片机的用法发生冲突，Holtek 单片机的端口第 2 功能比较特殊，有的必须在掩膜选项设置好。

PB0 和 BZ、PB1 和 $\overline{BZ}$ 的第 2 功能，必须由掩膜选项设置。如果开放蜂鸣器功能，就不能作为 PB0 和 PB1 使用了。

PG0 和 $\overline{INT}$，外部中断输入与 PG0 共用，下降沿触发有效，无须设置。

OSC1 和 PG1、OSC2 和 PG2 的第 2 种功能，必须由掩膜选项设置，并且只能作为一种功能。

3. 端口的输入/输出功能

端口作为输入或输出,除了端口寄存器,还有一个代号为"*C"的控制寄存器规定其作为输入还是输出。Holtek单片机不同于MCS-51单片机,MCS-51单片机只有一个寄存器。

4. 端口作为输入,是否具有上拉功能

端口作为输入时,可以具有上拉或非上拉功能,应由掩膜选项设置。

5. 程序的执行过程

在通电复位后,Holtek单片机程序计数器(PC)中的值为0000,所以程序总是从0000单元开始执行;MCS-96单片机复位后,程序计数器(PC)中的值为2080H,所以程序总是从2080H单元开始执行。也就是说,编写Holtek单片机程序时,在系统的ROM中一定要存在0000这个单元,并且在0000单元中存放的一定是一条指令;而编写MCS-96单片机程序时,在系统的ROM中一定要存在2080H这个单元,并且在2080H单元中存放的一定是一条指令。

6. 堆　栈

堆栈(stack)是一种比较重要的线性数据结构,如果对堆栈数据结构知识不是很了解,可以把它简单地看作一个直径比乒乓球直径略大、一端开口、一端封闭的竹筒,并有若干个写有编号的乒乓球。现在,把不同编号的小球放到竹筒里,可以发现这样一种规律:先放进去的小球只能后拿出来;反之,后放进去的小球能够先拿出来。所谓"先进后出"就是这种结构的特点。

堆栈就是这样一种数据结构。它是在内存中开辟的一个存储区域,数据一个一个顺序地存入(也就是"压入(PUSH)")这个区域之中。有一个地址指针总指向最后一个压入堆栈的数据所在的数据单元,存放这个地址指针的寄存器就叫做堆栈指示器。开始放入数据的单元叫做"栈底"。数据一个一个地存入,这个过程叫做"压栈"。在压栈的过程中,每一个数据压入堆栈,就放在与前一个单元相连的后面一个单元中,堆栈指示器中的地址自动加1。读取这些数据时,按照堆栈指示器中的地址读取数据,堆栈指示器中的地址数自动减1。这个过程叫做"弹出(POP)"。这样,就实现了后进先出的原则。

堆栈对于实时数据的处理带来了方便,不过需要注意的是,Holtek单片机的堆栈级数是不一样的,编程时不能超过堆栈级数,否则会出错。

7. 含有单片机产品的开发过程

单片机应用系统的开发过程大致分为以下4个阶段:

1) 总体设计

① 需求分析:了解并确定需求。例如确定需测的数据量及路数,确定需控制的对象及对象数量,确定需显示的内容和方式。

② 方案确定:确定用什么样的方式满足需求,用哪个公司的单片机,哪个系列的;是Atmel公司的,还是Freescale公司、Holtek公司的产品? 是51系列,还是96系列。选定这些

时,需要考虑性价比。

2) 详细设计

① 选电路:根据环境的需要选择合适的电路。例如,用8051达到控制目的时,要选择是用并口还是串口输出;同样是驱动大功率电路时,要确定使用可控硅还是继电器。这些选择都要根据具体的环境条件和电路参数来决定。如果不适合用继电器的地方,则必须考虑采用其他的器件。

② 制作电路板:用Protel软件先制原理图,再封装、制版,然后经过打印、转印、腐蚀、焊接等工序后,制出实际的电路板。

3) 调　试

① 粗调:用简单程序,分别对各个功能模块进行调试,看能否完成指定任务。这一步的主要目的是看电路是否可用,例如需要LED显示相应数值,如果不能正常显示,则需要检查相应电路;如果蜂鸣器不能鸣叫,则需要检查驱动电路。

② 编程调试:在粗调无误的情况下,用编好的程序对整个系统进行调试。当编程任务相当繁重时,应学会用程序功能块组合,适当调整功能块的参数,以适应当前任务。在本步骤调试过程中,会用到编程器、仿真器等工具,详细内容将在5.2节介绍。

4) 编写文档

文档对一个系统是非常重要的,资料文档是对研发过程的一个记录,它也是一个公司对技术拥有自主知识产权的重要证明,对将来的开发和维护工作也是非常重要的参考资料。同时,及时、完整的文档提交有助于项目组长准确把握整个项目的开发进程及开发质量,便于对开发任务做及时的调整;而且成文的文档也方便了项目组各设计人员对整个项目的系统了解,及相互之间设计的了解,以审视与自己相关的设计之间的兼容性,有助于在问题出现之初将其解决掉,保证整个项目开发的顺利进行。

编写文档要忠实于原设计方案,不能夸大,也不必谦虚,要理清设计思路,并让读者从中了解系统"好"在哪里。需要编写的文档有:《系统需求分析报告》、《项目计划书》、《系统概要设计》、《技术指标》、《软件协议》、《系统详细设计》、《各模块详细设计方案》、《各单板详细设计》、《各单板原理图》、《各单板印制板图》、《软件详细设计方案》、《源程序》、《金工图》、《软件过程调试记录》、《硬件过程调试记录》、《系统测试计划书》和《系统测试报告》。

在整个系统文档的编写过程中,可以涉及很多已学的课程:"数字电路"、"模拟电路"、"电工学"、"单片机应用"和"Protel99SE"等。

8. 仿真机、编程器

仿真是单片机开发过程中非常重要的一个环节,除了一些极简单的任务,一般产品开发过程中都要进行仿真。仿真的主要目的是进行软件调试,最好是借助仿真机进行硬件、软件错误排查,十分方便。

一块单片机应用电路板包括单片机部分及为达到使用目的而设计的应用电路。仿真就是利用仿真机来代替应用电路板（称目标机）的单片机部分，对应用电路部分进行测试、调试。仿真有 CPU 仿真和 ROM 仿真两种。所谓 CPU 仿真是指用仿真机代替目标机的 CPU，由仿真机向目标机的应用电路部分提供各种信号、数据，进行调试的方法。这种仿真可通过单步运行、连续运行等多种方法来运行程序，并能观察到单片机内部的变化，便于改正程序中的错误。所谓 ROM 仿真，就是用仿真机代替目标机的 ROM，当目标机的 CPU 工作时，从仿真机中读取程序，并执行。这种仿真其实就是将仿真机当成一片 EPROM，只是省去了擦片、写片的麻烦，并没有多少调试手段可言。通常，这是两种不同类型的仿真机；也就是说，一台仿真机不能既做 CPU 仿真，又做 ROM 仿真。可能的情况下，当然以 CPU 仿真为好。

5.1.3 Holtek 单片机的一些特殊操作*

1. 唤醒功能

当系统进入暂停，可通过以下操作唤醒：外部复位、PA 口下降沿、系统中断、WDT 溢出和 RX 引脚的下降沿。

如果系统由外部复位唤醒，则芯片将完全复位。如果由 WDT 溢出复位则将初始化 WDT 计数器。尽管都会产生复位，但可以通过 TO 和 PDF 标志区分。当系统上电或执行清除看门狗指令时，PDF 被清除。当执行 HALT 指令时，PDF 被置位。TO 标志由 WDT 溢出置位，同时唤醒单片机，但只有程序计数器 PC 和堆栈指针 SP 被复位，其他都保持原有状态。

单片机设计 PA 口唤醒时需要注意：一定从高到低变化才能产生中断。

2. 省电设计注意事项

进入暂停模式可以极大地降低功耗，只有几微安大小。若想将功耗降到最低，还需要考虑其他问题，特别是输入/输出端口。所有带上拉电阻的输入口必须接高电平或者低电平，这是因为浮空的输入口会增加功耗。

注意：芯片也会消耗电流，以维持 WDT、RTC 和 LCD 驱动工作。

3. 输入/输出口设计

由于 HT48 系列单片机 I/O 口是输入还是输出由控制寄存器控制，因此程序编制时需要注意。例如：对 24C02 的 DATA 口操作，由于 24C02 的 DATA 引脚是双向 I/O 口，因此，将单片机与之相接的引脚变为输出时，应尽早将其控制部分清零；如果作为输入，则还要将其控制寄存器的部分置 1。

---

* 本小节资料引自《I/O 型单片机使用手册》。

5.2 软件开发体会

5.2.1 防盗报警系统程序编译时易出现的错误[*]

在家庭防盗报警系统的程序编写中,容易出现几个编译错误,有与 Holtek C 编译器有关的,也有与常见习惯有关的,还有一些体会和建议,现总结如下,希望对从事 Holtek 单片机 C 语言编程者有好处。

1. 数组和全局变量定义

一般按照 C 语言的习惯,定义数组直接赋值,这在 Holtek C 语言编译器中是不允许的。例如:定义一个数组,并且赋值。其程序如下:

```
#define uchar unsigned char
uchar nyr[7] = {1,2,3,4,5,6,7};
```

这个程序编译后提示错误:"未定义的符号'l_nyr'"。

凭着以前 C 语言的习惯,仔细查看,不是定义了吗。但在查看 HT-IDE3000 软件帮助中的"盛群 C 语言用户手册"发现,在"盛群 C 语言的扩充功能与限制"中的"初始值"下有这样一段话:全局变量宣告时不可以同时设定初始值,局部变量则无此项限制,但是常量在宣告时则一定要设定初始值。

根据此规定,上例可改为:

```
#define uchar unsigned char
uchar nyr[7];

void main()
{
    uchar i;
    for(i = 0;i<7;i++)
    {
        nyr[i] = i+1;
    }
}
```

2. 一个注释方面的错误

为了说明这个错误,举一个例子。例如:

---

[*] 本小节资料引自《HT-IDE3000 使用手册》。

```
/ * * * * * * * * * * * * * * * * * * * * * * * * * * * * * * * * *
 *                        主函数
 * 本函数功能……
 *
 * * * * * * * * * * * * * * * * * * * * * * * * * * * * * * * * /
void funthion()
{
    ;
}
```

这个函数编译后提示错误:"非法的字符'\0325'"、"缺少标识符"、"语法错误,实际为 'end of input'但需要';"等。

原因是:表面看在"/ *   * /"都被当做解释功能,可这里使用了" * ",程序编译时可能将后面的一汉字编译成"/xx",这样就造成有" * /"出现,不该注释结束的地方结束,则后面的解释当成语句,肯定不正确。

可以修改成在" * "后加几个空格。其程序如下:

```
/ * * * * * * * * * * * * * * * * * * * * * * * * * * * * * * * * *
 *    主函数
 *    本函数功能……
 *
 * * * * * * * * * * * * * * * * * * * * * * * * * * * * * * * * /
void   funthion()
{
    ;
}
```

同样,下面的注释会出现更严重错误。例如,程序中有下面这样一个注释:

/ * * * * * * * * * * * * * * * * * * 头文件 * * * * * * * * * * * * * * * * * * /

程序编译后会出现"Error(H1004):超时"错误,并且可能导致计算机死机,hcc32srsc.exe 占据计算机高达 90 ％以上的进程,并且一直不会关闭,只能人为关闭或者重启。

错误原因与上面讲的相同。

可以修改成:

/ * * * * * * * * * * * * * * * * * *   头文件   * * * * * * * * * * * * * * * * * * /

即在汉字的前后加上空格。

3. 多文件共用一个变量

如果包括主函数所在文件在内的多文件共用一个变量,那么程序如何编写呢?建议如下:

在主函数所在 C 文件中定义,在主函数所在 H 文件中用 extern 重新定义,其余函数包含这个 H 文件即可。其中,extern 功能定义将变量或函数声明为外部变量、函数。

例如:4 个 C 文件都使用同一变量 chuandi,则文件定义如下:

在 main.c 文件中有:

　＃define uchar unsigned char
　uchar chuandi;

在 main.h 文件中有:

　extern chuandi;

在另外的 3 个 C 文件中包含 main.h 文件即可,可以写成:

　＃include <main.h>

4. 建议不要在中断子程序中使用 CALL 指令调用子程序

建议不要在中断子程序中使用 CALL 指令调用子程序,因为它可能会破坏原来的控制序列,而中断经常随机发生或某一个确定的应用程序中可能要求立即服务。基于上述情况,如果只剩下一个堆栈,而此时中断不能很好地控制,而且在这个中断服务程序中又执行了 CALL 子程序调用,则会造成堆栈溢出而破坏原先的控制序列。

5.2.2　HT48 系列单片机 C 语言代码优化[*]

本节提出几种提高 HT48 系列单片机 C 语言编译器生成 51 代码效率(代码更小,速度更快)的方法。

1. 使用尽量小的数据类型

能够使用字符型(char)定义的变量,就不要使用整型(int)变量来定义;能够使用整型变量定义的变量,就不要用长整型(long int);能不使用浮点型(float)变量,就不要使用浮点型变量。当然,在定义变量后不要超过变量的作用范围,如果超过变量的范围赋值,则 C 编译器并不报错,但程序运行结果却错了,而且这样的错误很难发现。

2. 尽可能使用 unsigned 数据类型

HT48R70A-1 不能直接支持有符号数的运算,对于有符号数的操作,HT48 系列单片机 C 语言编译器必须产生更多与之相关的代码来解决这个问题。因此,如果采用 unsigned 类型数据,则将使生成的代码小得多。

3. 尽可能使用局部变量

只要有可能,对于循环和临时运算应尽可能采用局部变量。HT48 系列单片机 C 语言编

---

[*] 本小节资料部分引自论文《C 代码优化》。

译器在进行优化处理时,总是企图用工作寄存器来存放局部变量,而且对工作寄存器的存储操作是最快的,通常采用 unsigned char 和 unsigned int 类型变量能获得更好的结果。

4. 使用自加、自减指令

通常,使用自加、自减指令和复合赋值表达式(如 a−=1 及 a+=1 等)都能够生成高质量的程序代码,编译器通常都能够生成 inc 和 dec 之类的指令,而使用 a=a+1 或 a=a−1 之类的指令,有很多 C 编译器都会生成 2~3 字节的指令。

5. 减少运算的强度

可以使用运算量小但功能相同的表达式来替换原来复杂的的表达式。例如:

(1) 求余运算

a=a%8;

可以改为:

a=a&7;

说明:位操作只需 1 个指令周期即可完成,而大部分的 C 编译器的"%"运算均是调用子程序来完成的,其代码长,执行速度慢。通常,只要是求某个数除以 2^n 的余数,均可使用位操作的方法来代替。

(2) 平方运算

a=pow(a,2.0);

可以改为:

a=a*a;

说明:在有内置硬件乘法器的单片机中(如 51 系列),乘法运算比求平方运算快得多。这是因为浮点数的求平方是通过调用子程序来实现的。即使在没有内置硬件乘法器的情况下,乘法运算的子程序也比平方运算的子程序代码短,且执行速度快。如果是求 3 次方,例如:

a=pow(a,3.0);

更改为:

a=a*a*a;

则效率的改善更加明显。

(3) 用移位实现乘除法运算

a=a*4;
b=b/4;

可以改为:

```
a = a << 2;
b = b >> 2;
```

说明：通常，如果需要乘以或除以 2^n，那么都可以用移位的方法代替。如果乘以 2^n，那么都可以生成左移的代码，而乘以其他的整数或除以任何数，均调用乘除法子程序。用移位的方法得到代码比调用乘除法子程序生成的代码效率高。实际上，只要是乘以或除以一个整数，均可以用移位的方法得到结果，例如：

```
a = a * 9
```

可以改为：

```
a = (a << 3) + a
```

6. 循 环

(1) 循环语句

对于一些不需要循环变量参加运算的任务可以把它们放到循环外面，这里的任务包括表达式、函数的调用、指针运算、数组访问等。应该将没有必要执行多次的操作全部集合在一起，放到一个 init() 的初始化程序中进行。

(2) 延时函数

通常使用的延时函数均采用自加的形式，例如：

```
void delay (void)
{
    unsigned int i;
    for (i = 0;i < 1000;i++)
        ;
}
```

将其改为自减延时函数：

```
void delay (void)
{
    unsigned int i;
    for (i = 1000;i > 0;i--)
        ;
}
```

两个函数的延时效果相似，但几乎所有的 C 语言编译对后一种函数生成的代码均比前一种代码少 1~3 字节。这是因为几乎所有的单片机均有为 0 转移的指令。采用后一种方式能够生成这类指令。在使用 while 循环时也一样，使用自减指令控制循环会比使用自加指令控制循环生成的代码少 1~3 字节。但是在循环中有通过循环变量"i"读/写数组的指令时，使用自减循环时有可能使数组超界，这点要引起注意。

（3）while 循环和 do…while 循环

用 while 循环时有以下两种循环形式：

```
unsigned int i;
i = 0;
while (i<1000)
{
    i++;
    //用户程序
}
```

或：

```
unsigned int i;
i = 1000;
do
    i--;
    //用户程序
while (i>0);
```

在这两种循环中，使用 do…while 循环编译后生成的代码长度短于 while 循环。

7. 查　表

在程序中一般不进行非常复杂的运算，如浮点数的乘除与开方等，以及一些复杂的数学模型的插补运算，对这些既消耗时间又消费资源的运算，应尽量使用查表的方式，并且将数据表置于程序存储区中。如果直接生成所需的表比较困难，也尽量在启动时先计算，然后在数据存储器中生成所需的表，以便程序运行时直接查表，从而减少程序执行过程中重复计算的工作量。

习 题 五

1. 一般含有单片机的产品开发有哪几个过程？
2. Holtek 单片机开发与 MCS－51 单片机开发有什么不同？需要注意哪些方面？
3. 用 C 语言开发产品应该注意哪些事项？
4. 举例说明如何进行 C 代码优化？